全国高等职业教育“十三五”规划教材
中国电子教育学会推荐教材
全国高等院校规划教材·精品与示范系列

电气技术基础

钱丽英　黎　雩　主编
魏　琰　副主编

電子工業出版社
Publishing House of Electronics Industry
北京·BEIJING

内 容 简 介

本书结合国家示范专业建设项目，在作者多年的教学实践和改革成果基础上编写。全书共 10 章，主要包括电路的基本概念与基本定律、电路的基本分析方法、电路的暂态分析与测量、正弦稳态电路与相量分析、三相电路、磁路和变压器、异步电动机、直流电动机、继电接触器控制和电气安全。本书内容精练，论述严谨清晰，理论实践结合，各章都配有丰富的实例、课堂思考题和课外习题，便于更好地开展教学。

本书为高等职业本专科院校相应课程的教材，也可作为开放大学、成人教育、自学考试、中职学校和培训班的教材，以及企业工程技术人员的参考书。

本教材配有免费的电子教学课件、习题参考答案等，详见前言。

图书在版编目（CIP）数据

电气技术基础 / 钱丽英，黎雱主编. —北京：电子工业出版社，2017.9
全国高等院校规划教材. 精品与示范系列
ISBN 978-7-121-31979-2

Ⅰ. ①电…　Ⅱ. ①钱…　②黎…　Ⅲ. ①电工技术－高等学校－教材　Ⅳ. ①TM

中国版本图书馆 CIP 数据核字（2017）第 139739 号

策划编辑：陈健德（E-mail:chenjd@phei.com.cn）
责任编辑：李　蕊
印　　刷：北京七彩京通数码快印有限公司
装　　订：北京七彩京通数码快印有限公司
出版发行：电子工业出版社
　　　　　北京市海淀区万寿路 173 信箱　邮编 100036
开　　本：787×1 092　1/16　印张：14.25　字数：364.8 千字
版　　次：2017 年 9 月第 1 版
印　　次：2024 年 8 月第 4 次印刷
定　　价：38.00 元

前　言

本书结合国家示范专业建设项目，在作者多年的教学实践和改革成果的基础上编写。电气技术基础课程是电类各专业的重要专业技术基础课程，是高等职业院校培养高技能人才必须具备的理论基础。通过对电气技术基础课程的学习，学生可获得必需的电路基础理论、电路分析计算能力、电路测量、电动机及其控制电路分析等基本知识与实践技能，为学习后续专业课程，树立理论联系实际的观点，培养实践能力、创新意识和创新能力打下必要的专业基础。

全书内容共分为三部分。第一部分包括第 1～3 章，主要介绍直流电路的分析与测量，包括电路的基本概念与基本定律、电路的基本分析方法、电路的暂态分析与测量。第二部分包括第 4～6 章，主要介绍正弦交流电路的分析与测量，包括正弦稳态电路与相量分析、三相电路、磁路和变压器。第三部分包括第 7～10 章，主要介绍常用电动机及其控制电路，包括异步电动机、直流电动机、继电接触器控制和电气安全。

本书结合高等职业教育的特点，根据本课程的知识与技能要求，在各章安排了实践性很强的技能训练项目，使理论教学和实践紧密结合，培养学生理论联系实际的能力和实事求是的科学态度。

本课程的参考学时为 60～100 学时，各院校可结合专业背景和实训环境进行适当调整。

本书由南京信息职业技术学院钱丽英和黎雩任主编，魏琰任副主编。本书在编写过程中，得到中认新能源技术学院各位领导及课程组教师的大力支持和协助，在此一并表示衷心的感谢。

由于编者水平有限，书中难免存在一些问题，衷心希望读者批评指正，以便今后修订提高。

为了方便教师教学，本书还配有免费的电子教学课件、习题参考答案等，请有此需要的教师登录华信教育资源网（http://www.hxedu.com.cn）免费注册后下载使用。读者若有问题，请在网站留言或与电子工业出版社联系（E-mail:hxedu@phei.com.cn）。

编著

目 录

第一部分 直流电路的分析与测量

第 1 章 电路的基本概念与基本定律 …… (2)
1.1 电路和电路模型 …… (2)
1.1.1 电路 …… (2)
1.1.2 电路模型 …… (3)
1.2 电路的基本物理量 …… (4)
1.2.1 电流 …… (4)
1.2.2 电压 …… (5)
1.2.3 电位 …… (5)
1.2.4 电流与电压的参考方向 …… (6)
1.2.5 功率和能量 …… (7)
1.2.6 直流电流和直流电压的测量 …… (8)
1.3 组成电路的基本元件 …… (10)
1.3.1 电阻 …… (10)
1.3.2 电容 …… (12)
1.3.3 电感 …… (14)
1.3.4 独立电源 …… (16)
1.3.5 常用元件的识别与测量 …… (18)
1.4 电路的基本工作状态 …… (21)
1.4.1 通路 …… (21)
1.4.2 开路 …… (22)
1.4.3 短路 …… (22)
1.5 基尔霍夫定律 …… (22)
1.5.1 电路名词 …… (23)
1.5.2 基尔霍夫电流定律（KCL） …… (23)
1.5.3 基尔霍夫电压定律（KVL） …… (25)
1.6 电位的计算 …… (27)
1.7 受控源 …… (29)
1.8 电位的测量及基尔霍夫定律的验证 …… (31)
1.8.1 电位的测量 …… (31)
1.8.2 基尔霍夫定律的验证 …… (32)
本章小结 …… (32)
习题 1 …… (34)

第 2 章　电路的基本分析方法 ………………………………（36）
2.1　二端网络的等效………………………………（36）
2.1.1　电阻的串联与并联 ………………………………（37）
2.1.2　电源的串联与并联 ………………………………（40）
2.2　实际电源的等效变换………………………………（43）
2.2.1　实际电压源模型 ………………………………（43）
2.2.2　实际电流源模型 ………………………………（44）
2.2.3　实际电压源与实际电流源的等效互换 ………………………………（44）
2.3　支路电流法………………………………（46）
2.4　戴维南定理和诺顿定理………………………………（47）
2.4.1　戴维南定理 ………………………………（48）
2.4.2　诺顿定理 ………………………………（50）
2.5　节点分析法………………………………（52）
2.6　叠加定理………………………………（56）
2.7　最大功率传输定理………………………………（58）
2.8　戴维南定理和叠加定理的验证………………………………（60）
2.8.1　戴维南等效参数实验测量法 ………………………………（60）
2.8.2　戴维南定理的验证 ………………………………（61）
2.8.3　叠加定理的验证 ………………………………（61）
本章小结………………………………（62）
习题 2 ………………………………（63）
第 3 章　电路的暂态分析与测量 ………………………………（66）
3.1　换路定则与初始值的确定………………………………（67）
3.1.1　换路定则 ………………………………（67）
3.1.2　初始值的计算 ………………………………（68）
3.2　RC 电路的暂态分析 ………………………………（70）
3.2.1　零输入响应 ………………………………（70）
3.2.2　零状态响应 ………………………………（72）
3.2.3　全响应 ………………………………（73）
3.3　RL 电路的暂态分析 ………………………………（75）
3.3.1　RL 电路的零输入响应………………………………（75）
3.3.2　RL 电路的零状态响应………………………………（77）
3.4　一阶暂态电路分析的三要素法………………………………（78）
3.5　RC 一阶电路响应的测试 ………………………………（83）
3.5.1　过渡过程的观测 ………………………………（83）
3.5.2　时间常数 τ 值的测定 ………………………………（83）
3.5.3　分析 RC 电路充放电过程中电流和电压的变化规律………………………………（84）
3.5.4　观察参数对过渡过程的影响 ………………………………（85）
本章小结………………………………（85）

习题 3 ………………………………………………………………………………… (86)

第二部分 正弦交流电路的分析与测量

第 4 章 正弦稳态电路与相量分析 ………………………………………… (90)
4.1 正弦交流电路的基本概念 ……………………………………………… (90)
4.1.1 正弦量的三要素 ………………………………………………… (91)
4.1.2 同频率正弦量的相位差 ………………………………………… (93)
4.1.3 正弦量的有效值 ………………………………………………… (94)
4.1.4 正弦交流信号幅值和周期的测量 ……………………………… (96)
4.2 正弦量的相量 …………………………………………………………… (97)
4.2.1 复数 ……………………………………………………………… (97)
4.2.2 正弦量的相量表示 ……………………………………………… (99)
4.3 基尔霍夫定律的相量形式 ……………………………………………… (102)
4.3.1 KCL 的相量形式 ………………………………………………… (102)
4.3.2 KVL 的相量形式 ………………………………………………… (102)
4.4 单一元件的正弦交流电路 ……………………………………………… (104)
4.4.1 电阻元件 ………………………………………………………… (104)
4.4.2 电容元件 ………………………………………………………… (106)
4.4.3 电感元件 ………………………………………………………… (109)
4.5 阻抗与导纳 ……………………………………………………………… (112)
4.5.1 阻抗与导纳的定义 ……………………………………………… (112)
4.5.2 阻抗的串联 ……………………………………………………… (113)
4.5.3 阻抗的并联 ……………………………………………………… (113)
4.6 RLC 串联电路的相量分析 ……………………………………………… (115)
4.6.1 电压与电流的关系 ……………………………………………… (115)
4.6.2 功率 ……………………………………………………………… (117)
4.7 用相量法分析复杂正弦交流电路 ……………………………………… (120)
4.8 功率因数的提高 ………………………………………………………… (123)
4.8.1 提高功率的意义 ………………………………………………… (123)
4.8.2 提高功率因数的方法 …………………………………………… (123)
4.9 正弦稳态交流电路的测量 ……………………………………………… (124)
4.9.1 RL 串联电路相位关系的测量 …………………………………… (124)
4.9.2 RC 串联电路相位关系的测量 …………………………………… (125)
4.9.3 RLC 串联电路特性的测定 ……………………………………… (126)
本章小结 ……………………………………………………………………… (127)
习题 4 ………………………………………………………………………… (128)
第 5 章 三相电路 …………………………………………………………… (131)
5.1 三相电路的基本概念 …………………………………………………… (131)
5.1.1 三相电源 ………………………………………………………… (131)

5.1.2 三相电源的连接 …… (133)
5.1.3 三相负载及其连接 …… (135)
5.2 三相电路的计算 …… (137)
5.2.1 对称三相电路的计算 …… (137)
5.2.2 不对称三相电路的计算 …… (138)
5.3 三相电路的功率及其测量 …… (140)
5.3.1 三相电路的功率 …… (140)
5.3.2 三相电路功率的测量 …… (141)
本章小结 …… (144)
习题 5 …… (145)
第 6 章 磁路和变压器 …… (147)
6.1 磁场的基本物理量 …… (147)
6.1.1 磁感应强度 …… (148)
6.1.2 磁通 …… (148)
6.1.3 导磁率 …… (148)
6.1.4 磁场强度 …… (148)
6.2 铁磁材料的磁性能 …… (149)
6.2.1 高导磁性 …… (149)
6.2.2 磁饱和性 …… (150)
6.2.3 磁滞性 …… (150)
6.3 磁路基本定律 …… (151)
6.3.1 磁路欧姆定律 …… (151)
6.3.2 磁路基尔霍夫第一定律 …… (151)
6.3.3 磁路基尔霍夫第二定律 …… (152)
6.4 交流铁芯线圈电路 …… (152)
6.4.1 电磁关系 …… (152)
6.4.2 功率损耗 …… (153)
6.5 变压器 …… (154)
6.5.1 变压器的结构 …… (154)
6.5.2 变压器的原理和作用 …… (155)
6.5.3 变压器绕组的极性及测定 …… (158)
6.5.4 特殊变压器 …… (159)
6.6 单相变压器的空载及短路试验 …… (161)
6.6.1 变压器的空载试验 …… (161)
6.6.2 变压器的短路试验 …… (162)
本章小结 …… (163)
习题 6 …… (164)

第三部分　常用电动机及其控制电路

第7章　异步电动机 ……(166)
7.1　三相异步电动机的基本结构 ……(166)
7.1.1　定子 ……(166)
7.1.2　转子 ……(167)
7.2　三相异步电动机的工作原理 ……(168)
7.2.1　旋转磁场 ……(168)
7.2.2　三相异步电动机的转动原理 ……(170)
7.3　三相异步电动机的转矩和机械特性 ……(171)
7.3.1　三相异步电动机的转矩 ……(171)
7.3.2　三相异步电动机的机械特性 ……(172)
7.4　三相异步电动机的启动和调速 ……(174)
7.4.1　三相异步电动机的全压启动 ……(174)
7.4.2　三相异步电动机的减压启动 ……(175)
7.4.3　三相异步电动机的调速 ……(176)
7.5　三相异步电动机的铭牌数据 ……(178)
本章小结 ……(179)
习题7 ……(180)
第8章　直流电动机 ……(182)
8.1　直流电动机的结构 ……(182)
8.2　直流电动机的基本原理 ……(183)
8.3　直流电动机的励磁方式 ……(184)
8.4　直流电动机的电磁转矩和机械特性 ……(185)
8.4.1　电磁转矩 ……(185)
8.4.2　他励电动机的机械特性 ……(185)
8.5　直流电动机的启动、反转和调速 ……(186)
8.5.1　启动 ……(186)
8.5.2　反转 ……(186)
8.5.3　调速 ……(187)
本章小结 ……(188)
习题8 ……(188)
第9章　继电接触器控制 ……(190)
9.1　常用控制电器 ……(190)
9.1.1　刀开关 ……(190)
9.1.2　组合开关 ……(191)
9.1.3　自动空气开关 ……(191)
9.1.4　熔断器 ……(192)
9.1.5　按钮 ……(192)
9.1.6　行程开关 ……(193)

9.1.7 交流接触器…………(193)
9.1.8 中间继电器…………(194)
9.1.9 热继电器…………(194)
9.1.10 时间继电器…………(195)
9.2 三相异步电动机的直接启动控制电路…………(195)
9.2.1 点动控制…………(196)
9.2.2 启停控制…………(196)
9.3 三相异步电动机的正反转控制…………(197)
9.4 行程控制…………(198)
9.5 时间控制…………(199)
本章小结…………(199)
习题 9…………(200)
第 10 章 电气安全…………(201)
10.1 接地与接地系统…………(201)
10.1.1 接地的概念…………(201)
10.1.2 接地系统的概念…………(201)
10.2 接地电阻及电压…………(202)
10.2.1 接地电阻…………(202)
10.2.2 接地中电压的概念…………(203)
10.3 接地的分类及作用…………(203)
10.3.1 工作接地…………(203)
10.3.2 保护接地…………(204)
10.4 触电事故…………(204)
10.4.1 电流对人体的作用…………(204)
10.4.2 触电方式…………(205)
10.4.3 触电事故的规律和原因…………(206)
10.5 安全用电措施…………(207)
10.5.1 建立健全各种操作规程和安全管理制度…………(207)
10.5.2 技术防护措施…………(207)
10.6 触电急救…………(209)
10.7 电气防火、防爆…………(211)
10.7.1 发生电气火灾和爆炸的原因…………(211)
10.7.2 防火、防爆措施…………(212)
本章小结…………(213)
习题 10…………(214)
参考文献…………(215)

第一部分　直流电路的分析与测量

知识目标

★理解电路模型、电流、电压及其参考方向的概念；

★理解电能和电功率的概念，掌握电能、电功率的计算；

★掌握电阻、电感和电容元件上的伏安关系，熟练应用欧姆定律进行计算；

★理解电源的特性及输出电压与电流的关系；

★理解电路的三种基本工作状态；

★掌握电阻串、并联电路的特点，理解分压、分流公式；

★熟练掌握基尔霍夫定律及电路中电位的计算；

★熟练掌握直流线性电阻性电路的分析计算方法（电源的等效变换法、戴维南定理、叠加定理、节点电压法等）。

技能目标

★能识别常用的元件，正确判别电容、电感的好坏；

★会使用直流电压表和直流电流表；

★会用万用表测量直流电压、直流电流和电阻。

第1章 电路的基本概念与基本定律

直流电是指电流方向不发生变化的电流，但电流大小可能改变。电流大小和方向都不变的电流称为恒定电流，它是直流电的一种。凡是用直流电源供电的电路都是直流电路，如电子电路、汽车电路及手电筒电路、电动自行车电路等。直流电路是各种电路分析的基础，掌握直流电路的分析方法对今后的学习非常关键。

本章首先介绍电路的基本概念，在引入理想元件的基础上建立电路模型的概念，从而明确本课程研究的对象，进而介绍电路中的基本物理量、组成电路的基本元件、电路的基本工作状态、基尔霍夫定律、电路中电位的概念及计算等，这些内容都是分析与计算电路的基础。

1.1 电路和电路模型

1.1.1 电路

人们在工作和生活中时常会遇到种类繁多、功能各异的电路。电路是为了实现某种预期的目的而将电气设备和元件按一定方式连接起来的总体，它提供了电流流通的路径。如图 1.1 所示为一个最简单的手电筒电路，当开关闭合，随着电流的通过，灯泡将电能转换为光能和热能。

有些实际电路十分复杂。例如，电力的产生、输送和分配是通过发电机、变压器、输电线等完成的，形成了一个庞大和复杂的电路或系统。常见的电力系统示意图如图 1.2 所示。

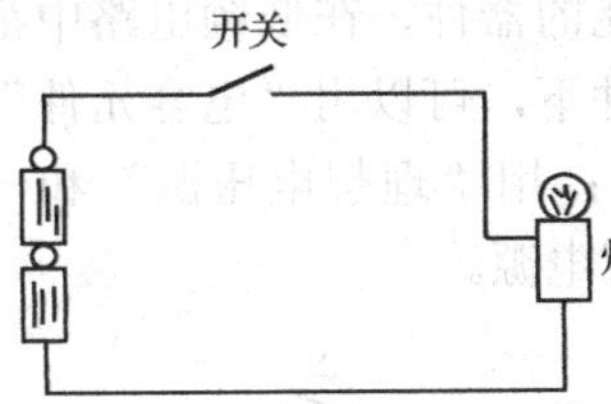

图 1.1　手电筒电路

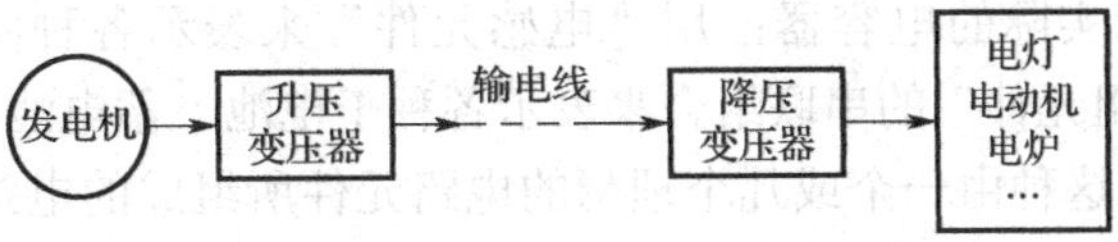

图 1.2　常见的电力系统示意图

任何实际电路，不管是简单电路还是复杂电路，都可以看成由以下 3 个基本部分组成。

（1）电源。电源把其他形式的能量转换成电能，供给用电设备，如干电池、蓄电池、发电机等。

（2）用电设备，简称负载。负载把电能转换为其他形式的能量，如电炉、电灯、电动机等。

（3）中间环节。中间环节是把电源和负载连接起来的部分，起传递和控制电能的作用。

一般电路按其功能可分为两类：

一类是为了实现电能的传输、分配与转换，如一般的照明电路和动力电路，这类电路称为电力电路，手电筒就是最简单的电力电路。在如图 1.2 所示的电力系统中，发电机发出的电能经过升压变压器、输电线、降压变压器输送和分配到用户，然后用户将电能转换为机械能、光能、热能等。

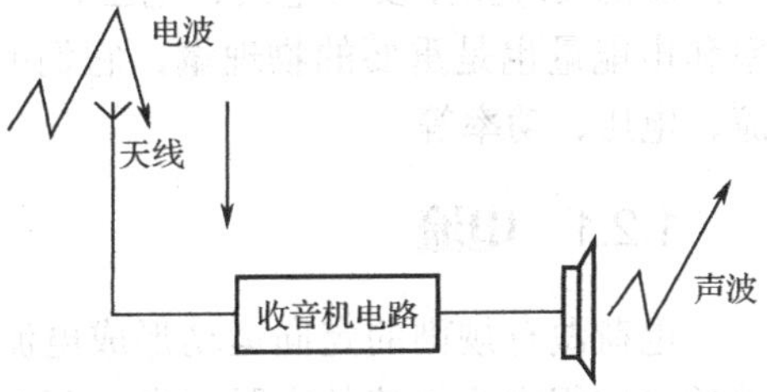

图 1.3　接收机电路

另一类是为了实现信号的传递与处理，如通信电路和检测电路，这类电路称为信号电路。如图 1.3 所示的接收机电路，接收天线接收载有语音、音乐、信息的电磁波后，经过调谐、检波、放大等电路变换或处理变成音频信号，驱动扬声器。

1.1.2　电路模型

实际电路器件在工作时的电磁性质是比较复杂的，不是单一的。电路理论主要用于计算电路中各器件的电流和电压，一般不涉及内部发生的物理过程。对于组成实际电路的各种器件，忽略其次要因数，只抓住其主要电磁特性，使之理想化，即理想电路元件。理想电路元件简称电路元件，通常包括电阻元件、电感元件、电容元件、理想电压源和理想电流源，其图形符号如图 1.4 所示。

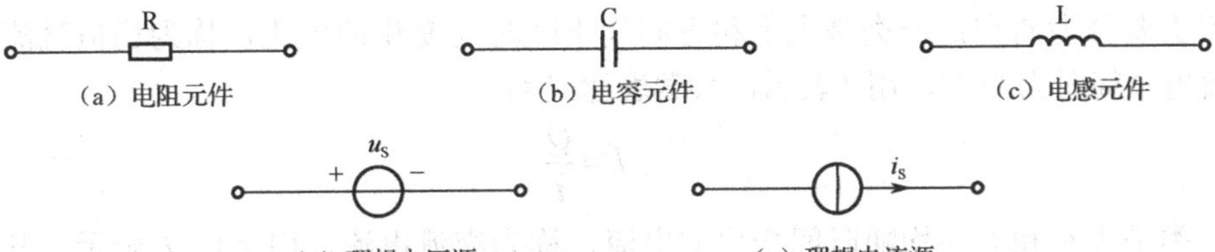

（a）电阻元件　（b）电容元件　（c）电感元件

（d）理想电压源　（e）理想电流源

图 1.4　理想电路元件

电阻器、灯泡、电炉、电烙铁等电路元件主要是消耗电能的器件，在低频电路中都可以用“电阻元件”这个理想模型近似表示；同样，在一定条件下，可以用“电容元件”来表示实际的电容器；用“电感元件”来表示各种实际的线圈；用“理想电压源”和一个“电阻元件”的串联组合来表示各种干电池、蓄电池等实际直流电源。

这种由一个或几个理想的电路元件所组成的电路就是实际电路的电路模型，我们在进行理论分析时所指的电路就是这种电路模型。如图 1.5 所示为手电筒的电路模型。电阻元件 R 作为灯泡的电路模型，用电压源 U_S 和电阻元件 R_S 的串联组合作为干电池的电路模型，连接导线用理想导线（其电阻值设为 0）或线段表示，开关 S 为理想开关。

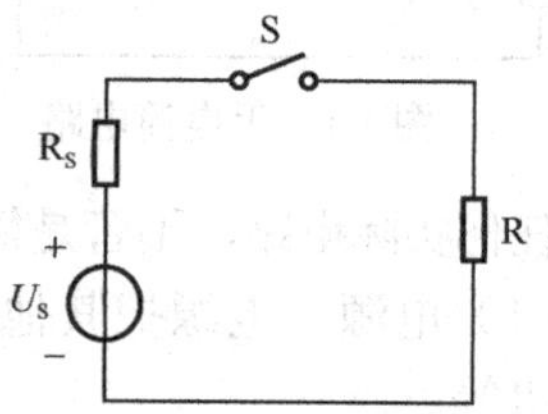

图 1.5　手电筒的电路模型

1.2　电路的基本物理量

在电路问题的分析中，人们所关心的是通过一些物理量来描述电路的特征。电路理论中涉及的物理量主要有电流、电压、电荷和磁通，分别用 I、U、Q 和 Φ 表示。另外，电功率和电能量也是重要的物理量，它们的符号分别为 P 和 W。在线性电路分析中主要有电流、电压、功率等。

1.2.1　电流

电荷做有规则的定向运动形成电流。习惯上把正电荷运动的方向规定为电流的实际方向。正电荷沿某一方向运动和等量的负电荷朝相反方向所产生的电效应是一样的。如果电流是由电子的定向运动形成的，那么该电流的实际方向可以认为是电子运动的反方向（见图 1.6）。

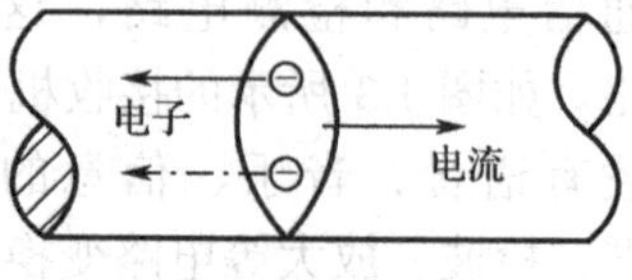

图 1.6　电流

电流指单位时间内通过导体横截面的电荷量，它是表征电流大小的物理量。设在Δt（或 dt）时间内，流过截面的电荷量为Δq（或 dq），则电流为

$$i=\frac{\Delta q}{\Delta t}\quad 或\ i=\frac{\mathrm{d}q}{\mathrm{d}t} \tag{1.1}$$

电流的单位为安培，简称安，符号为 A。其他单位还有千安（kA）、毫安（mA）、微安（μA）等，其关系如下

$$1\ \text{kA}=1\,000\ \text{A}=10^{3}\ \text{A}\qquad 1\ \text{mA}=10^{-3}\ \text{A}\qquad 1\ \mu\text{A}=10^{-6}\ \text{A}$$

电流主要分为两类：一类是大小和方向均不随时间变化的电流，称为稳恒直流电流，简称直流电（简写为 DC），用 I 表示，数学表达式为

$$I=\frac{Q}{t} \tag{1.2}$$

另一类是大小和方向均随时间变化的电流，称为交流电流，用字母 i 表示。其中一个周期内电流的平均值为 0 的交流电流称为交变电流，简称交流（简写为 AC），如正弦交流电流。

1.2.2　电压

在电路中，电场力将单位正电荷从 A 点移到 B 点所做的功，称为 A、B 两点间的电压。电压的实际方向规定为正电荷在电场力作用下移动的方向。

设有正电荷 dq 在电场力的作用下，从 A 点移到 B 点，电场力做的功为 dW，即 A、B 两点间的电压为

$$u_{AB}=\frac{dW}{dq} \tag{1.3}$$

电压的单位为伏特，简称伏，符号为 V。其他单位还有微伏（μV）、毫伏（mV）、千伏（kV）等，其关系如下

$$1\ \text{kV}=1\ 000\ \text{V}=10^{3}\ \text{V} \qquad 1\ \text{mA}=10^{-3}\ \text{V} \qquad 1\ \mu\text{V}=10^{-6}\ \text{V}$$

大小和方向均不随时间改变的电压，称为恒定电压，即在任何时刻电场力将电荷 q 从 A 点移到 B 点所做的功 W 都是相同的。其数学表达式为

$$U_{AB}=\frac{W}{Q} \tag{1.4}$$

设正电荷 q 从 A 点运动到 B 点电场力做正功 dW_{AB}，那么该电荷从 B 点运动到 A 点是克服电场力做功，或电场力做负功 dW_{BA}，即 $dW_{BA}=-dW_{AB}$，则

$$u_{BA}=\frac{dW_{BA}}{q}=\frac{-dW_{AB}}{q}=-u_{AB}$$

由上式可知：改变电压的起点和终点的顺序，电压的数值不变，但是相差一个负号。

1.2.3　电位

在电子线路中，如果遇到需要测电路中各点与某个固定点之间的电压情况，通常把固定点称为参考点，而把电路中各点与参考点之间的电压称为各点的电位。电位通常用字母 V 表示，如 A 点的电位记作 V_A，电位与电压的单位相同。参考点在电路中常用符号"⊥"表示，当参考点选定之后，电路中各点的电位便有一固定的值。

如图 1.7 所示，A、B 两点之间的电位差为

$$V_A-V_B=U_{AO}-U_{BO}=U_{AO}+U_{OB}=U_{AB} \tag{1.5}$$

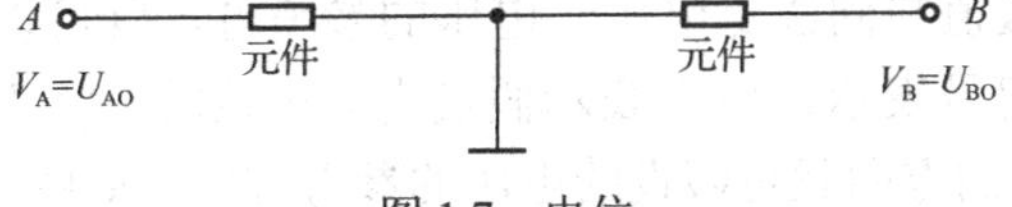

图 1.7　电位

$U_{AO}+U_{OB}$ 就是电场力将单位正电荷从 A 点经过 O 点再移到 B 点所做的功，即 A、B 间的电压 U_{AB}。由此可知，电路中两点之间的电压等于这两点之间的电位差。

有了电位概念之后可知：在电场力作用下，正电荷总是从高电位点移向低电位点，也可以说，电压的实际方向是由高电位点指向低电位点。

电路中各点的电位值与参考点的选择有关。当所选的参考点变动时，各点的电位值也将变动。因此，不能离开参考点而讨论各点电位。但是任意两点间的电压值是不变的，所

以各点电位的高低是相对的，而两点间的电压值是绝对的。

另外，当参考点本身的电位为 0，即$V_O=0$时，参考点也叫零电位点。在电力工程中，一般取大地为参考点，故凡是外壳接地的电气设备，其机壳都是零电位。而对于不接地的设备，在分析问题时常选多个元件汇集的公共点作为零电位点。

1.2.4 电流与电压的参考方向

在电路分析中，当涉及某个元件或部分电路的电流或电压时，有必要指定电流或电压的参考方向。这是因为电流或电压的实际方向可能是未知的，也可能是随时间变动的。在电路分析中，可任意选取一个方向作为电流（或电压）的方向并标注在电路上，再根据这个方向并结合有关的电路定律进行分析计算。这个任意选取的方向称为参考方向。

1. 电流的参考方向

在可以确定正电荷运动方向的情况下，以正电荷运动的方向为电流的实际方向。对于复杂电路，正电荷运动方向通常难以在电路分析前确定，故先假定一个方向，称为参考方向，如图 1.8 所示。电流的参考方向一般用实线箭头表示，也可以用双下标表示，如I_{ab}，其参考方向表示由 a 指向 b；I_{ba}表示电流参考方向由 b 指向 a，二者相差一个负号，即$I_{ab}=-I_{ba}$。

若计算得到$i>0$，则表示电流实际方向为 a 流到 b，与参考方向一致（见图 1.8（a））；若计算得到$i<0$，则表示电流实际方向为 b 流到 a，与参考方向相反（见图 1.8（b））。因此，电路中的电流必须由参考方向和代数值共同表达，在未选定电流参考方向的情况下，电流的正负值是没有意义的。

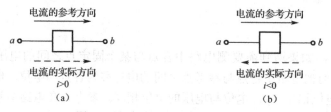

图 1.8 电流的参考方向与实际方向

2. 电压的参考方向

和电流一样，电压的真实方向通常难以在电路分析前确定，同样需要先假定一个参考方向，由参考方向与代数值共同决定电压。电压的参考方向既可以用实线箭头表示，也可以用极性“+”和“-”符号表示，“+”表示假设为高电位端，“-”表示假设为低电位端，由高电位端指向低电位端的方向就是假设的电压的参考方向，如图 1.9 所示。有时也用双下标表示电压的参考方向，如U_{ab}，其参考方向表示由 a 指向 b。

若计算得到$u_{ab}>0$，则表示 a 点电位比 b 点电位高，即电压的实际方向与参考方向一致（见图 1.9（a））；若计算得到$u_{ab}<0$，则表示 a 点电位比 b 点电位低，即电压的实际方向与参考方向相反（见图 1.9（b））。

分析电路前必须选定电压和电流的参考方向。参考方向一经选定，必须在图中相应位置标注（包括方向和符号），在计算过程中不得随意改变。参考方向不同时，其表达式符号也不同，但实际方向不变。

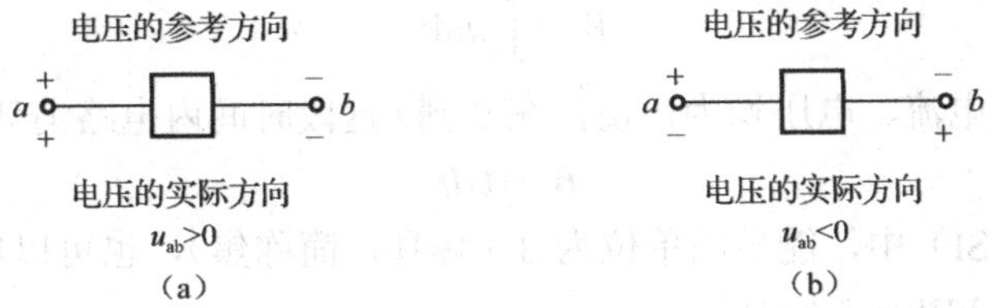

图 1.9 电压的参考方向与实际方向

3. 电压与电流的关联和非关联方向

任意一个二端电路，电流和电压的参考方向的选择是互相独立的，如果在选取两者参考方向时，电流参考方向由电压的参考“+”极流到参考“-”极，则称电流和电压为关联参考方向（简称关联方向）；反之为非关联参考方向（简称非关联方向），如图 1.10 所示。二端电路的电压、电流通常采用关联方向，以减少公式中的负号。本书中若未做特殊说明，均采用关联方向。

图 1.10 关联方向和非关联方向

参考方向是进行电路分析计算的一个重要概念，电流、电压的实际分析是由参考方向与该代数量的正、负决定的。注意：每提及一个电流或电压，应同时指明其参考方向；每求解一个电流或电压，应预先设定其参考方向。

实例 1.1 如图 1.11 所示，已知 $U_1=-100\text{ V}$，$U_2=200\text{ V}$，求 U_{AB} 和 U_{CD}。

解 参考方向如图所示，则

$$U_{AB}=-U_1=-(-100)=100\text{ V}$$

$$U_{CD}=U_2=200\text{ V}$$

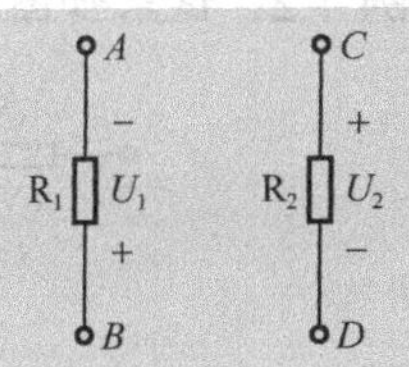

图 1.11 实例 1.1 图

1.2.5 功率和能量

在电路的分析和计算中，能量和功率的计算是十分重要的。这是因为电路在工作状况下总伴随电能与其他形式能量的相互交换；另外，电气设备、电路部件本身都有功率的限制，在使用时要注意其电流值或电压值是否超过额定值，过载会使设备或部件损坏，或不能正常工作。

电功率与电压和电流密切相关。当正电荷从元件上电压“+”极经过元件移动到电压的“-”极时，与此电压相应的电场力要对电荷做功，这时元件吸收能量；当正电荷从元件上电压的“-”极经过元件移动到电压的“+”极时，电场力做负功，这时元件释放能量。

从 0 到 t 的时间内，元件吸收的电能可根据电压的定义求得

$$W=\int_0^t u\mathrm{d}q \tag{1.6}$$

因为有 $i=\dfrac{\mathrm{d}q}{\mathrm{d}t}$，所以可得

$$W=\int_0^t ui\mathrm{d}t \tag{1.7}$$

在直流电路中，电流、电压均为恒值，在 0 到 t 这段时间内电路消耗的电能为

$$W=UIt \tag{1.8}$$

在国际单位制（SI）中，能量的单位为 J（焦耳，简称焦），也可以用 kW·h（千瓦时，俗称“度”）表示。1 kW·h=3.6×10^6 J。

电功率是能量对时间的变化率，简称功率，通常用符号 P 表示。

$$P=\frac{\mathrm{d}W}{\mathrm{d}t}=\frac{u\mathrm{d}q}{\mathrm{d}t}=ui \tag{1.9}$$

式中，P 是元件吸收的功率。当 $P>0$ 时，表示元件实际消耗电能，即吸收功率；当 $P<0$ 时，表示元件实际释放电能，即发出功率。

在直流电路中，$P=\frac{W}{t}=UI$，即功率数值等于单位时间内电路（或元件）所提供或消耗的电能。

在国际单位制（SI）中，功率的单位为 W（瓦特，简称瓦），另外还有（kW、mW）。

应用式（1.9）求功率时要注意：当电压和电流的参考方向为关联参考方向时，式（1.9）表示为 $P=ui$；当电压和电流的参考方向为非关联参考方向时，式（1.9）表示为 $P=-ui$。在这两种情况下，当 $P>0$ 时，元件吸收功率；当 $P<0$ 时，元件发出功率。一个元件若吸收功率 100 W，也可以认为它发出功率−100 W；同理，一个元件若发出功率 100 W，也可以认为它吸收功率−100 W。这两种说法是一致的。

实例 1.2 试求如图 1.12 所示电路中元件的功率。

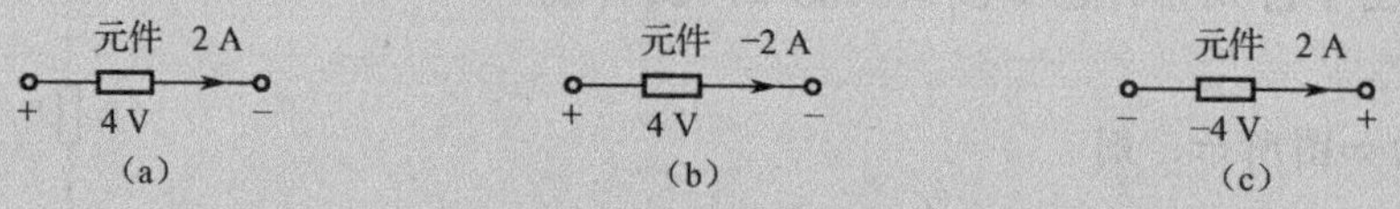

图 1.12 实例 1.2 图

解 （a）电流和电压为关联参考方向，元件吸收功率为 $P=UI=4\times2=8$ W，即元件吸收功率为 8 W。

（b）电流和电压为关联参考方向，元件吸收功率为 $P=UI=4\times(-2)=-8$ W，即元件发出功率为 8 W。

（c）电流和电压为非关联参考方向，元件吸收功率为 $P=-UI=-(-4)\times2=8$ W，即元件吸收功率为 8 W。

1.2.6 直流电流和直流电压的测量

1. 直流电流的测量

1）用直流电流表测量

如图 1.13 所示为指针式直流电流表。

（1）使用前应先检查指针是否对准零点，如有偏差，需用零点调节器将指针调到零位，调整时只需旋动表盖正面中间的零点调整旋钮即可。

（2）电流表的量程选择应根据被测电流大小来决定，应使被测电流值处于电流表的量程之内。在不确定被测电流大小的情况下，应先使用较大量程的电流表试测，以免因过载而损坏仪表。

（3）测量时，一定要将电流表串接在被测电路中，让电流从正（红）接线柱流入，从负（黑）接线柱流出，如图 1.14 所示。电流表接线端的正、负极性不可接错，否则可能会损坏仪表。

（4）当电流表指针稳定后再去读数，读数时应让视线通过指针跟刻度盘垂直，现在有些电流表改用液晶显示，给读数带来了方便。

2）用万用表的直流电流挡测量

万用表是一种多用途、多量程测量仪表，是电工仪表中的一种，它主要用来测量电流、电压和电阻。万用表的型号较多，有些型号的万用表还可以用来测量电感量、电容量、功率及晶体管的β值等。万用表有指针式和数字式两种，如图 1.15 所示，它是电子测量和维修必备的常用仪表。

图 1.13　指针式直流电流表

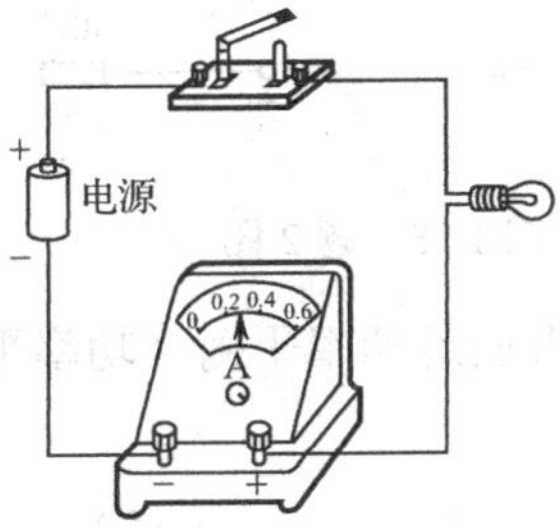

图 1.14　测量电流

（a）指针式万用表　（b）数字式万用表

图 1.15　万用表

用万用表测量直流电流时，需将万用表转换开关拨至直流电流挡，根据被测电流大小选择合适量程，在未知电流大小时，先将量程放置在最高挡位。将黑表笔插入“COM”插孔，将红表笔插入测电流的插孔内，然后将万用表串联到被测电路中，电流应该从红表笔流入，从黑表笔流出。观察读数并注意单位。如果红、黑表笔接反，则指针式万用表的指针会反向偏转，此时应该将两表笔交换位置再读取读数，而数字式万用表则会在 LCD 上显示出“−”。被测电流的正负由电流的参考方向与实际方向是否一致来决定。

2. 直流电压的测量

1）用直流电压表测量

直流电压表如图 1.16 所示。直流电压表的使用方法与直流电流表的使用方法基本相同，不同之处在于表头的连接方法。测量时要把直流电压表并联在被测电路的两端，正（红）表笔接在被测电路的高电位端，负（黑）表笔接在被测电路的低电位端，如图 1.17 所示。

2）用万用表的直流电压挡测量

将万用表的量程开关拨到直流电压挡的合适量程位置，测试时红表笔连接到“V·Ω”插孔，黑表笔与“COM”插孔连接，然后将万用表并联到被测电路两端，红表笔放在高电位，黑表笔放在低电位，测试并读取数值。

图 1.16　直流电压表

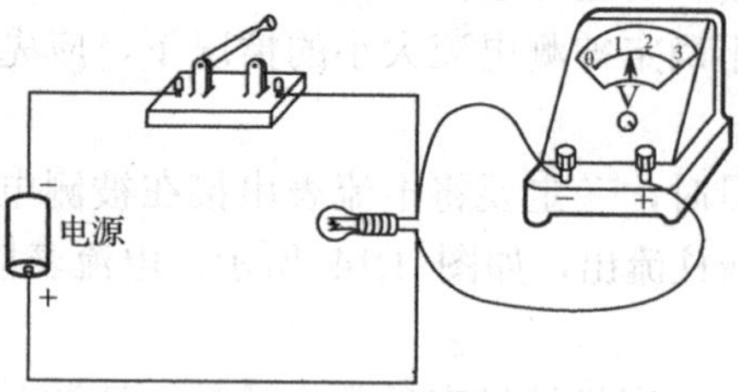

图 1.17　测量电压

思考题 1

1. 电路由几部分组成？各部分在电路中起什么作用？

2. 说明图 1.18（a）、（b）中：

（1）u、i 的参考方向是否关联。

（2）如果在图 1.18（a）中 $u>0$、$i<0$，在图 1.18（b）中 $u>0$、$i>0$，那么元件实际是发出还是吸收功率？

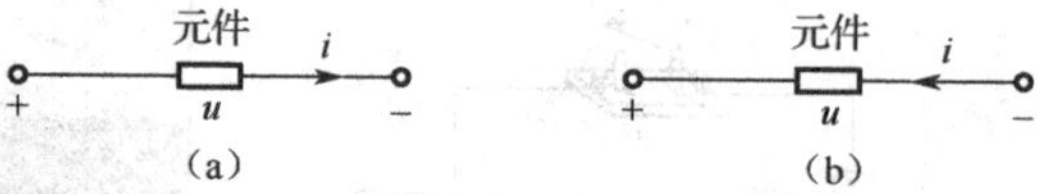

图 1.18　题 2 图

3. 试判断如图 1.19 所示电路是否满足功率平衡（功率平衡即元件发出的总功率应等于其他元件吸收的总功率）。

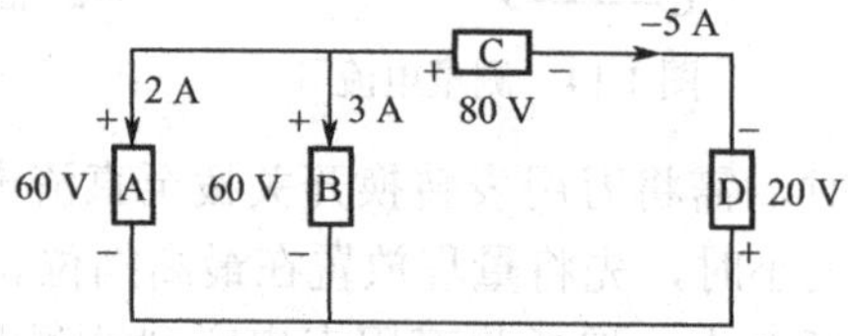

图 1.19　题 3 图

1.3　组成电路的基本元件

电路元件是电路中最基本的组成单元。电路元件通过其端子与外部相连接，元件的特性则通过与端子有关的物理量来描述。电路元件按与外部连接的端子数目可分为二端、三端、四端元件等。

1.3.1　电阻

1. 电阻器与电阻元件

电阻器是具有一定电阻值的元件，在电路中用于控制电流、电压和放大了的信号等。电阻器通常就叫电阻，电路图中常用电阻器的符号如图 1.20 所示。

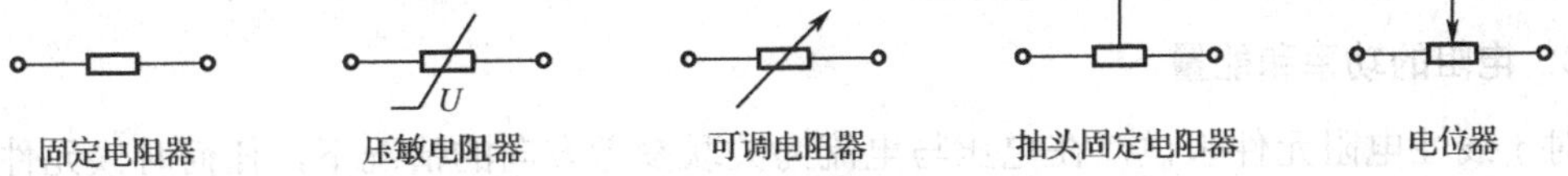

图 1.20　常用电阻器的符号

电阻器按功能可分为固定电阻器、可变电阻器和特殊电阻器；按制造工艺和材料可分为合金型、薄膜型和合成型电阻器，其中薄膜型又分为碳膜、金属膜和金属氧化膜等；按用途可分为通用型、精密型、高阻型、高压型、高频无感型电阻器和特殊电阻器，其中特殊电阻器又分为光敏电阻器、热敏电阻器、压敏电阻器等。

电阻元件是从实际电阻器抽象出来的理想化模型，是代表电路中消耗电能的理想二端元件，如灯泡、电炉、电烙铁等，当忽略其电感等作用时，可将它们抽象成为仅消耗电能的电阻元件。

电阻用字母 R 表示，单位是欧姆（Ω），表征物体对电流的阻碍作用。

电阻的倒数称为电导，用字母 G 表示，即

$$G=\frac{1}{R} \tag{1.10}$$

电导的单位是西门子（S）。电导也是表征电阻元件特性的参数，它反映电阻元件的导电能力。

2. 电阻元件的伏安特性

线性电阻元件是指当电压和电流取关联参考方向时，在任何时刻它两端的电压和电流关系都服从欧姆定律的理想元件，即有

$$u=Ri \tag{1.11}$$

这也是电阻元件的伏安特性，如图 1.21（a）所示。当电阻元件上的电压与电流为非关联参考方向时，欧姆定律表示为

$$u=-Ri \tag{1.12}$$

当电阻 R 为常数时，其伏安特性曲线是一直线，如图 1.21（a）所示，这样的元件称为线性电阻元件。而有些元件的电压与电流的比值是变化的，把这种元件称为非线性电阻元件，如二极管，它的伏安特性曲线如图 1.21（b）所示，所以二极管是一个非线性电阻元件。非线性电阻元件的伏安特性不服从欧姆定律。

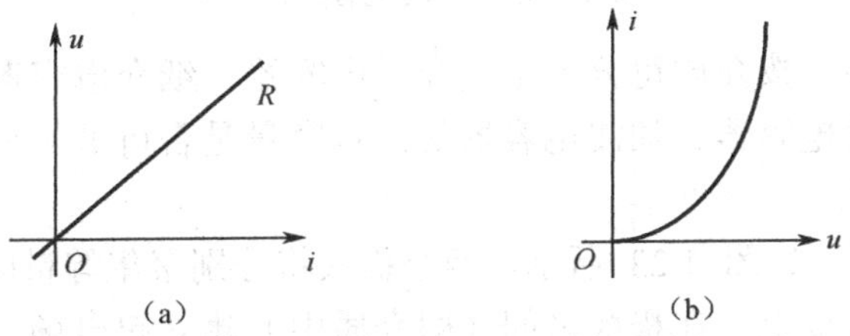

图 1.21　电阻元件的伏安特性曲线

严格来说，所有电阻器、电灯、电炉等实际电路器件的电阻都是非线性的，只是在一定范围内才能近似看成线性电阻。本书主要介绍线性元件及含线性元件的电路，以后如果

不加以说明，电阻元件都指线性电阻元件。

3. 电阻的功率和能量

对于线性电阻元件来说，在电压与电流为关联参考方向的情况下，任何时候元件的吸收功率为

$$p = ui = Ri^2 = \frac{u^2}{R}Gu^2 \tag{1.13}$$

式中，R 和 G 是正常数，所以功率 p 恒为正值。这说明：任何时刻电阻元件都不可能发出电能，而只能从电路中吸收电能，所以电阻元件是耗能元件。

由于电阻元件是耗能元件，吸收功率，常会引起温度的升高，所以不少电气设备常常给出额定值。电气设备的额定值是制造厂家给用户提供的，是考虑设备经济运行的使用值。通常制造厂家规定了在一定的工作条件下电气设备的额定电压、额定电流、额定功率等。电气设备只有在额定值情况下运行，才能保证它的寿命。

如果外加电压大大高于额定电压，电气设备将被烧毁。如果通过电气设备的电流超过额定值，电气设备温度过高，则不仅影响其使用寿命，有些材料甚至会出现炭化，造成电气设备损坏和人身事故。如果外加电压或工作电流比额定值小得多，有些电气设备就会处于不良的工作状态，甚至不能工作。例如，220 V、40 W 的灯泡，若接到 110 V 的电压上，则灯光昏暗；半导体收音机的干电池电压过低，则收音机音量微弱，甚至不能收音。

1.3.2 电容

1. 电容器与电容元件

把两块金属极板用绝缘介质（如空气、纸、云母等）隔开，就构成一个简单的电容器。各种常用电容器的外形如图 1.22 所示。

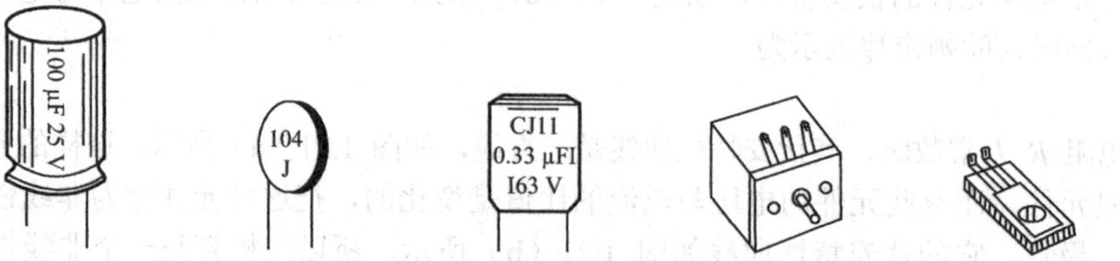

（a）电解电容器　（b）瓷介固定电容器　（c）聚酯薄膜电容器　（d）可变电容器　（e）半可变电容器

图 1.22　各种常用电容器的外形

电容器的种类很多，按介质可分为空气介质电容器、纸介电容器、云母电容器、陶瓷电容器、聚苯乙烯薄膜电容器、油浸电容器等。按容量是否可调可分为固定电容器、可变电容器、微调电容器等。

电容器接通电源后，如图 1.23 所示。两个极板将分别聚集等量的异种电荷，这些电荷相互吸引，被约束在极板上，在极板之间（即介质中）建立起电场。当切断电源后，电荷仍然保持在极板上，极板之间的电场能量也将继续存在，所以电容器是一种能够存储电荷（或电场能量）的电路元件。

电容器极板上所存储的电荷随外接电源电压的增高而增加。对某一个电容器而言，其中任意一个极板所存储的电荷量，与两个极板间电压的比值是一个常数；但是对于不同的

电容器，这一比值则不同。因此，常用这一比值来表示电容器存储电荷的本领。如果电容器两极板间的电压是 U，电容器任一极板所带电荷量是 Q，那么 Q 与 U 的比值叫作电容器的电容量，简称电容，用字母 C 表示，即

$$C=Q/U \tag{1.14}$$

当 C 为常数，与电压无关时，这种电容称为线性电容，否则称为非线性电容，本书仅讨论线性电容。

电容的单位是法拉（F）。实际应用中，F 作为单位太大，常用较小的单位，如微法（μF）和皮法（pF）表示。其换算关系为

$$1\ \mu F=10^{-6}\ F \qquad 1\ pF=10^{-12}\ F$$

一个质量好的电容器，内部损耗可以忽略，其电性能主要是可以存储电能，在这种情况下，可以用“理想电路元件”——电容元件来表征。为了反映不同类型电容器的特性和功能，工程上又将代表它们的电容元件用特定的符号绘制，如图 1.24（a）所示为电容器的一般符号；图 1.24（b）为极性电容器的符号；图 1.24（c）为可调电容器的符号；图 1.24（d）为预调电容器的符号。

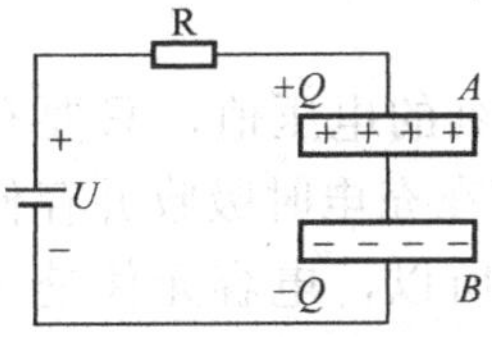

图 1.23　电容器

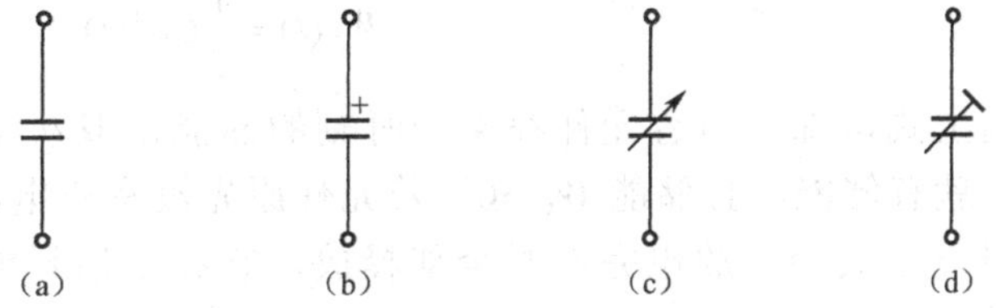

图 1.24　电容器的符号表示

2. 电容元件的伏安特性

当电容元件两端的电压 u 发生变化时，聚集在极板上的电荷 q 也将相应地发生变化，由于两极板之间的介质是不导电的，所以这些变化一定是由电荷通过连接导线在极板与电源之间做定向移动而产生的，也就是说，只要电容元件两端的电压 u 产生变化，其所在的电路就会形成电流 i。选定 u 和 i 为关联参考方向，如图 1.25 所示。设在极短的时间间隔 $\mathrm{d}t$ 内，电容元件 C 的极板上的电压变化了 $\mathrm{d}u$，相应的电量变化了 $\mathrm{d}q$，则

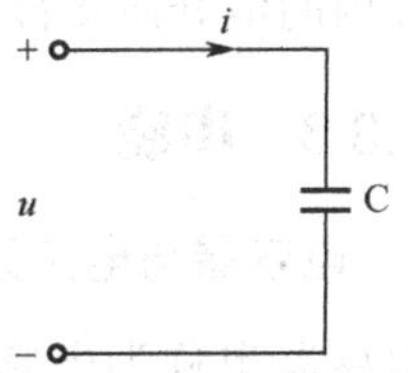

图 1.25　电容元件的伏安特性

$$\mathrm{d}q=C\mathrm{d}u \tag{1.15}$$

$$i=\frac{\mathrm{d}q}{\mathrm{d}t}=C\frac{\mathrm{d}u}{\mathrm{d}t} \tag{1.16}$$

式（1.16）为电容元件的伏安特性，可得：

（1）当 u 增加时，$\frac{\mathrm{d}u}{\mathrm{d}t}>0$，即 $i>0$，说明电容极板上电荷量增加，电容元件充电；

（2）当 u 减小时，$\frac{\mathrm{d}u}{\mathrm{d}t}<0$，即 $i<0$，说明电容极板上电荷量减少，电容元件放电；

（3）当 u 不变时，$\frac{\mathrm{d}u}{\mathrm{d}t}=0$，即 $i=0$，这时电容元件相当于开路，所以电容元件有“隔直

通交”的作用；

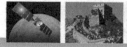

（4）u变化越快，i则越大；u变化越慢，i则越小。

若电容元件上的电压与电流为非关联参考方向，则

$$i=-C\frac{\mathrm{d}u}{\mathrm{d}t} \tag{1.17}$$

3. 电容元件的功率和能量

在电压、电流取关联参考方向的情况下，任一时刻，电容元件的吸收功率为

$$p(t)=u(t)i(t)=Cu(t)\frac{\mathrm{d}u(t)}{\mathrm{d}t}$$

在$t=-\infty$到t时刻，电容元件吸收的电场能量为

$$W_{\mathrm{C}}(t)\int_{-\infty}^{t}p(t)\,\mathrm{d}t=\int_{-\infty}^{t}Cu(t)\frac{\mathrm{d}u(t)}{\mathrm{d}t}\,\mathrm{d}t=C\int_{u(-\infty)}^{u(t)}u(t)\,\mathrm{d}u(t)=\frac{1}{2}Cu^{2}(t)-\frac{1}{2}Cu^{2}(-\infty)$$

电容元件吸收的能量以电场能量的形式存储在元件的电场中。可以认为在$t=-\infty$时，$u=(-\infty)=0$，其电场能量也为0，则

$$W_{\mathrm{C}}(t)=\frac{1}{2}Cu^{2}(t) \tag{1.18}$$

由上式可知，电容元件在某一时刻的储能仅取决于该时刻的电压值，只要有电压存在，就有储能，且储能$W_{\mathrm{C}}\geqslant 0$。若元件原先没有充电，则它在充电时吸收并存储起来的能量一定又会在放电完毕时全部释放，它并不消耗能量。所以，电容元件是一种储能元件。

对于一个实际的电容元件，其元件参数主要有两个，一个是电容值，另一个是耐压。电容元件的耐压是指安全使用时所能承受的最大电压。在使用时，如果超过其耐压，则电容元件内的电介质将被击穿，电容元件将被烧毁。

1.3.3 电感

1. 电感器与电感元件

电感器也称为电感或电感线圈，是用绝缘导线（如漆包线、沙包线等）绕制在绝缘管或铁芯、磁芯上的一种常用的电子元件，多用在滤波、振荡、调谐、扼流等电子电路中应用。部分常用电感器的外形如图1.26所示。

（a）固定电感器　（b）可调电感器　（c）空心电感器　（d）磁芯电感器

图1.26　部分常用电感器的外形

电感器的种类很多，根据其结构的不同可分为单层电感器、多层电感器和蜂房电感器。按电感量变化情况可分为固定电感器和可调电感器。按导磁体性质可分为空心电感器、铁芯电感器、磁芯电感器等。

如果电感线圈通以电流，线圈周围就建立了磁场，或者说线圈存储了能量。绕制线圈

的导线是有一定电阻的，作为一种理想的情况，假定电感线圈的电阻小到可以忽略不计而只考虑其具有存储磁场能量的特性，便可抽象出一种理想的电路元件——电感元件。电感元件的电路及符号如图 1.27 所示。

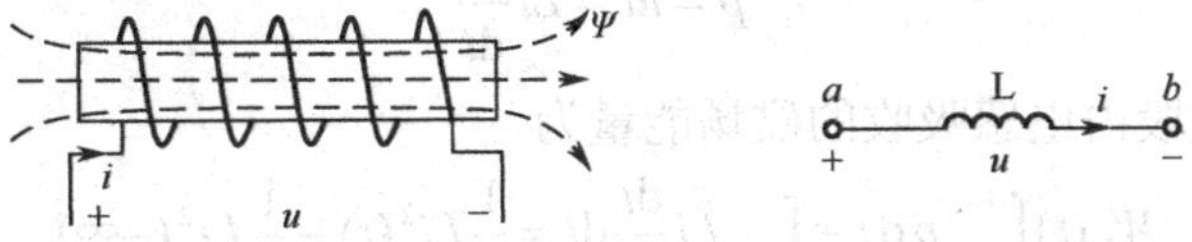

（a）电感元件的电路　　（b）电感元件的符号

图 1.27　电感元件的电路及符号

既然通有电流的电感元件会产生磁场，那么显然电流 i 越大，穿过元件（即线圈）的总磁通量（即磁链）ψ 也就越大。把 ψ 与 i 的比值称为电感元件的电感，用符号 L 表示，即

$$L=\frac{\psi}{i} \tag{1.19}$$

电感 L 是元件本身的一个固有参数，其大小取决于线圈的几何形状、匝数及其中间的磁介质。如果 L 是一个常数，即 ψ 与 i 成正比，则称该电感元件为线性电感元件，否则称为非线性电感元件。由上式可知，在电流 i 一定时，L 越大，穿过元件的磁链 ψ 也就越大，因此，L 是一个表示元件产生磁场（即磁能）能力大小的物理量。

电感元件也分为线性的和非线性的，本书所讨论的是线性电感元件。

在国际单位制（SI）中，电感的单位为亨利，简称亨，其符号为 H。使用中还有更小的单位：毫亨（mH）和微亨（μH）。它们的换算关系为

1 H=1 000 mH　　　　1 mH=1 000 μH

电感元件可简称为电感，“电感”一词既可以指一种元件，也可以指一种元件的参数，读者应注意区别。

2. 电感元件的伏安特性

当磁链 ψ 随时间变化时，在线圈的两端将产生感应电压。如果感应电压的参考方向与磁链满足右手螺旋定则，则根据电磁感应定律，有

$$u=\frac{\mathrm{d}\psi}{\mathrm{d}t} \tag{1.20}$$

若电感上电流的参考方向与磁链满足右手螺旋准则，则 $\psi=Li$，代入上式得

$$u=L\frac{\mathrm{d}i}{\mathrm{d}t} \tag{1.21}$$

式（1.21）称为电感元件的伏安特性。由于电压和电流的参考方向与磁链都满足右手螺旋定则，因此电压与电流为关联参考方向。

由式可知，当电流 i 为直流稳态电流时，$\mathrm{d}i/\mathrm{d}t=0$，故 $u=0$，说明电感在直流稳态电路中相当于短路，有通直流的作用。

若电感上电压 u 与电流 i 为非关联参考方向，则

$$u=-L\frac{\mathrm{d}i}{\mathrm{d}t} \tag{1.22}$$

3. 电感元件的功率和能量

当电压和电流为关联参考方向时，线性电感元件吸收的功率为

$$p = ui = Li\frac{\mathrm{d}i}{\mathrm{d}t}$$

从$-\infty$到 t 的时间段内电感吸收的磁场能量为

$$W_{\mathrm{L}}(t)\int_{-\infty}^{t} p\,\mathrm{d}t = \int_{-\infty}^{t} Li\frac{\mathrm{d}i}{\mathrm{d}t}\mathrm{d}t = \frac{1}{2}Li^2(t) - \frac{1}{2}Li^2(-\infty)$$

由于在 $t=-\infty$时，$i(-\infty)=0$，代入上式中得

$$W_{\mathrm{L}}(t) = \frac{1}{2}Li^2(t) \tag{1.23}$$

这就是线性电感元件在任何时刻的磁场能量表达式。同电容一样，电感元件并不是把吸收的能量消耗掉，而是以磁场能量的形式存储在磁场中。所以，电感元件是一种储能元件。

1.3.4 独立电源

独立电源是电路中的有源元件，是一种能将其他形式的能量（如光能、热能、机械能、化学能等）转换成电能的装置或设备，给电路提供电能。独立电源有两种类型：一种是电压源，如发电机、蓄电瓶、干电池等；另一种是电流源，如光电池等。当电源设备对外电路提供电能时，若它本身的功率损耗可以忽略不计，就可近似认为该电源为理想电源，它的特性可抽象为理想电源元件。

1. 电压源

电压源是理想电压源的简称，它是一个二端元件，电路符号如图 1.28 所示。

它有两个基本特点：

（1）电源两端的电压由电源本身决定，与外电路无关。直流 U_{S} 为常数，交流 u_{S} 是确定的时间函数，如 $u_{\mathrm{S}}=U_{\mathrm{m}}\sin\omega t$。

（2）通过电压源的电流是任意的，由外电路决定。

若 $u_{\mathrm{S}}=U_{\mathrm{S}}$ 即直流电压源，则其伏安特性曲线为平行于电流轴的直线（见图 1.29），反映电压与电源中的电流无关；若 u_{S} 为变化的电源，则某一时刻的伏安关系也是这样。电压为零的电压源，伏安特性曲线与 i 轴重合，相当于短路元件。

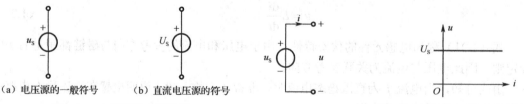

（a）电压源的一般符号　　（b）直流电压源的符号

图 1.28　电压源的电路符号

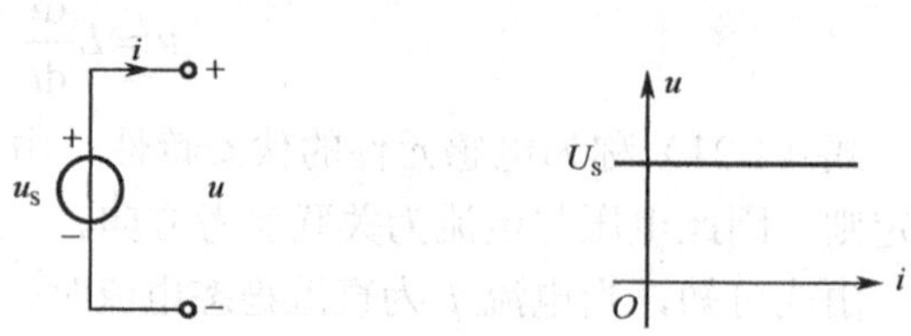

图 1.29　直流电压源的伏安特性

直流理想电压源可以为电路提供能量，也可以从外电路接收能量，视电流的方向而定。当电压源的电压与电流参考方向相反的时候，电压源起电源作用，对外输出能量。当电压源的电压与电流参考方向一致的时候，电压源起负载作用，从外电路吸收能量。

电压源连接外电路如图 1.30 所示，工作情况有以下几种。

（1）当外电路的电阻 $R=\infty$时，电压源处于开路状态，$I=0$，其对外提供的功率为 $P=U_SI=0$。

（2）当外电路的电阻 $R=0$ 时，电压源处于短路状态，$I=\infty$，其对外提供的功率为 $P=U_SI=\infty$。这样的短路电流可能使电源遭受机械的过热损伤或毁坏，因此电压源短路通常是一种严重事故，应该尽力预防。

（3）当外电路的电阻为一定值时，电压源对外输出的电流为 $I=U_S/R$。

2. 电流源

理想电流源也是一个二端理想电路元件，简称为电流源。电路符号如图 1.31 所示，i_S 表示电流数值，箭头表示 i_S 的方向。

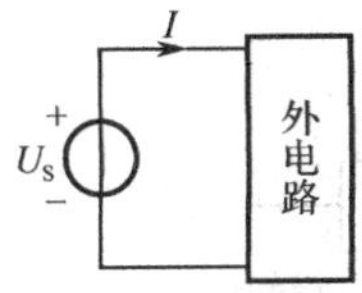

图 1.30　电压源与负载连接

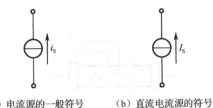

（a）电流源的一般符号　　（b）直流电流源的符号

图 1.31　电流源的电路符号

电流源的特点：

（1）电源电流由电源本身决定，与外电路无关。直流 I_S 为常数，交流 i_S 是确定的时间函数，如 $i_S=I_m\sin\omega t$。

（2）电源两端电压是任意的，由外电路决定。

若 $i_S=I_S$，即直流电流源，则其伏安特性曲线为平行于电压轴的直线（见图 1.32），反映电流与端电压无关；若 i_S 为变化的电源，则某一时刻的伏安关系也是这样。电流为零的电流源，伏安特性曲线与 u 轴重合，相当于开路元件。

电流源连接外电路时如图 1.33 所示。图中，电流源电流和电压的参考方向为非关联参考方向，所以电流源的发出功率为 $P=UI$，它也是外电路的吸收功率。

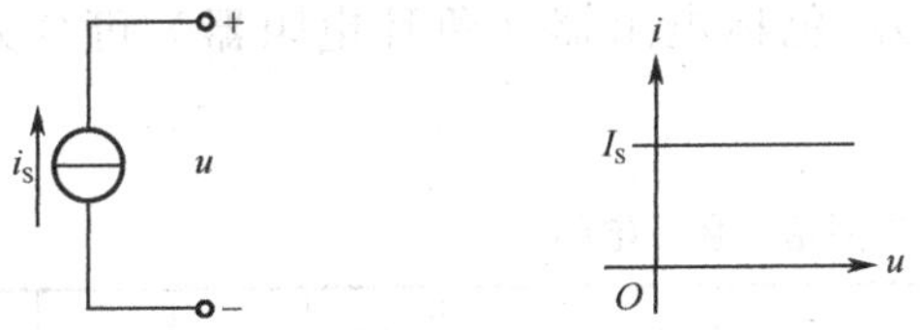

图 1.32　直流电流源的伏安特性

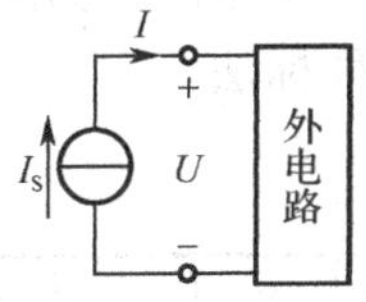

图 1.33　电流源与负载连接

（1）当外电路的电阻 $R=0$ 时，$I=I_S$，其端电压 $U=0$，电流源被短路，此时电流源的电流即为短路电流。

（2）当外电路的电阻 $R=\infty$时，此电流源的伏安特性曲线为 i-u 平面上的电压轴，它相当于开路，$I=I_S=0$。电流源的“开路”是没有意义的，因为开路时发出的电流 I 必须为 0，这与电流源的特性不相容。

（3）当外电路的电阻为一定值时，其端电压为 $U=I_SR$。

实际电流源可由稳流电子设备产生，有些电子器件输出具备电流源特性，如晶体管的集电极电流与负载无关；光电池在一定光线照射下被激发产生一定值的电流等。一个高电压、高内阻的电压源，在外部负载电阻较小，且负载变化范围不大时，可将其等效为电流源。

上述电压源对外输出的电压为一个独立量，电流源对外输出的电流也为一个独立量。因此电压源和电流源总称为独立电源，简称独立源。

1.3.5 常用元件的识别与测量

1. 电阻器的识别与测量

1）电阻器的标注方法

电阻器的类别、标称阻值及误差、额定功率一般都标注在电阻元件的外表面上，如图 1.34 所示。

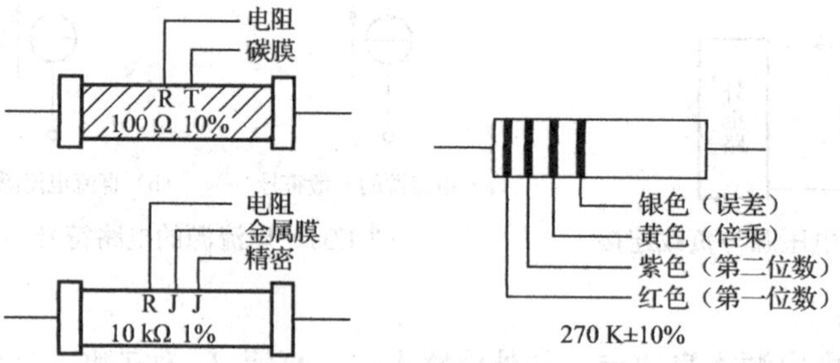

图 1.34 电阻标识

目前常用的标注方法有两种。

（1）直标法。将电阻器的类别及主要技术参数直接标注在它的表面上。有的国家或厂家用一些文字符号标明单位，如 1R5 表示 1.5Ω，3K3 表示 3.3 kΩ，这样可以避免因小数点面积小，不易看清的缺点。

（2）色标法。将电阻器的类别及主要技术参数用颜色（色环或色点）标注在它的表面上，参数值如表 1.1 所示。碳质电阻器和一些小碳膜电阻器的阻值和误差一般用色环来表示（个别电阻也有用色点表示的）。色标电阻器（色环电阻器）可分为三环、四环、五环三种标法。

表 1.1 电阻值（色环电阻）

颜 色	棕	红	橙	黄	绿	蓝	紫	灰	白	黑	金	银	本色
有效数字	1	2	3	4	5	6	7	8	9	0			
乘数	10^1	10^2	10^3	10^4	10^5	10^6	10^7	10^8	10^9	10^0	10^{-1}	10^{-2}	
允许偏差±%	1	2				0.25	0.1				5	10	20

色环电阻器在读取时需要识别它的标称值与精度。首先确定首环和尾环（精度环），按照色环的印制规定离电阻器端边最近的为首环，较远的为尾环，五环电阻器中尾环的宽度是其他环的 1.5～2 倍，如图 1.35 所示。首尾环确定后，就可按图中每道色环所代表意义读

出标称值和精度。五道色环最后一环通常是棕或红，表示误差 1%或 2%。有些色环电阻器由于厂家生产不规范，无法用上面的特征判断，这时只能借助万用表判断。

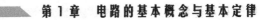

2）电阻的测量

电阻的阻值可以采用欧姆表或万用表的欧姆挡来进行测量，如图 1.36 所示，用指针式万用表的欧姆挡测量电阻，测量前先将万用表的旋转开关旋到电阻挡，然后将两表笔短路校零（两表笔短路的同时旋转表盘上的校零可调电阻，使表针指到右边零刻度）。测量时两表笔搭在被测电阻的两端，表针指示的刻度即是被测电阻的阻值。如果被测电阻连接在电路中，测量时必须将电阻与电路断开，更不允许电路带电测量。

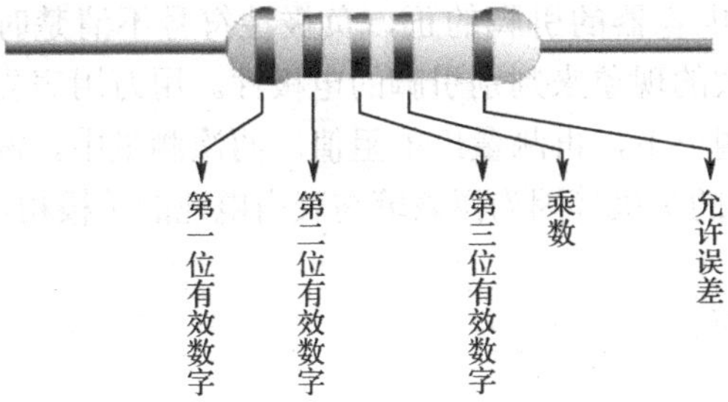

图 1.35　五环色环电阻器

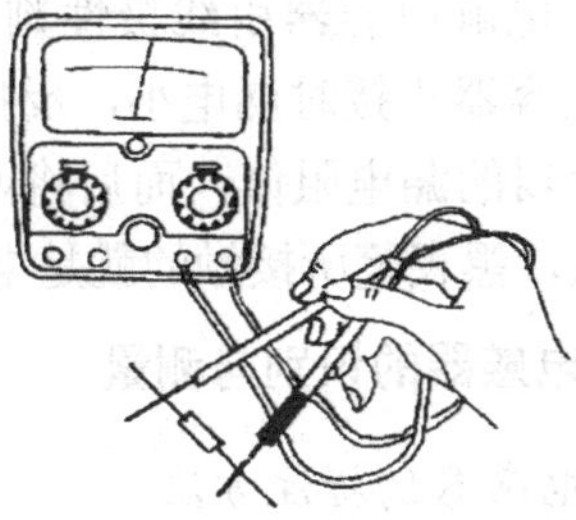

图 1.36　测量电阻

2. 电容器的识别与测量

1）电容器的标注方法

电容器的标称电容及允许偏差一般标在电容器上，其标注的方法有直标法、数码表示法和色标法等几种。

（1）直标法。直标法是将电容器的标称容量、允许偏差及耐压直接标在电容器上的方法，常用于电解电容器。

（2）数码表示法。用三位数码表示容量大小，前两位数字是电容量的有效数字，第三位是 0 的个数，单位为 pF。如 103 表示 10×10^3=10 000 pF。

（3）色标法。电容器的色标法采用颜色的规定与电阻器色标法的规定相同，其单位为 pF。标注与读数的方法与色环电阻相同，如图 1.37 所示。

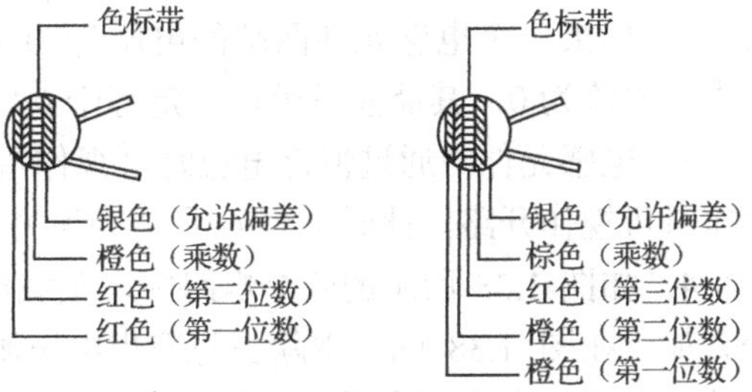

图 1.37　电容器的色标法

2）电容器的简易检测

在没有特殊仪器仪表的条件下，判断电容器的好坏可用最常用的指针式万用表电阻挡进行定性检测，通过指针的摆动情况，看是否有充电现象，由此判断其好坏。

（1）固定电容器漏电判别。用模拟万用表的电阻挡 R×10k 量程挡，将表笔接触电容器的两极，表头指针应向顺时针方向跳动一下（5 000 pF 以下的小电容观察不出跳动），然后逆时针复原，即退至 R 为∞处。如果不能复原，则稳定后的计数表示电容器漏电的电阻值，其值一般为几百到几千兆欧。阻值越大，电容器绝缘性能越好。

（2）电容器容量的判别。5 000 pF 以上的电容器可用万用表最高电阻挡判别有无容量。用表笔接触电容器两端时，表头指针应先是一跳，后逐渐复原。将红、黑表笔对调之后再接触电容器两端，表头指针应是又一跳，并跳得更高，而后又逐渐复原。这就是电容器充电、放电的情形。电容器的容量越大，表头指针跳动越大，指针复原的速度也越慢。根据指针跳动的角度可以估计电容器的容量大小。若用万用表 R×10 k 量程挡判别时表针不跳动，则说明电容器内部断路了。

5 000 pF 以下的小容量电容器，用万用表最高电阻挡已看不出充电与放电现象，应采用专门的测量仪器判别。

（3）电解电容器引线极性判别。电解电容器的引脚的正、负极性符号不清楚时，可根据电解电容器正接时漏电小，反接时漏电大的现象来判别引脚的电极性。用万用表先量一下电解电容器的漏电阻值，而后将两表笔对调一下，再测量出电阻值。两次测量中，漏电阻值小的一次，黑表笔所接触的就是电解电容器的负极（因为黑表笔与表内电池的正极相接）。

3. 电感器的识别与测量

1）电感器的标注方法

电感器的标注方法与电阻器、电容器的标注方法相同，有直标法、文字符号法及色标法。

2）电感器质量的判别

将数字万用表打到蜂鸣二极管挡，把表笔放在两引脚上，看万用表的读数。对于贴片电感器此时的读数应为 0，若万用表读数偏大或为无穷大则表示电感器损坏。

对于电感器线圈匝数较多，线径较细的线圈匝数会达到几十到几百，通常情况下线圈的直流电阻只有几欧姆。表现为发烫或电感磁环明显损坏，若电感器线圈不是严重损坏，而又无法确定时，可用电感表测量其电感量或用替换法来判断。

思考题 2

1. 额定值为“1 W、100 Ω”的碳膜电阻，在使用时电流和电压不得超过多大值？

2. 如果一个电感元件两端的电压为 0，其储能是否也一定等于 0？如果一个电容元件中的电流为 0，其储能是否也一定等于 0？

3. 电感元件中通过恒定电流时可视作短路，此时电感 L 是否为 0？电容两端加恒定电压时可视作开路，此时电容 C 是否为无穷大？

4. 如图 1.38 所示的两个电路中，负载电阻 R_L 中的电流 I 及其两端的电压 U 各为多少？如果在图 1.38（a）中除去与理想电压源并联的理想电流源（断开），在图 1.38（b）中除去与理想电流源串联的理想电压源（短接），对计算结果有无影响？

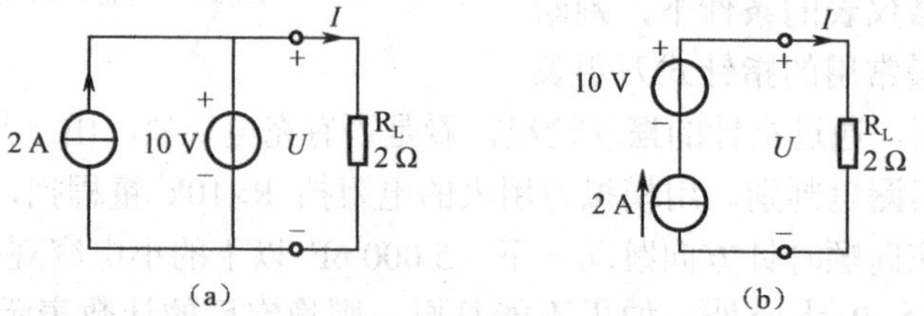

图 1.38　题 4 图

1.4 电路的基本工作状态

在电源电压一定的情况下，电路的电流和功率都决定于负载，负载不同，电路的工作状态就不同。通路、开路和短路是电路的三种基本工作状态。

1.4.1 通路

通路就是电路中的开关闭合，负载中有电流流过，即电源有载工作状态。在如图 1.39 所示的电路中，将开关 S 合上，接通电源和负载，在这种状态下，电源端电压与负载电流的关系可以用电源外特性确定。

通路时电路中的电流

$$I=\frac{U_S}{R_0+R} \tag{1.24}$$

电源的端电压

$$U=IR=U_S-IR_0 \tag{1.25}$$

由上式可知，电源端电压 U 总是小于电源电压 U_S。两者之差为电流通过电源内阻所产生的电压降 IR_0。电流越大，则电源端电源下降得越多。电源端电压 U 和输出电流 I 之间的关系曲线，称为电源的外特性曲线，如图 1.40 所示，其斜率与电源内阻有关。

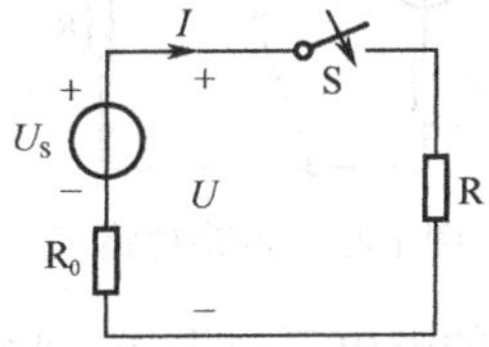

图 1.39　电路通路

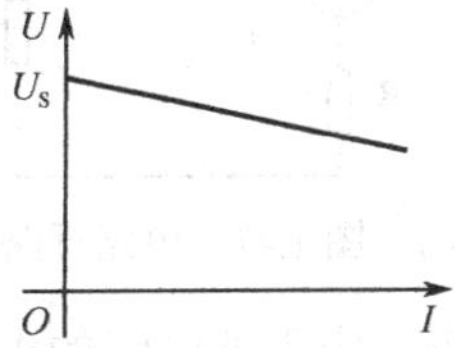

图 1.40　电源的外特性曲线

电源内阻一般很小，当 $R_0 \ll R$ 时，则 $U=U_S$，表明当电流（负载）变动时，电源的端电压变化不大，说明它的带载能力强。

电源的输出功率为

$$P=UI=U_SI-I^2R_0 \tag{1.26}$$

式中，U_SI 为电源产生的功率；I^2R_0 是电源内阻上损耗的功率。

必须注意，对于一定的电源来讲，通过负载的电流不能无限制地增加，否则会由于电流过大将电源损坏。同样，电气设备为了安全可靠地工作，都必须有一定的电流、电压和功率的限制和规定值，这种规定值就称为额定值。如一盏电灯的电压是 220 V，功率是 60 W，这就是它的额定值。电气设备工作在额定情况下称为额定工作状态。

电气设备的额定值是制造厂家为了使产品能在给定的工作条件下正常运行而规定的正常容许值。电气设备的使用寿命与绝缘材料的耐热性能、绝缘强度有关。当电流超过额定值过多时，将会由于过热而使绝缘材料损坏；当所加电压超过额定值过多时，绝缘材料也可能被击穿。反之，如果电压和电流远低于其额定值，往往会导致设备不能正常工作，且不能充分利用设备的能力。如电灯灯光太暗，电动机因电压太低不能启动等。

电气设备或元件的额定值通常标在其铭牌或写在其他说明书中，在使用时应充分考虑额定数据。例如，220 V 60 W 的电灯使用时不能接到 380 V 的电源上。额定值通常用下标 N 表示，如额定电压、额定电流和额定功率分别表示为U_N、I_N和P_N。

1.4.2 开路

在图 1.39 所示电路中，开关断开，此时电路处于开路状态，如图 1.41 所示。对于电源来说，这种状态叫空载。开路状态的主要特点是：电路中的电流为 0，电源端电压和电源电压相等，电源不输出能量。

$$\left.\begin{aligned} I&=0 \\ U&=U_S \\ P&=0 \end{aligned}\right\} \tag{1.27}$$

1.4.3 短路

在如图 1.39 所示电路中，当电源两端由于某种原因被连接在一起，电源则被短路，如图 1.42 所示。电源的内阻一般都是很小的，因而短路电流可能达到非常大的数值，这将导致电源有被烧毁的危险。

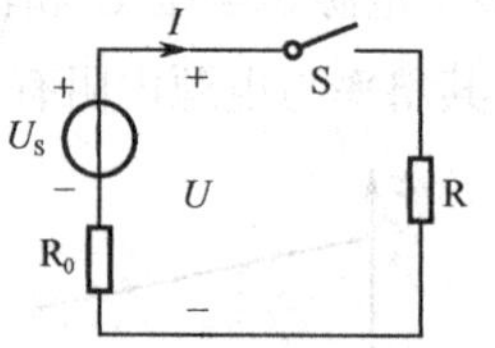

图 1.41　电路开路

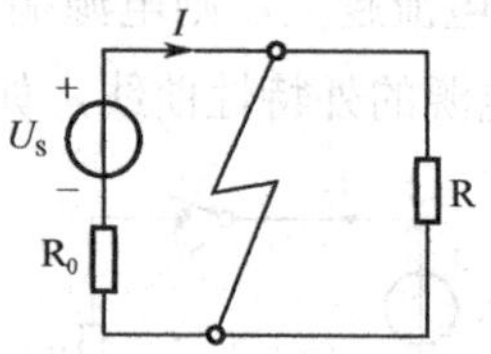

图 1.42　电路短路

在短路状态下，由于外电路的电阻为 0，所以电源的端电压也为 0，此时电源电压全部加在电源内阻上。可见，短路状态的主要特点是：短路电流很大，电源端电压为 0。

$$\left.\begin{aligned} U&=0 \\ I&=\frac{U_S}{R_0} \\ P&=0 \end{aligned}\right\} \tag{1.28}$$

短路现象也可发生在负载段或电路的任意处。短路通常是一种严重的事故，必须严格禁止，避免发生。防止短路的最常见方法是在电路中安装熔断器。熔断器中的熔丝是由低熔点的铅锡合金、银丝制成的。当电流增大到一定数值时，熔丝首先被熔断，从而切断电路。

1.5 基尔霍夫定律

基尔霍夫定律（Kirchhoff Laws）是电路中电压和电流所遵循的基本规律，是分析和计算较为复杂电路的基础，1845 年由德国物理学家 G.R.基尔霍夫（Gustav Robert Kirchhoff, 1824—1887）提出。任何电路的电压或电流，在任何瞬间都满足基尔霍夫定律，它包括基尔霍夫电流定律（Kirchhoff's Current Law，KCL）和基尔霍夫电压定律（Kirchhoff's Voltage Law，KVL）。

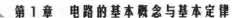

在学习基尔霍夫定律之前，先了解几个与定律有关的术语。

1.5.1 电路名词

1. 支路

单个元件或若干个元件串联构成的分支称为一条支路。一条支路中流过同一个电流。如图 1.43 所示的电路中有 5 条支路：*ae*、*be*、*bc*、*cf* 和 *cdf*。I_5、I_6 在同一条支路中，电流相同。

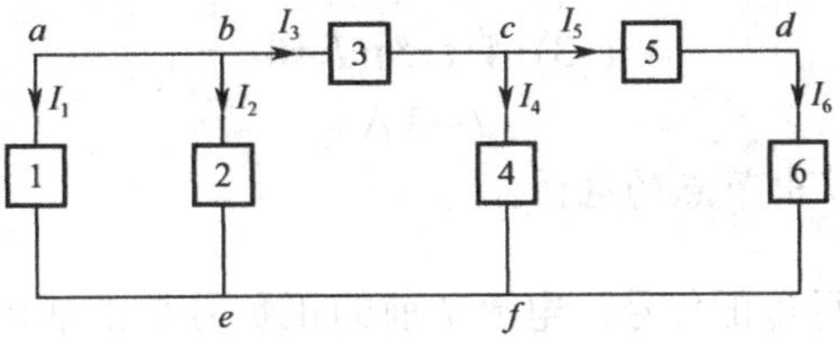

图 1.43　电路举例

2. 节点

三条或三条以上支路的连接点称为节点，支路就是连接在两个节点之间的一段电路。图 1.43 中，*c* 点是节点，*a* 点和 *b* 点间由理想导线相连，应视为一个节点。同理，*e* 点和 *f* 点也应该看作一个节点，而 *d* 不是节点，所以该电路共有 3 个节点：*a*(*b*)、*c* 和 *e*(*f*)。

3. 回路

电路中的任一闭合路径称为回路。如图 1.43 所示的电路中共有 6 个回路：*abea*、*bcfeb*、*cdfc*、*abcfea*、*bcdfeb* 和 *abcdfea*。

4. 网孔

回路内部没有包围别的支路的回路，称为网孔。如图 1.43 所示的电路共有 3 个网孔：*abea*、*bcfeb* 和 *cdfc*。

1.5.2 基尔霍夫电流定律（KCL）

基尔霍夫电流定律反映了电路中任一节点所连接的支路电流间的约束关系。KCL 指出：任一时刻，流入电路中任一节点的电流之和恒等于流出该节点的电流之和，即

$$\sum I_{\text{流入}} = \sum I_{\text{流出}} \tag{1.29}$$

式（1.29）称为 KCL 方程，或节点电流方程。它的依据是电流连续性原理，也是电荷守恒的逻辑推论。

KCL 提到的电流，是以电流的参考方向为准，而不论其实际方向如何，至于电流本身的正负值是由于采用了参考方向的缘故。在如图 1.43 所示的电路中，根据 KCL 可列出节点 *c* 的电流方程为

$$I_3 = I_4 + I_5$$

如果将上式改写成

$$I_3 - I_4 - I_5 = 0$$

则可写成一般形式，即

$$\sum I = 0 \tag{1.30}$$

式（1.30）表明：任何时刻，在电路的任一节点上，所有支路电流的代数和恒等于 0。此时，若流入节点的电流前面取正号，则流出节点的电流前面取负号，反之亦然。

实例 1.3 如图 1.44 所示，在给定的电流参考方向下，已知 I_1=1 A、I_2=−3 A、I_3=4 A、I_4=−5 A，求 I_5。

解 由基尔霍夫电流定律可列出

$$I_1 - I_2 + I_3 + I_4 - I_5 = 0$$

将已知数据代入得

$$1-(-3)+4+(-5)-I_5=0$$

$$I_5=3\text{ A}$$

I_5 是正值，说明 I_5 是流出节点的电流。

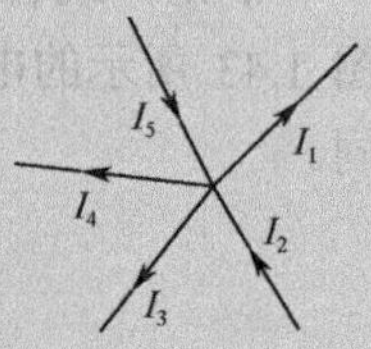

图 1.44　实例 1.3 图

由本例可见，式中有两套正负号，电流 I 前的正负号是由基尔霍夫电流定律根据电流的参考方向确定的，括号内数字前的正负号则表示电流本身数值的正负。

基尔霍夫电流定律的推广：

基尔霍夫电流定律除了适用于电路中任一结点外，还可以应用于包围电路中某一部分的任一闭合面。

如图 1.45 所示，可列出方程

$$\begin{cases} I_1 - I_4 - I_5 = 0 \\ -I_2 + I_5 + I_6 = 0 \\ I_3 + I_4 - I_6 = 0 \end{cases}$$

三式相加得：$I_1 - I_2 + I_3 = 0$

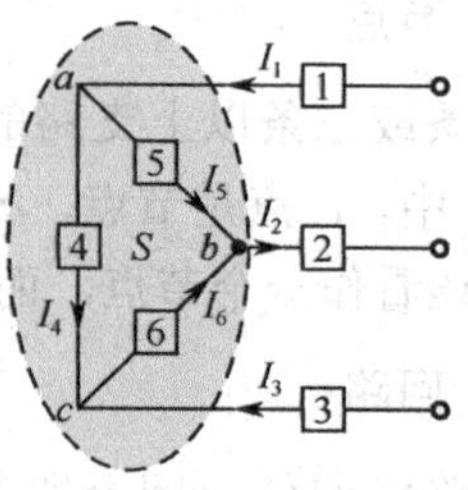

图 1.45　基尔霍夫电流定律的推广

对于用虚线包围的闭合曲面 S，它包含了部分电路，并与支路 1、2、3 相交，若规定流入 S 的电流取正号，则流出 S 的电流取负号。

这里，我们把闭合曲线包围的部分电路看成了一个大的节点，可以得出 KCL 方程式，即

$$I_1 - I_2 + I_3 = 0$$

注意，没有穿过 S 的 4、5、6 三个支路的电流不能列入 KCL 方程中。这里可以把节点视为闭合曲面趋于无限小的极限情况。

实例 1.4 求如图 1.46 所示电路中的 I。

解 由广义的 KCL，流入闭合面的所有支路电流的代数和为 0。

可列出电流方程

$$I + (-2) - 3 = 0$$

得

$$I = 5\text{ A}$$

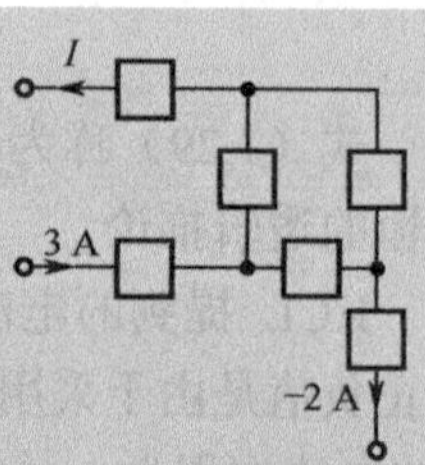

图 1.46　实例 1.4 图

1.5.3 基尔霍夫电压定律（KVL）

基尔霍夫电压定律表明电路中各支路电压之间必须遵守的规律，这规律体现在电路的各个回路中。KVL 指出，在任一时刻，沿电路中任一闭合回路绕行一周，该回路中各段电压的代数和恒等于 0，即

$$\sum U = 0 \tag{1.31}$$

上式称为 KVL 方程，或称回路电压方程，显然，它也是能量守恒定律的体现。

在写上式时，首先需要选定一个回路上绕行的方向。凡电压的参考方向与绕行方向一致时，在该电压前面取“+”号；凡电压的参考方向与绕行方向相反时，在该电压前面取“−”号。

如图 1.47 所示，若选定回路绕行方向为顺时针方向，则该回路的 KVL 方程为

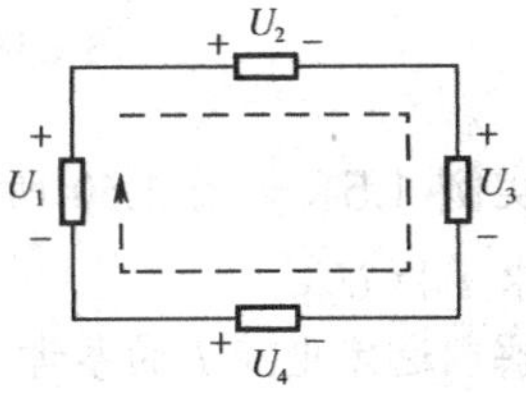

图 1.47　KVL 的应用

$$-U_1 + U_2 + U_3 - U_4 = 0 \tag{1.32}$$

由于参考方向下各电压均是代数量，代入方程时应注意保留其正负号。在图 1.47 中，若已知 U_1=6 V，U_2=−2 V，U_4=−5 V，代入上式有

$$-6 + (-2) + U_3 - (-5) = 0$$

可求得

$$U_3 = 3\,\text{V}$$

对于式（1.32），也可以将负电压移到方程的另一边，于是写成

$$U_1 + U_4 = U_2 + U_3$$

这是 KVL 方程的另外一种形式，该式表明，对于电路中任何回路，各段电位升的和等于各段电位降的和，即

$$\sum U_{升} = \sum U_{降} \tag{1.33}$$

如图 1.48 所示电路中有 3 个回路，每个回路可以列出一个 KVL 方程，对应回路 1、2、3 的 KVL 方程分别如下。

回路 1：　$-U_1 - U_2 + U_3 + U_4 = 0$

回路 2：　$U_6 - U_5 + U_3 + U_4 = 0$

回路 3：　$-U_1 - U_2 + U_5 - U_6 = 0$

基尔霍夫定律不仅适用于闭合回路，也可以把它推广应用于开口电路，但是列 KVL 方程时，必须将开口处的电压也列入方程。如图 1.49 所示电路，a 与 b 两点没有闭合，这两点的开路电压为 U_{ab}，沿 $abcda$ 绕行方向，则有

$$U_{ab} + U_{S2} - IR_2 - IR_1 - U_{S1} = 0$$

所以

$$U_{ab} = U_{S1} + IR_1 + IR_2 - U_{S2}$$

或写成

$$U_{ab} = \sum_a^b U_i \tag{1.34}$$

上式可见，a、b 两点间的电压等于从 a 到 b 的路径上各元件电压 U_i 的代数和。若元件电压的参考方向与从 a 到 b 的方向一致，则该电压为正，否则为负。利用上述公式，可以很方便地计算电路中任意两点之间的电压。

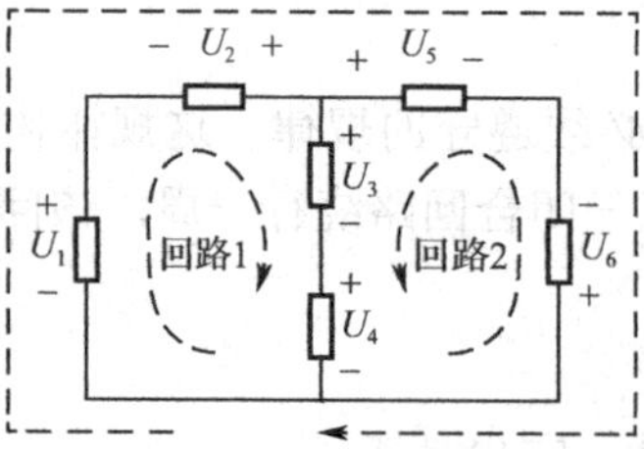

图 1.48　KVL 举例图

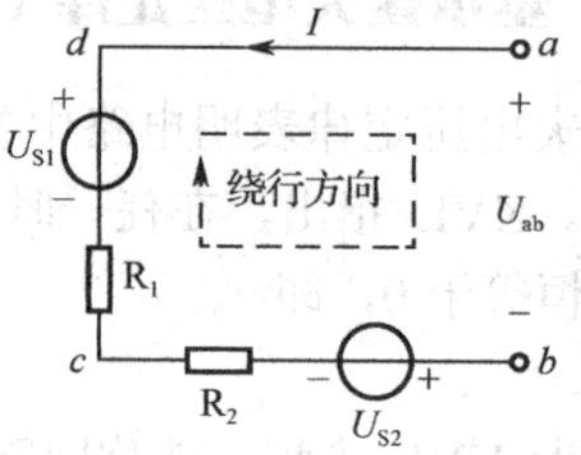

图 1.49　基尔霍夫电压定律的推广

实例 1.5　如图 1.50 所示，已知 $U_{S1}=5\ \text{V}$，$U_{S2}=10\ \text{V}$，$R_1=1\ \Omega$，$R_2=4\ \Omega$，$R_3=1\ \Omega$，$R_4=4\ \Omega$，求 I 和 U_{AB}。

解　选定电流 I 的参考方向及绕行方向，如图 1.50 所示。

根据 KVL 可得

$$IR_1+U_{S1}+IR_2-U_{S2}+IR_3+IR_4=0$$

即
$$I(R_1+R_2+R_3+R_4)=-U_{S1}+U_{S2}$$

$$I=\frac{U_{S2}-U_{S1}}{R_1+R_2+R_3+R_4}$$

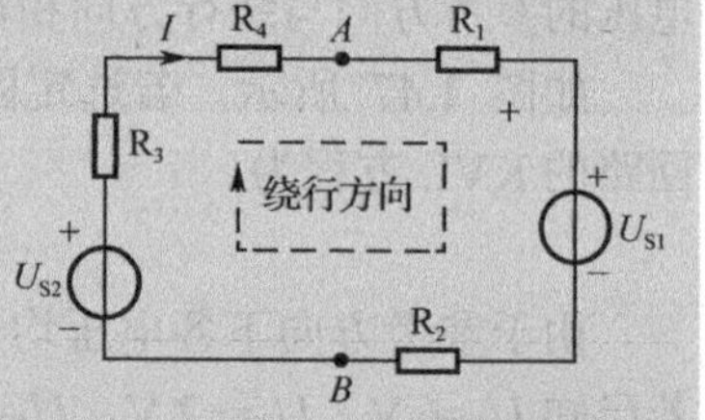

图 1.50　实例 1.5 图

代入数据得
$$I=\frac{10-5}{1+4+1+4}=0.5\ (\text{A})$$

沿右边路径求 U_{AB} 得

$$U_{AB}=R_1I+U_{S1}+R_2I=1\times0.5+5+4\times0.5=7.5\ (\text{V})$$

沿左边路径求 U_{AB} 得

$$U_{AB}=-R_4I-R_3I+U_{S2}=-4\times0.5-1\times0.5+10=7.5\ (\text{V})$$

可见，两点间的电压与所选择的路径无关。

实例 1.6　已知 $R_1=3\ \Omega$，$R_2=2\ \Omega$，$U_{S1}=-4\ \text{V}$，$U_{S2}=6\ \text{V}$，$U_{S3}=5\ \text{V}$，求 U_{ac} 及 U_{be}。

解　设 I_1、I_2 参考方向及回路 A 的绕行方向如图 1.51 所示。

对于 c 点，由 KCL 可知 $I_2=0$，故回路 A 中各元件上流经的是同一个电流 I_1，根据 KVL 列方程

$$I_1R_1-U_{S2}+I_1R_2+U_{S1}=0$$

代入数据得
$$3I_1-6+2I_1-4=0$$

$$I_1=2\ \text{A}$$

$$\therefore\quad U_{ac}=U_{ab}+U_{bc}=U_{S1}+I_1R_1=2\ (\text{V})$$

$$U_{be}=U_{bc}+U_{ce}=I_1R_1-U_{S3}=2\times3-5=1\ (\text{V})$$

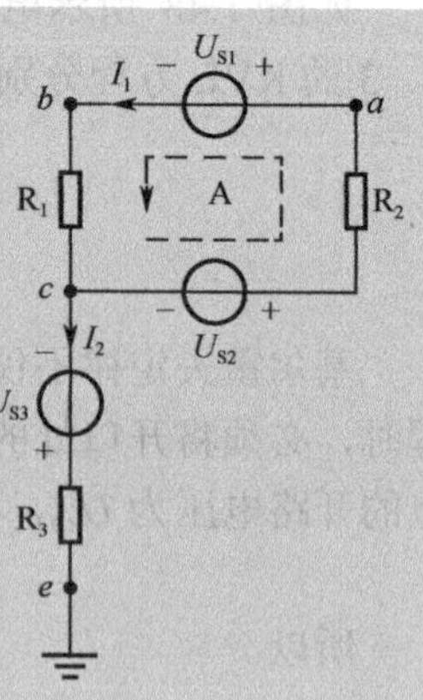

图 1.51　实例 1.6 图

思考题 3

1．在如图 1.52 所示两个电路中，各有多少支路和节点？

2．如图 1.53 所示电路，已知 $I_1=1\ \text{A}$，$I_2=4\ \text{A}$，$I_4=6\ \text{A}$，求 I_3。

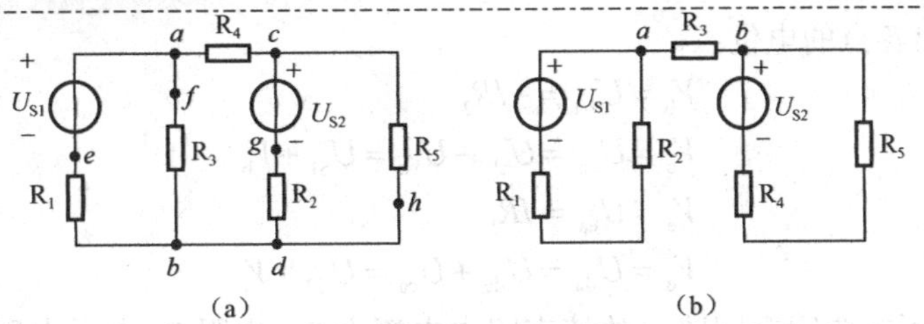

图 1.52 题 1 图

3．如图 1.54 所示电路，已知 R_1=10 Ω，R_2=20 Ω，U_{S1}=6 A，U_{S2}=6 A，求 U_{ab}。

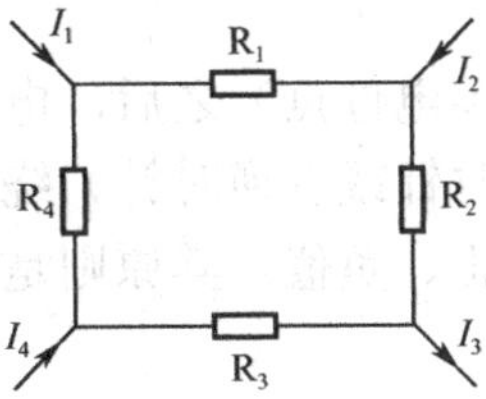

图 1.53 题 2 图

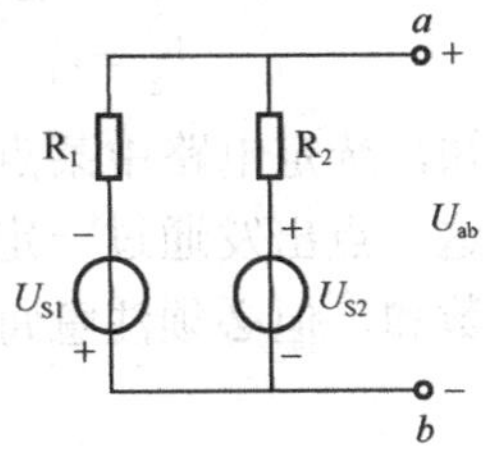

图 1.54 题 3 图

1.6 电位的计算

研究电位对分析电路有着重要的意义，电位知则电压得，功率、电流也就容易计算得到，尤其在分析电子电路时，更要经常用到电位这一概念。前面已经引入了电位的概念，电位即电路中某点到参考点之间的电压，因此在计算电位时，首先应选定电路中的某一点作为参考点（或者电路中已给出），通常设参考点的电位为 0，电路中其他各点的电位就是该点到参考点之间的电压。正值表示该点电位比参考点电位高，负值表示该点电位比参考点电位低。

参考点在电路图中标以“⊥”符号。电位的计算步骤如下：

（1）任选电路中某一点为参考点，设其电位为 0；

（2）标出各电流参考方向；

（3）计算各点至参考点间的电压，即为各点的电位。

以如图 1.55 所示电路为例，计算电路中各点的电位。图中选 a 点为参考点，即 a 点的电位为 0，V_a=0，其他各点的电位就是该点到参考点间的电压。而电压与电流、电路参数有关，这里可以很方便地先求出闭合回路中的电流 I，设参考方向如图 1.55 所示，根据 KVL 有：

$$IR_1 + U_{S2} + IR_2 + IR_3 - U_{S1} = 0$$

$$I = \frac{U_{S1} - U_{S2}}{R_1 + R_2 + R_3}$$

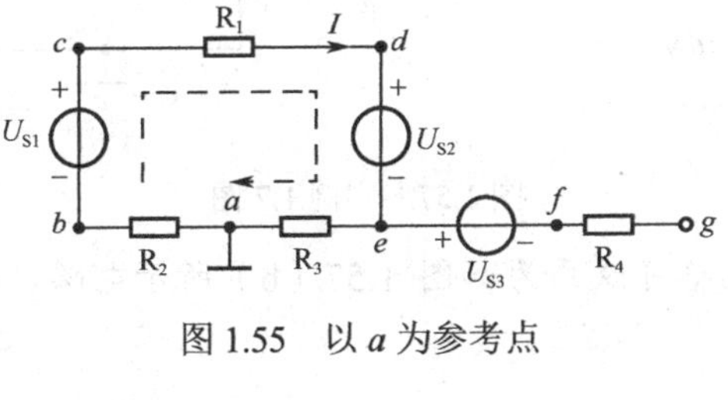

图 1.55 以 a 为参考点

下面依次求出各点的电位：

$$V_b = U_{ba} = -IR_2$$
$$V_c = U_{ca} = U_{cb} + U_{ba} = U_{S1} + V_b$$
$$V_e = U_{ea} = IR_3$$
$$V_d = U_{da} = U_{de} + U_{ea} = U_{S2} + V_e$$

图中 eg 支路不构成闭合回路，故该支路中电流为 0，电阻 R_4 上无电压降。

所以

$$V_f = U_{fa} = U_{fe} + U_{ea} = -U_{S3} + V_e$$
$$V_g = V_f$$

从以上分析可知，选定电路中某点为参考点（零电位点）之后，电路中任意一点的电位在数值上等于从这一点出发通过一定的路径（顺时针或者逆时针）绕到零电位点的路径上各部分电压的代数和，但必须注意每部分电压的正、负值。其原则是：顺着电压方向即为正，反之为负。

在电子线路中，经常用标注电位的方法来表示电压源，如图 1.56 所示，其中图 1.56（a）是电工电路的画法，将电压源直接画在电路中，图 1.56（b）是用电位表示电压源的画法。

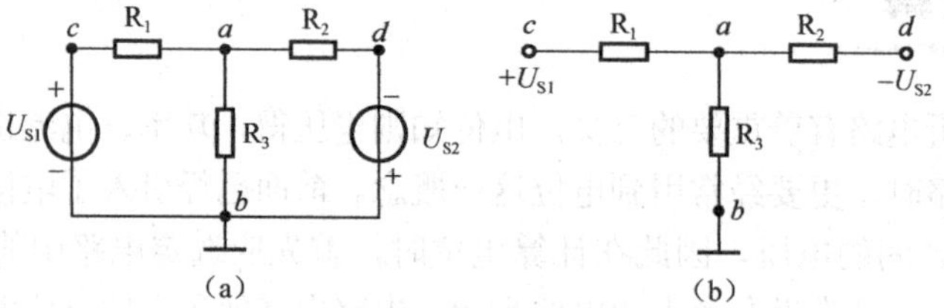

图 1.56　以 b 为参考点

在图 1.56（a）中，由于 U_{S1}、U_{S2} 两个电源都接地，因而 c、d 两点电位恒定，$V_c=U_{S1}$、$V_d=-U_{S2}$。这两个电源都可以省略，而将电位分别标在 c、d 两点上，简化电路如图 1.56（b）所示。

实例 1.7　计算如图 1.57 所示电路中 B 点的电位 V_B。

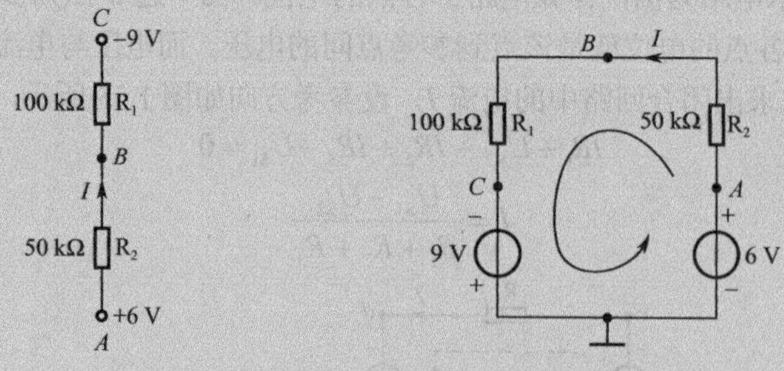

图 1.57　实例 1.7 图

解　如图 1.57（a）所示电路可改画为如图 1.57（b）所示电路，回路的绕行方向如图 1.57（b）所示。

根据 KVL 方程得

$$IR_1 + V_C - V_A + IR_2 = 0$$

$$I = \frac{-V_C + V_A}{R_1 + R_2}$$

代入数据得

$$I = \frac{-(-9)+6}{(100+50)\times 10^3} = 1\times 10^{-4}\text{（A）} = 0.1\text{（mA）}$$

$$V_B = IR_1 + V_C = V_A - IR_2 = 1\times 10^{-4} \times 100\times 10^3 - 9$$

$$= 6 - 1\times 10^{-4} \times 50\times 10^3 = 1\text{（V）}$$

实例 1.8 计算如图 1.58 所示电路中 *A* 点的电位。

解

$$I_1 - I_2 - I_3 = 0 \qquad (1.35)$$

$$I_1 = \frac{50 - V_A}{10} \qquad (1.36)$$

$$I_2 = \frac{V_A - (-50)}{5} \qquad (1.37)$$

$$I_3 = \frac{V_A}{20} \qquad (1.38)$$

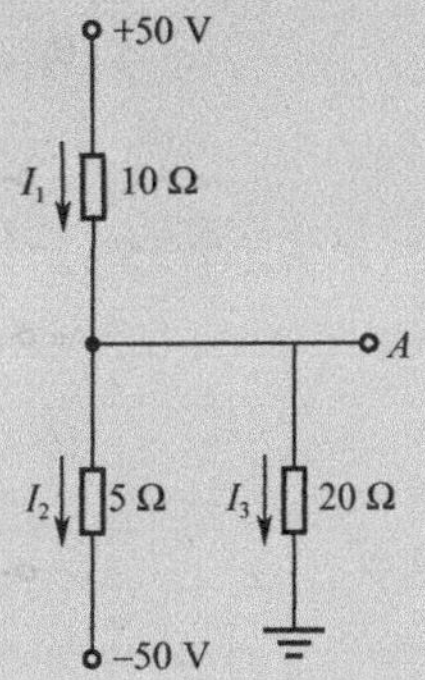

图 1.58 实例 1.8 图

将式（1.36）～式（1.38）代入式（1.35），得

$$\frac{50 - V_A}{10} - \frac{V_A + 50}{5} - \frac{V_A}{20} = 0$$

$$V_A = -14.3\text{（V）}$$

思考题 4

1．计算如图 1.59 所示电路中 *A*、*B* 两点的电位。

2．计算如图 1.60 所示电路中 *A* 点的电位。

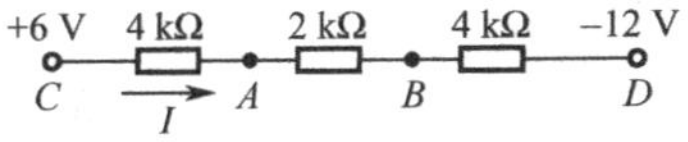

图 1.59 题 1 图

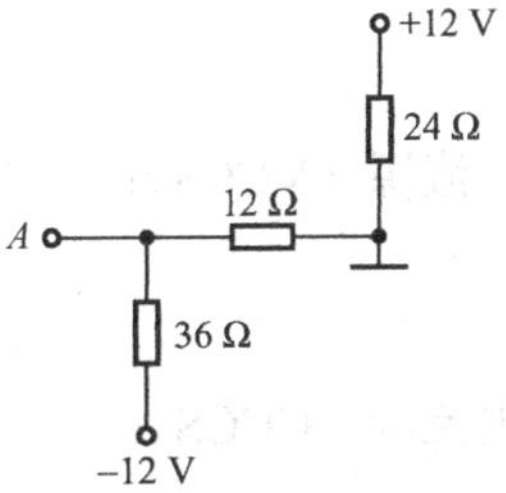

图 1.60 题 2 图

1.7 受控源

前面介绍的电压源和电流源都是独立源，它们的电压或电流是一定值或是一个固定的时间函数。若电源的电压或电流是受其他部分的电压或电流控制的，则这类电源称为受控

源。“受控”的含义就是这类电源的电压或电流受其他电压或电流的控制，所以受控源又称为非独立源。

受控源是一种双端口元件，它含有两条支路，一条叫控制支路，这条支路或为开路或为短路。另一条叫受控支路，这条支路或为一个电压源或为一个电流源。受控支路中的电源与独立电源不同，它的输出量受控制支路的开路电压或短路电流控制，当控制电压或电流消失或等于 0 时，受控源的电压或电流也将为 0。

为了与独立电源区别，受控源的符号用菱形表示。根据受控源是电压源还是电流源，以及受控源是受电压控制还是受电流控制，受控源可以分为 4 种类型，即电压控制电压源（VCVS）、电流控制电压源（CCVS）、电压控制电流源（VCCS）和电流控制电流源（CCCS）。4 种理想受控源的模型如图 1.61 所示。

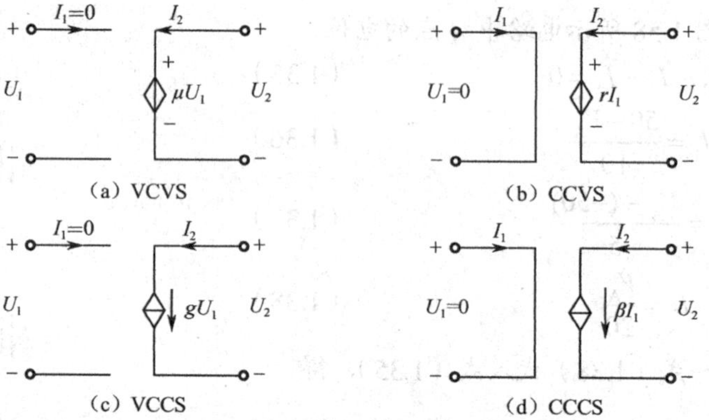

图 1.61　受控源

4 种受控源的端口电压和电流关系分别如下。

电压控制电压源（VCVS）：

$$U_2=\mu U_1$$
$$I_1=0$$

电流控制电压源（CCVS）：

$$U_2=rI_1$$
$$U_1=0$$

电压控制电流源（VCCS）：

$$I_2=gU_1$$
$$I_1=0$$

电流控制电流源（CCCS）：

$$I_2=\beta I_1$$
$$U_1=0$$

式中，μ、r、g、β 是控制系数，其中 $r=\dfrac{U_2}{I_1}$ 具有电阻的量纲，称为转移电阻；$g=\dfrac{I_2}{U_1}$ 具有电导的量纲，称为转移电导；$\mu=\dfrac{U_2}{U_1}$ 和 $\beta=\dfrac{I_2}{I_1}$ 无量纲，分别称其为电压放大系数和电流放大系数。当系数 μ、r、g、β 为常数时，受控源为线性受控源。本书只涉及这类受控源。

在电路图中，控制支路和受控支路不一定专门画在一起，只要在控制支路中标明控制量即可。如图 1.62（a)、(b）所示，两者本质上是相同的。

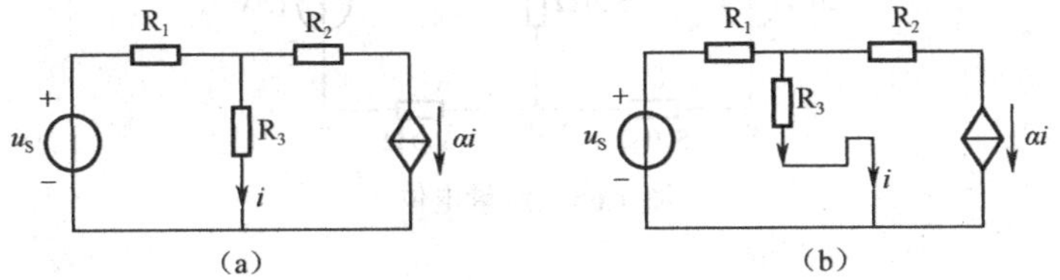

图 1.62　含受控源的电路

需要指出的是，独立源和受控源是两个不同的物理概念。独立源在电路中起着“激励”作用，它是实际电路中电能量或电信号“源泉”的理想化模型；而受控源是描述电子器件中某支路对另一支路起控制作用的理想化模型，它本身不直接起“激励”作用。

实例 1.9　求如图 1.63 所示电路中的电流 I_X。

解　设电流的参考方向为逆时针方向，根据 KVL 可列写方程

$$5-5I_X+50I_X=0$$

因此，可解出

$$I_X=-0.11\text{ A}$$

实例 1.10　求如图 1.64 所示电路中的电压 U。

解　先求控制量 I。由 KCL，列写方程

$$3=I+\frac{I}{2}$$

求出

$$I=2\text{ A}$$

得出

$$U=3I=3\times 2=6\text{（V）}$$

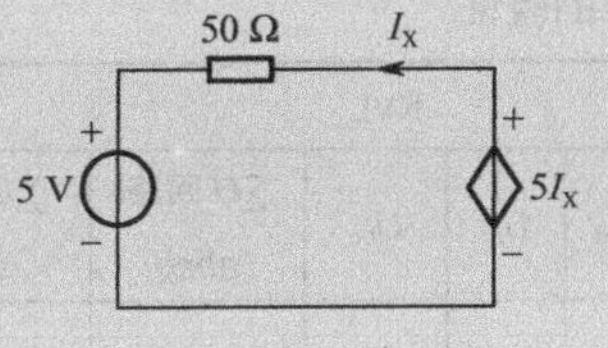

图 1.63　实例 1.9 图

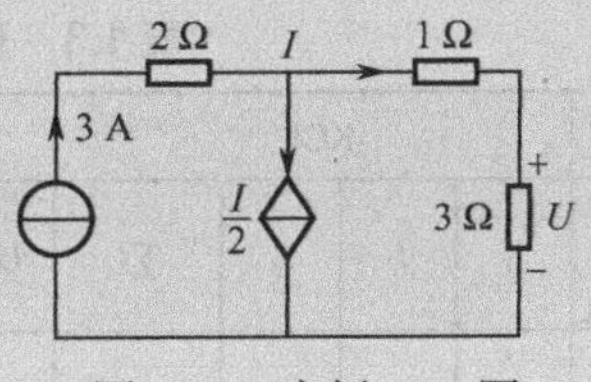

图 1.64　实例 1.10 图

1.8　电位的测量及基尔霍夫定律的验证

1.8.1　电位的测量

按如图 1.65 所示电路图接线，检查线路连接是否正确，再接通电源。按表 1.2 中的要求用万用表电压挡测量各点电位。将黑表笔固定在参考点位置，红表笔分别在 a、b、c 等点上测量，将测量数据填入表 1.2 中。

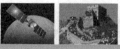

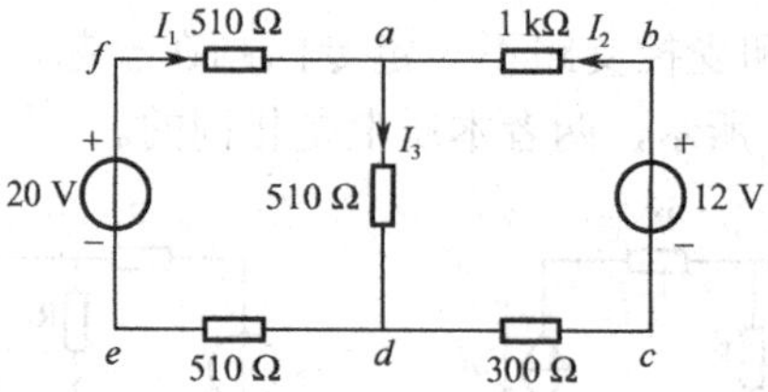

图 1.65 测量电位

表 1.2 电位测试表

参考点	电位 / 计算与测量	V_a（V）	V_b（V）	V_c（V）	V_d（V）	V_e（V）	V_f（V）
d 点	理论值						
	测量值						

1.8.2 基尔霍夫定律的验证

按如图 1.66 所示电路图接线，检查线路连接是否正确，再接通电源。设定各支路电流的参考方向，并在电路中标定。分别测量各支路电流和各段电压，并将各测量值（根据参考方向取正负号）记入到表 1.3 中。根据测量结果验证 KCL 和 KVL。

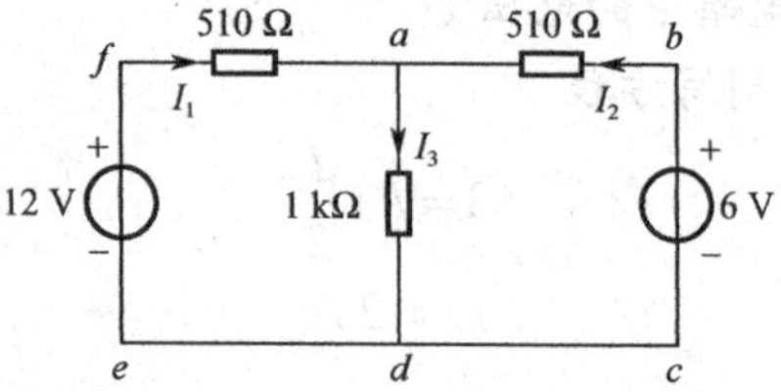

图 1.66 基尔霍夫定律的验证电路图

表 1.3 基尔霍夫定律的验证

验证	KCL				KVL						
项目 / 内容	I_1	I_2	I_3	$\sum I$	U_{ab}	U_{fe}	U_{ad}	U_{af}	U_{bc}	$\sum U$ 回路 *abcd*	$\sum U$ 回路 *adef*
计算值											
测量值											

本章小结

1. 电路和电路模型

电路按其作用通常由电源、负载和中间环节三部分组成。理想电路元件是指实际电路元件的理想化模型。由理想电路元件构成的电路称为电路模型。在电路理论研究中，都是用电路模型来代替实际电路加以分析和研究的。

2. 电路的基本物理量

（1）电荷的定向移动形成电流。电流的大小用电流表示，即 $i=\mathrm{d}q/\mathrm{d}t$。其方向习惯上指正电荷运动的方向。

（2）电路中 a、b 两点间的电压等于电场力把正电荷由 a 点移动到 b 点所做的功，即 $u=\mathrm{d}W/\mathrm{d}q$。其方向是在电场力作用下正电荷运动的方向。

（3）电位是指在电路中任选一点作为参考点，该点到参考点的电压。

（4）参考方向是事先选定的一个方向，如果电压和电流的参考方向选择一致，则称电压和电流的参考方向为关联参考方向，简称关联方向。

（5）电功率指电能量对时间的变化率。

3. 组成电路的基本元件

（1）电阻是反映元件对电流呈现阻碍作用的一个参数，即 $u=Ri$（u 与 i 为关联方向），其瞬时功率为

$$p=ui=i^2R=u^2/R。$$

（2）电容元件是一个能存储电场能量的元件，即 $i_\mathrm{C}=C\dfrac{\mathrm{d}u_\mathrm{C}}{\mathrm{d}t}$（$u$ 与 i 为关联方向），其瞬时功率为

$$p=u_\mathrm{C}i_\mathrm{C}=Cu_\mathrm{C}\frac{\mathrm{d}u_\mathrm{C}}{\mathrm{d}t}$$

（3）电感元件是一个能存储磁场能量的元件，即 $u_\mathrm{L}=L\dfrac{\mathrm{d}i_\mathrm{L}}{\mathrm{d}t}$（$u$ 与 i 为关联方向），其瞬时功率为

$$p=u_\mathrm{L}i_\mathrm{L}=Li_\mathrm{L}\frac{\mathrm{d}i_\mathrm{L}}{\mathrm{d}t}$$

（4）电源。

电压源是一个二端元件，它的端电压以固定规律变化，不会因为所连接的电路不同而改变；通过它的电流取决于与它连接的外电路，是可以改变的。

电流源也是一个二端元件，通过它的电流以固定规律变化，与端电压无关；电流源的端电压随着与它连接的外电路的不同而不同。

电源有独立电源和非独立电源（受控源）两类。受控源分为 4 种：电压控制电压源、电压控制电流源、电流控制电压源和电流控制电流源。电路分析的各种方法适用于含有受控源的电路，但必须注意控制变量的替代。

4. 电路的基本工作状态

电路有通路、开路和短路三种基本工作状态。

5. 基尔霍夫定律

基尔霍夫定律是研究复杂电路的基本定律，KCL 方程为 $\sum i=0$，KVL 方程为 $\sum u=0$。

6. 电路中电位的计算

电路中任意一点的电位值随着参考点的改变而改变，而电路中任意两点的电位差（电

压）与参考点的位置无关。两点间的电压等于这两点的电位差，即 $U_{ab}=V_a-V_b$。

习题 1

1.1 在题图 1.1 中，$U_{ab}=-6$ V，试问 a、b 两点哪点电位高？

1.2 如题图 1.2 所示的电路中，已知 $U=-50$ V，求 U_{ab} 和 U_{ba}。

1.3 在题图 1.3 中，4 个元件代表电源或负载。通过实验测量得知：$I_1=-4$ A，$I_2=6$ A，$I_3=-2$ A，$U_1=10$ V，$U_2=10$ V，$U_3=-5$ V，$U_4=15$ V。

（1）判断哪些元件是电源？哪些是负载？

（2）计算各元件的功率，校验整个电路的功率是否平衡。

题图 1.1

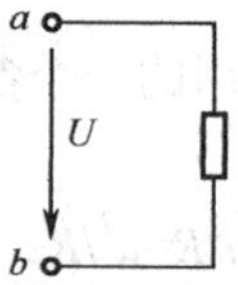

题图 1.2

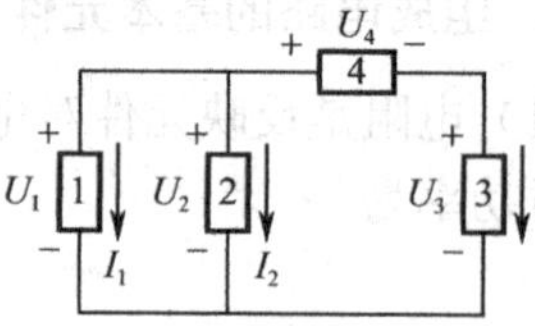

题图 1.3

1.4 一个 220 V、40 W 的灯泡，如果误接在 110 V 电源上，此时灯泡功率为多少？若误接在 380 V 电源上，功率为多少，是否安全？

1.5 一个 100 kΩ、10 W 的电阻，使用时最多允许加多大的电压？一个 10 kΩ、0.5 W 的电阻，使用时允许通过的最大电流是多少？

1.6 教室里有 40 W 日光灯 8 只，每只耗电 $P=46$ W（包括镇流器耗电），每只用电 4 小时，一月按 30 天计算，求一个月耗电多少？每度电收费 0.52 元，一个月应付电费多少？

1.7 如题图 1.4 所示，求 I_S。

1.8 一含源支路 ab 如题图 1.5 所示，已知 $U_{S1}=6$ V，$U_{S2}=14$ V，$U_{ab}=5$ V，$R_1=2$ Ω，$R_2=3$ Ω，设电流参考方向如题图 1.5 所示，求 I。

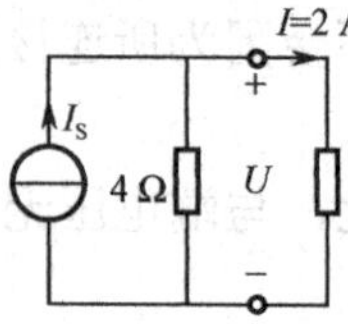

题图 1.4

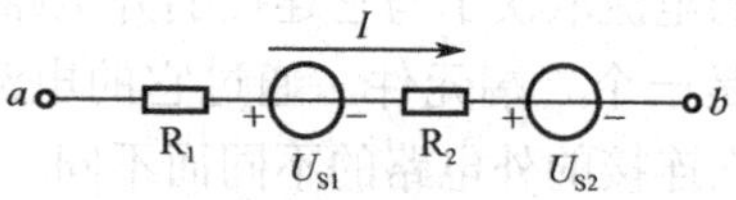

题图 1.5

1.9 在如题图 1.6 所示电路中，已知 $U_1=10$ V，$U_{S1}=4$ V，$U_{S2}=2$ V，$R_1=4$ Ω，$R_2=2$ Ω，$R_3=5$ Ω，1、2 两点间处于开路状态，试计算开路电压 U_2。

1.10 如题图 1.7 所示，已知 $I_1=1$ A，$I_2=3$ A，$I_5=-9$ A，试求电流 I_3、I_4 和 I_6。

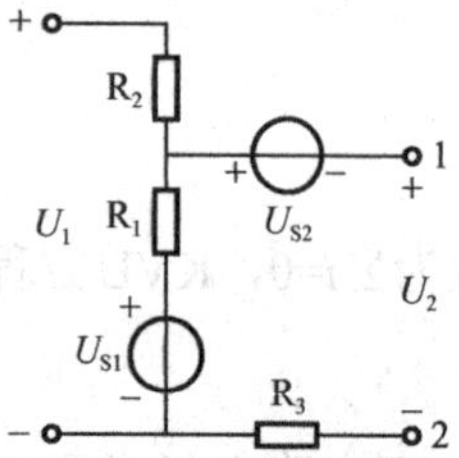

题图 1.6

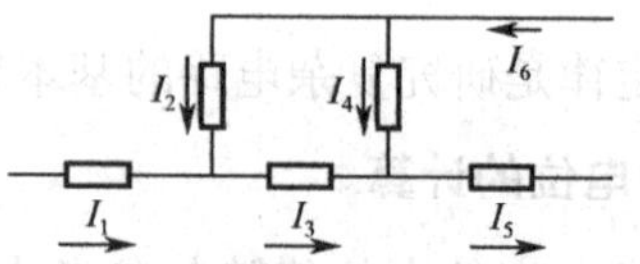

题图 1.7

1.11　试求题图 1.8 中的电压 U_{ab}。

1.12　电路如题图 1.9 所示，已知 $U_{S1}=5\,V$，$U_{S2}=10\,V$，$R_1=1\,\Omega$，$R_2=4\,\Omega$，$R_3=1\,\Omega$，$R_4=4\,\Omega$，求 I 和 U_{ab}。

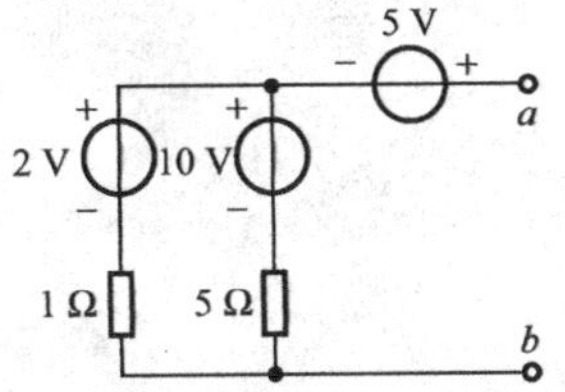

题图 1.8

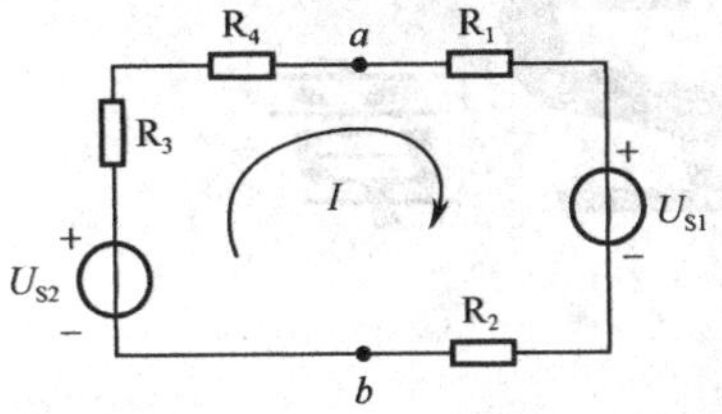

题图 1.9

1.13　如题图 1.10 所示电路中，在开关 S 断开和闭合的两种情况下试求 A 点的电位。

1.14　求如题图 1.11 所示电路中的电阻 R 的值。

1.15　试求题图 1.12 中 3 Ω电阻消耗的功率。

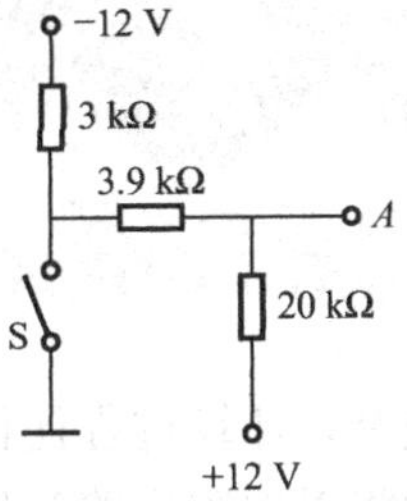

题图 1.10

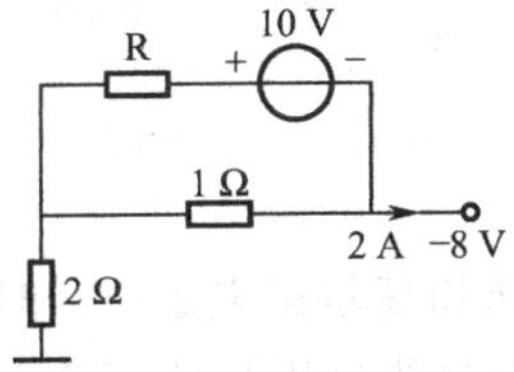

题图 1.11

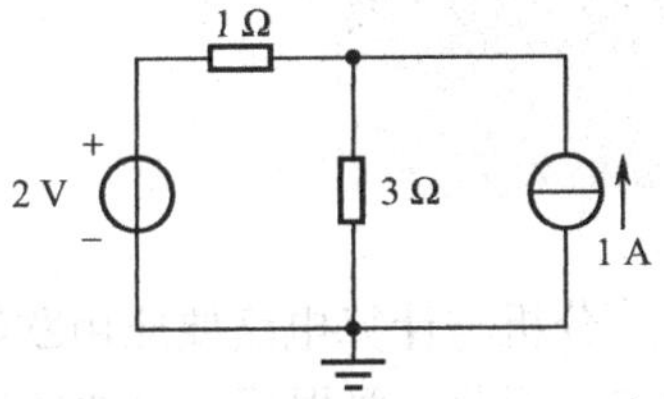

题图 1.12

第2章 电路的基本分析方法

分析与计算电路要应用欧姆定律和基尔霍夫定律，但是由于电路复杂，计算过程往往极为烦琐。因此，要根据电路的结构特点寻找分析与计算的简便方法。本章将以电阻电路为例，扼要地讨论几种常用的电路分析方法，如电源的等效变换、戴维南定理、节点电压法、叠加原理等，都是分析电路的基本原理和方法。

2.1 二端网络的等效

由前面的分析可知，电阻元件是一个无源二端元件，独立电源是一个有源二端元件。如果有多个元件相互连接成一个整体电路，而这个电路只有两个端钮与外部相连时，就叫作二端网络，或一端口网络。每一个二端元件就是一个最简单的二端网络。图 2.1 给出了二端网络的一般符号，二端网络的端钮电流、端钮间电压分别叫作端口电流、端口电压。图 2.1 所选的端口电流 I、端口电压 U 的参考方向对二端网络为关联参考方向。

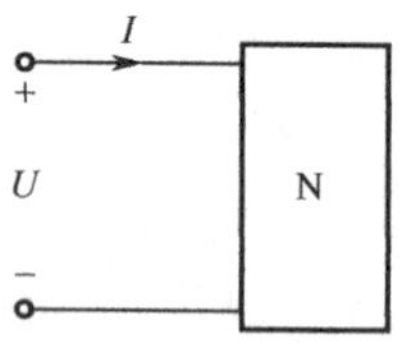

图 2.1　二端网络

如果一个二端网络的端口电压电流关系和另一个二端网络的端口电压电流关系相同，则称这两个二端网络是等效的。等效的两个二端网络可以相互替代，这种替代称为等效变换。等效网络的内部结构虽然不同，但对外电路而言，它们的影响完全相同，即等效网络互换后，它们的外部情况不变，故这里所称“等效”指外部等效。

2.1.1 电阻的串联与并联

一个内部无电源的电阻性二端网络，总有一个电阻元件与之等效。这个电阻元件叫作该网络的等效电阻或输入电阻，它的阻值等于该网络在关联参考方向下端口电压与端口电流的比值。如图 2.2（a）所示是一个由 3 个电阻元件连接成的电路，可看作一个无源二端网络。此二端网络可用方框 N_0 来表示，如图 2.2（b）所示。

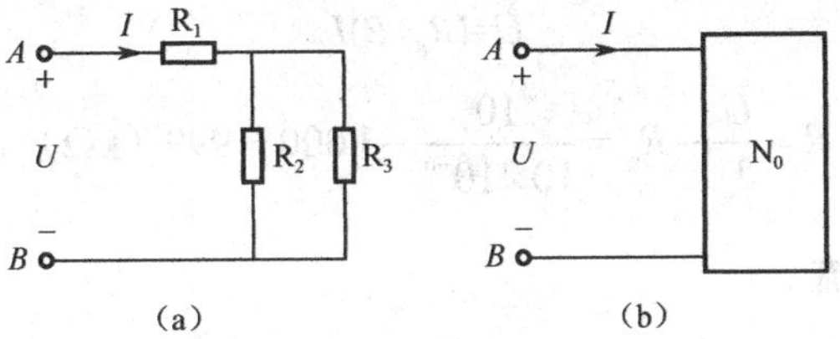

图 2.2　电阻元件电路及其等效二端网络

根据等效变换的概念，可导出电阻的串、并联公式。

1. 串联电阻及其分压

如果电路中有两个或多个电阻一个接一个地顺序相连，并且在这些电阻中通过同一电流，这样的连接方法称为电阻的串联。图 2.3（a）所示是 3 个电阻串联的电路。

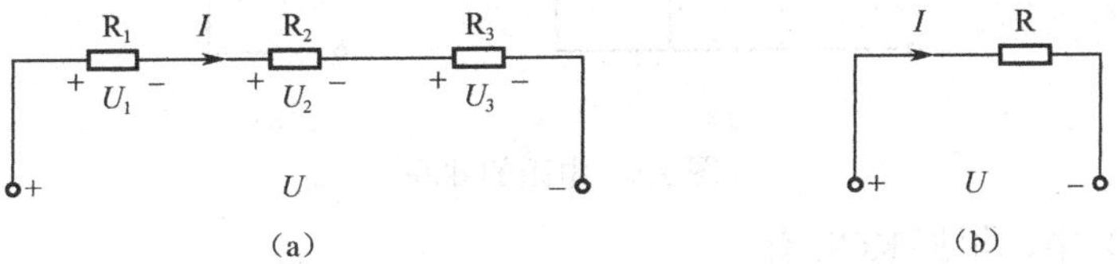

图 2.3　电阻的串联

3 个电阻串联电路可用一个等效电阻 R 来代替，如图 2.3（b）所示。等效的条件是在同一电压 U 的作用下电流 I 保持不变。在图 2.3（a）中，根据 KVL 有

$$U = U_1 + U_2 + U_3 = R_1 I + R_2 I + R_3 I = (R_1 + R_2 + R_3) I$$

所以有

$$R = R_1 + R_2 + R_3 \tag{2.1}$$

可见电阻串联电路的总电阻等于各个电阻之和。

而各个电阻上的电压与总电压的关系为

$$\left.\begin{aligned} U_1 &= R_1 I = \frac{R_1}{R} U \\ U_2 &= R_2 I = \frac{R_2}{R} U \\ U_3 &= R_3 I = \frac{R_3}{R} U \end{aligned}\right\} \tag{2.2}$$

可以看出，各串联电阻上电压的分配与各电阻的阻值成正比，电阻值越大，分得的电压也越大，这就是分压原理。当其中某个电阻较其他电阻小很多时，在它两端的电压也较其他电阻上的电压低很多，因此，这个电阻的分压作用常可忽略不计。

电阻串联的应用很多。例如，为了限制负载中通过的电流，可以与负载串联一个限流电阻；在负载的额定电压低于电源电压的情况下，可以与负载串联一个电阻来降低电压等。

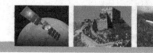

实例 2.1 一个内阻 R_g=1 kΩ，电流灵敏度 I_g=10 μA 的表头，今欲将其改装成量程为 10 V 的电压表，问需串联一个多大的电阻？

解 由图 2.4 可知

$$U=(R_g+R)I_g$$

$$R=\frac{U}{I_g}-R_g=\frac{10}{10\times10^{-6}}-1\,000=999\ (\text{k}\Omega)$$

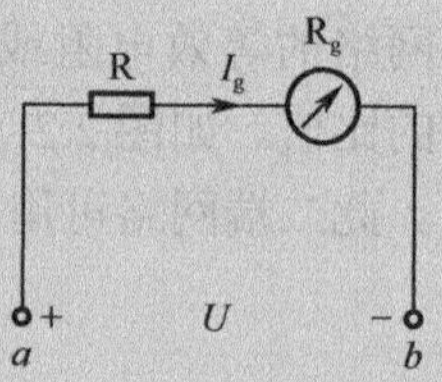

图 2.4 实例 2.1 图

2. 并联电阻及其分流

如果电路中有两个或多个电阻连接在两个公共的节点之间，这样的连接法称为电阻的并联。并联的特点是并联的各电阻具有相同的电压。图 2.5（a）即为 3 个电阻的并联电路，也可用一个等效电阻 R 来代替，如图 2.5（b）所示。等效的条件是在同一电压 U 的作用下电流 I 保持不变。

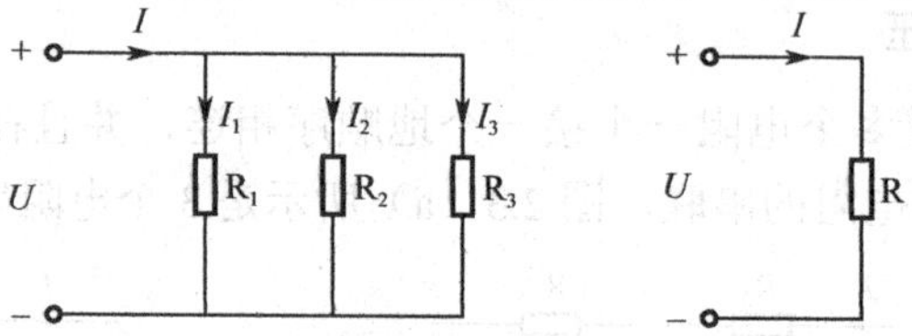

（a） （b）

图 2.5 电阻的并联

在图 2.5（a）中，根据 KCL 有

$$I=I_1+I_2+I_3=\frac{U}{R_1}+\frac{U}{R_2}+\frac{U}{R_3}=\left(\frac{1}{R_1}+\frac{1}{R_2}+\frac{1}{R_3}\right)U$$

可见并联电阻的总电阻的倒数等于各个电阻的倒数之和，即

$$\frac{1}{R}=\frac{1}{R_1}+\frac{1}{R_2}+\frac{1}{R_3} \tag{2.3}$$

式（2.3）也可以写成

$$G=G_1+G_2+G_3 \tag{2.4}$$

式中，G 为电导，是电阻的倒数。并联电阻用电导表示，在分析计算多支路并联电路时比较简便。

而并联电阻上的电流与总电流的关系为

$$\left.\begin{aligned}I_1&=G_1U=\frac{G_1}{G}I=\frac{R}{R_1}I\\I_2&=G_2U=\frac{G_2}{G}I=\frac{R}{R_2}I\\I_3&=G_3U=\frac{G_3}{G}I=\frac{R}{R_3}I\end{aligned}\right\} \tag{2.5}$$

可以看出，并联电阻中的电流分配与其电导成正比，而与其电阻成反比，即电阻越大分得的电流越小，电阻越小分得的电流越大，这个规律称为分流原理。

当两个电阻 R_1、R_2 并联时，总电阻为

$$R=\frac{R_1R_2}{R_1+R_2} \tag{2.6}$$

两个电阻 R_1、R_2 并联时的分流公式为

$$\left.\begin{aligned} I_1&=\frac{R_2}{R_1+R_2}I \\ I_2&=\frac{R_1}{R_1+R_2}I \end{aligned}\right\} \tag{2.7}$$

式（2.6）和式（2.7）是常用公式，应该熟练掌握。

实例 2.2　一个内阻 R_g=1 kΩ，电流灵敏度 I_g=10 μA 的表头，今欲将其改装成量程为 100 mA 的电流表，问需并联一个多大的电阻？

解　由图 2.6 可知

$$RI_R=R_gI_g$$

$$R=\frac{R_gI_g}{I_R}=\frac{R_gI_g}{I-I_g}=\frac{1000\times10\times10^{-6}}{100\times10^{-3}-10\times10^{-6}}\approx0.1\ (\Omega)$$

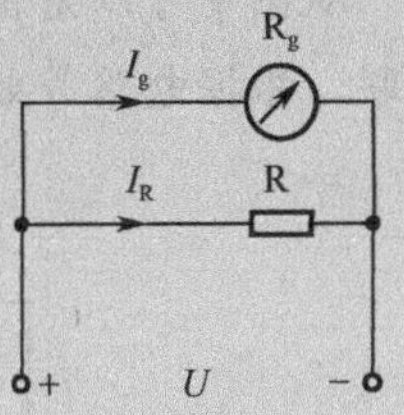

图 2.6　实例 2.2 图

一般负载都是并联运用的。负载并联运用时，它们处于同一电压之下，任何一个负载的工作情况基本上都不受其他负载的影响。有时为了某种需要，可将电路中的某一段与电阻器并联，起分流或调节电流的作用。

3. 电阻的混联

电阻网络通常既有串联又有并联，称为电阻混联电路。通过一步一步求解串联或并联结构的等效电阻，可最终得到其等效电阻。求解等效电阻的步骤如图 2.7 所示（符号“//”表示并联）。

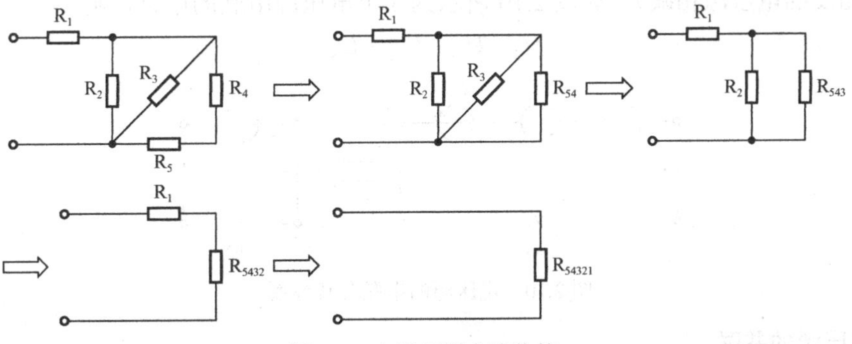

图 2.7　电阻混联电路化简

首先，R_4 和 R_5 串联等效为 $R_{54}=R_5+R_4$；然后，R_{54} 和 R_3 并联等效为 $R_{543}=R_3//R_{54}=$

$\frac{R_{54}R_3}{R_{54}+R_3}$；下一步，$R_{543}$ 和 R_2 并联，等效电阻为 $R_{5432}=R_{543}//R_2=\frac{R_{543}R_2}{R_{543}+R_2}$；最后，$R_{5432}$ 和 R_1 串联。所以，最终的等效电阻为

$$R_{eq}=R_{54321}=R_1+R_{5432}$$

实例 2.3　求出如图 2.8 所示电路的等效电阻 R_{eq}。

解　根据电路等效的原理，该电路的等效电阻为

$$\begin{aligned}R_{eq}&=6//8+6+8//12\\&=\frac{6\times 8}{6+8}+6+\frac{8\times 12}{8+12}=14.2\ (\Omega)\end{aligned}$$

实例 2.4　求出如图 2.9 所示电路的等效电阻 R_{ab}。

解　从图中可以看出，4 Ω电阻和 2 Ω电阻串联，与 6 Ω电阻和 3 Ω电阻并联，再与 1 Ω电阻串联，根据电路等效的原理，该电路的等效电阻为

$$R_{ab}=(4+2)//6//3+1=2.5\ (\Omega)$$

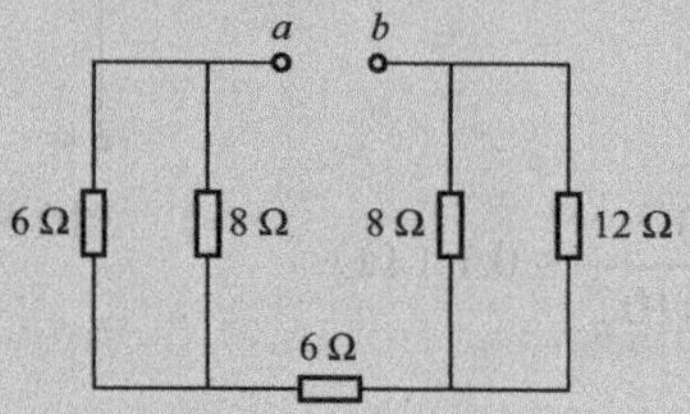

图 2.8　实例 2.3 图

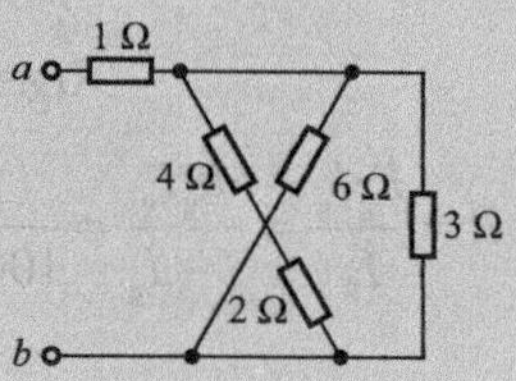

图 2.9　实例 2.4 图

2.1.2　电源的串联与并联

1. 电压源的串联

当电路中有多个理想电压源串联时，可以把它们合并等效成一个理想电压源，其电压等于各个电压源电压的代数和（要注意各电压源电压的正负极性，极性相同的电压源相加，极性相反的电压源相减）。如图 2.10 所示为 3 个电压源串联的电路，则

$$U_S=U_{S1}-U_{S2}+U_{S3}$$

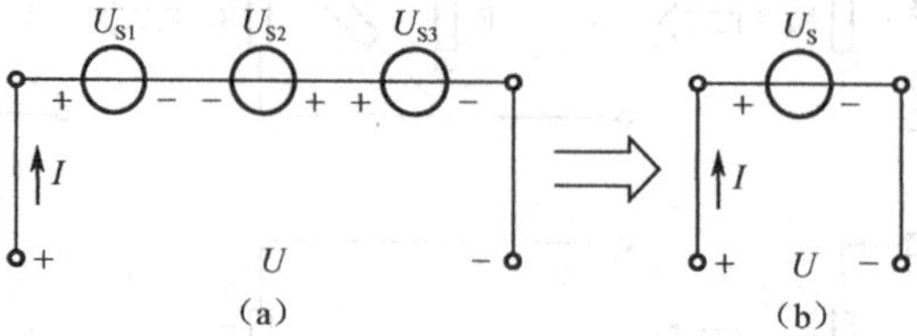

图 2.10　电压源的串联及其等效

2. 电压源的并联

不同的理想电压源不能并联，只有当各理想电压源大小相同、极性一致时才能并联，如图 2.11 所示为两个电压源并联，则

$$U_S = U_{S1} = U_{S2}$$

图 2.11　电压源并联

3. 电流源的串联

不同的理想电流源不能串联，只有当两个理想电流源大小相同、方向一致时才能串联，如图 2.12 所示为两个电流源串联，则

$$I_S = I_{S1} = I_{S2}$$

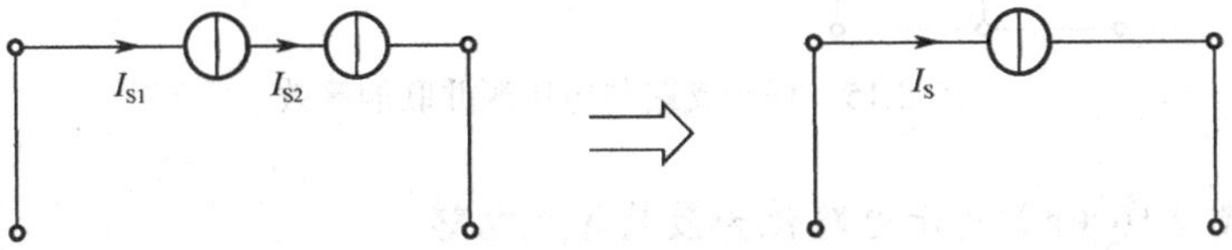

图 2.12　电流源串联

4. 电流源的并联

当电路中有多个理想电流源并联时，可以把它们合并成一个理想电流源，其电流等于各个电流源电流的代数和（要注意各电流源电流的方向，电流源方向相同时电流相加，方向相反时电流相减）。如图 2.13 所示为 3 个电流源并联，则

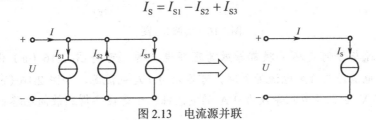

$$I_S = I_{S1} - I_{S2} + I_{S3}$$

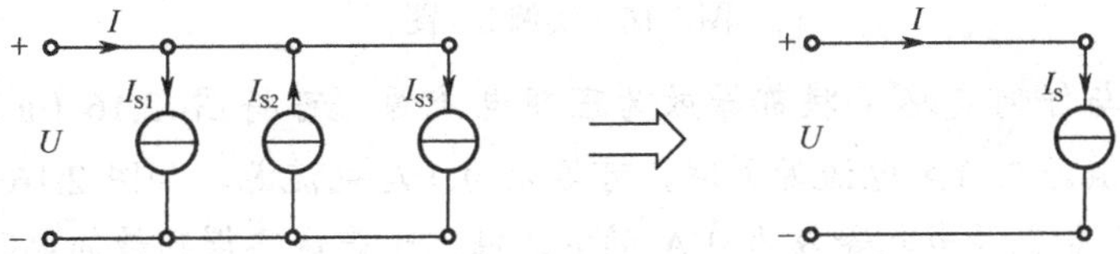

图 2.13　电流源并联

5. 电流源与任一支路串联

理想电流源和理想电压源（或任何二端元件）串联时，都可等效成该理想电流源，如图 2.14 所示。

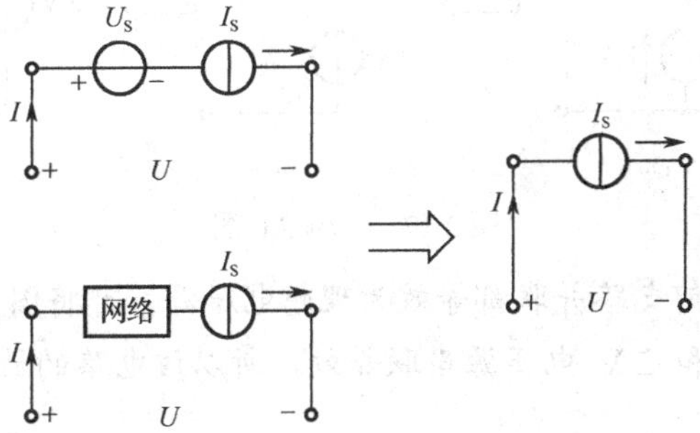

图 2.14　任一支路与电流源串联的等效

6. 电压源与任一支路并联

理想电压源和理想电流源（或任何二端元件）并联时，都可等效成该理想电压源，如图2.15所示。

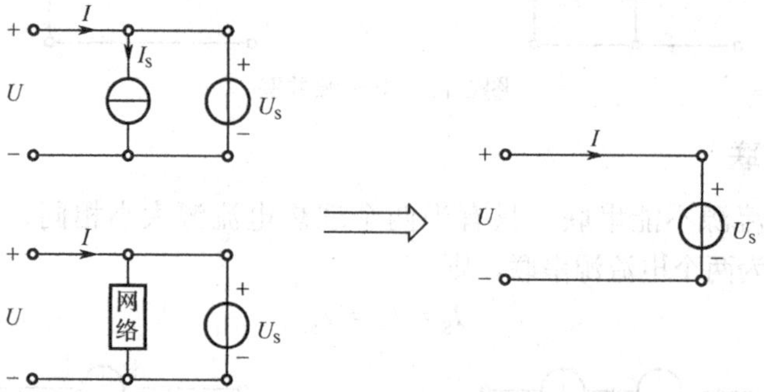

图2.15　任一支路与电压源并联的等效

实例2.5　将如图2.16（a）所示电路化为最简等效电路。

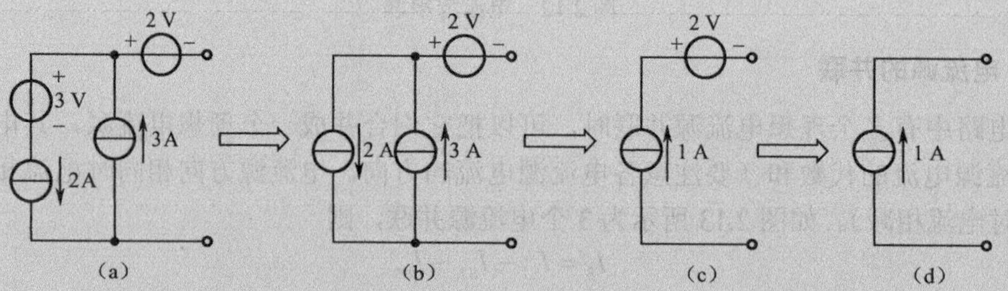

图2.16　实例2.5图

解　根据电流源与任何支路串联都等效为理想电流源，可将图2.16（a）化简为图2.16（b），然后2A电流源与3A电流源并联，可等效为1A电流源，如图2.16（c）所示，最后1A电流源与2V电压源串联等效为1A的电流源，于是最终得到最简电路如图2.16（d）所示。

实例2.6　将如图2.17（a）所示电路化为最简等效电路。

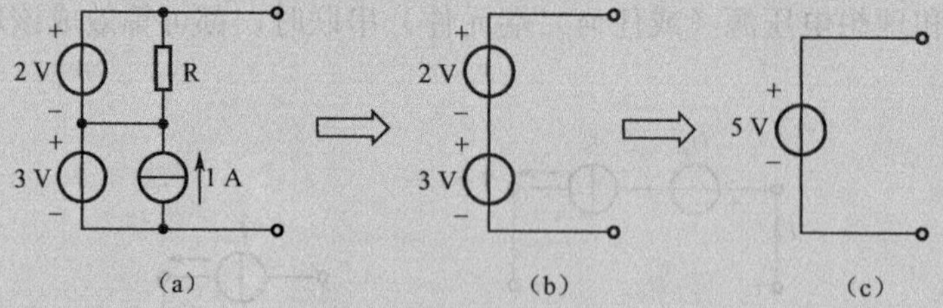

图2.17　实例2.6图

解　根据理想电压源与任何支路并联都等效为理想电压源，可将图2.17（a）化简成图2.17（b），再根据3V电压源和2V电压源串联等效，所以该电路的最简电路如图2.17（c）所示。

思考题 5

1．如图 2.18 所示的电路，已知 U=100 V，R_1=80 Ω，R_2=20 Ω。试求各图中的未知量。

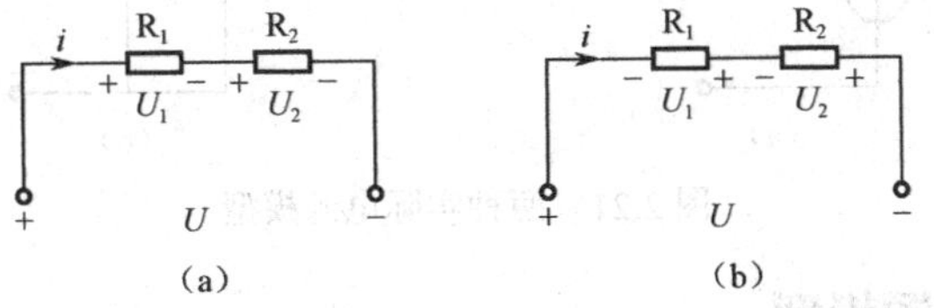

图 2.18　题 1 图

2．有 3 盏电灯并联接在 110 V 电源上，额定电压分别为 110 V、100 W，110 V、60 W，110 V、40 W。求总电流、通过各灯泡的电流、等效电阻及各灯泡电阻。

3．求如图 2.19 所示电路的等效电阻 R_{ab}。

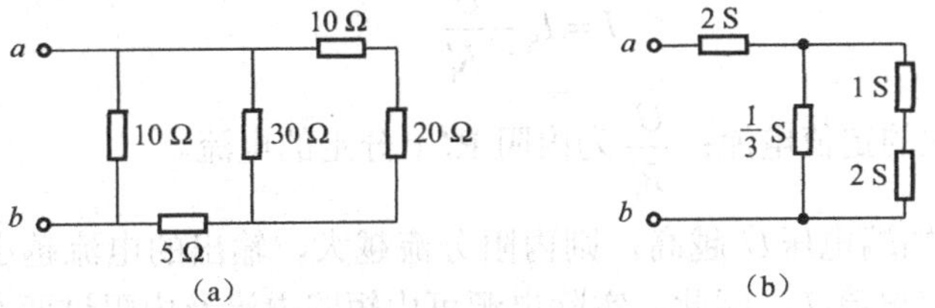

图 2.19　题 3 图

4．将如图 2.20 所示电路化为最简等效电路。

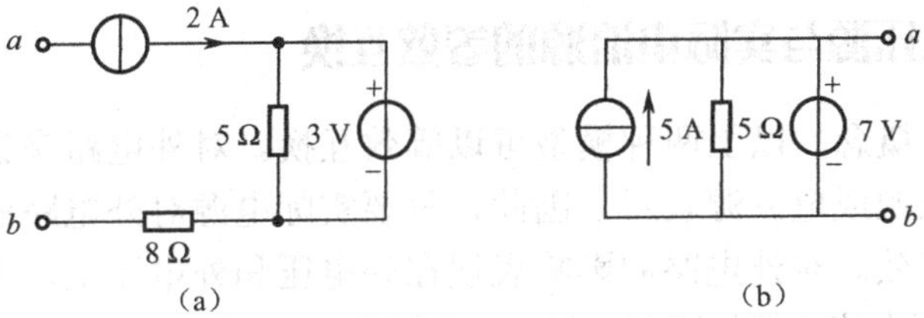

图 2.20　题 4 图

2.2　实际电源的等效变换

2.2.1　实际电压源模型

在日常生活中，理想电源实际上并不存在。实际电源与理想电源的区别在于有无内阻，例如，干电池这种实际的直流电源，当接通负载后其端电压就会降低，这是由于电池内部有电阻的缘故。所以实际的电压源，其端电压都是随着其中电流的变化而变化的。我们可以用一个理想电压源串联一个内阻 R_i 的形式来表示实际电压源模型，如图 2.21（a）所示。实际电源的端电压为

$$U = U_S - R_i I \tag{2.8}$$

由式（2.8）可知，电源的内阻值 R_i 越小，实际电压源就越接近理想电压源，即 U 越接近 U_S。

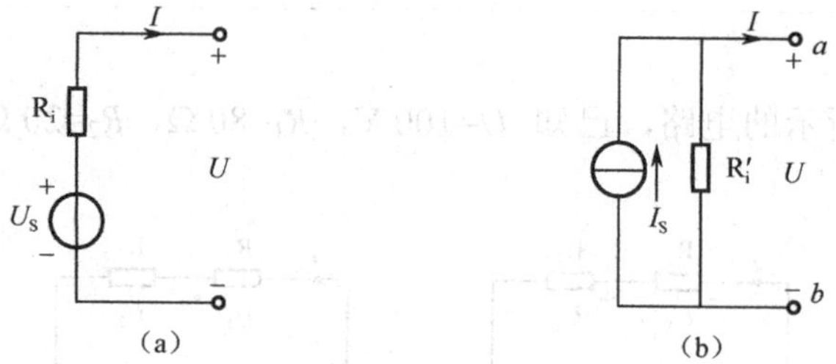

图 2.21　两种实际电源模型

2.2.2　实际电流源模型

实际电流源的输出电流是随着端电压的变化而变化的，也可以用一个理想电流源 I_S 和内阻 R_i' 相并联的形式来表示，即实际电流源模型，如图 2.21（b）所示，内阻 R_i' 表明了电源内部的分流效应。实际电源的输出电流为

$$I = I_S - \frac{U}{R_i'} \tag{2.9}$$

式中，I_S 为电源产生的定值电流；$\dfrac{U}{R_i'}$ 为内阻 R_i' 上分走的电流。

由式（2.9）可知端电压 U 越高，则内阻分流越大，输出的电流越小。显然实际电流源的短路电流等于定值电流 I_s。因此，实际电源可由短路电流及内阻这两个参数来表征。由上式可知，实际电源的内阻越大，内部分流作用越小，实际电流源就越接近理想电流源，即 I 接近 I_S。

2.2.3　实际电压源与实际电流源的等效互换

依据等效电路的概念，以上两种模型可以等效互换。对外电路来说，任何一个有内阻的电源都可以用电压源或电流源表示。因此，只要实际电源对外电路的影响相同，我们就认为两种实际电源等效。对外电路的影响表现在外电压和外电流上，所以等效的条件是在同一电压 U 的作用下电流 I 保持不变。即 a、b 间端口电压均为 U，端口处流入（或流出）的电流 I 相同。

图 2.21（a）是电压源与电阻串联组合，端电压为

$$U = U_S - R_i I$$

图 2.21（b）是电流源与电阻并联组合，端电压为

$$U = R_i'(I_S - I) = R_i' I_S - R_i' I$$

根据以上两式， 要使两个电路等效， 则有

$$\begin{cases} U_S = R_i' I_S \\ R_i = R_i' \end{cases} \tag{2.10}$$

或

$$\begin{cases} I_S = \dfrac{U_S}{R_i} \\ R_i' = R_i \end{cases} \tag{2.11}$$

这就是两种电源等效变换的条件。电源变换是一种通过电路形式的变换来简化电路分析的有力工具。但是，在进行电源变换时，必须注意以下几点。

（1）理想电压源和理想电流源之间无等效关系。因为理想电压源其电压为固定值，理想电流源其电流为固定值，两者不能等效变换。

（2）电源的等效变换只是对外电路而言，对于电源内部是不等效的。

（3）注意参考方向，电流源的电流流向应该指向电压源的正极。

实例 2.7　如图 2.22（a）所示电路，试用电源的等效变换求 5 Ω电阻元件支路的电流 I。

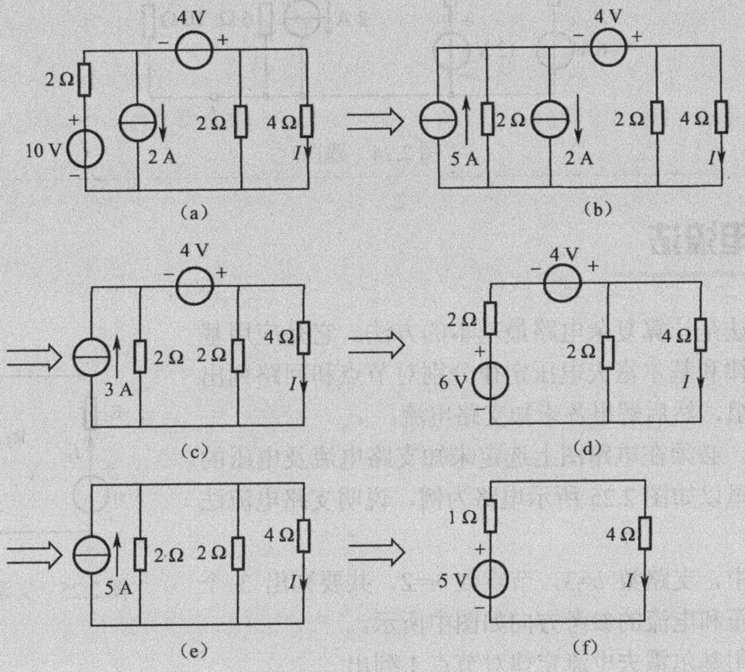

图 2.22　实例 2.7 图

解　分析时将待求支路固定不动，其余部分按“由远而进”逐步进行等效化简，最后得出最简单的单回路等效电路，如图 2.22（f）所示。计算待求支路的电流为

$$I=\frac{5}{1+4}=1\ (\mathrm{A})$$

实例 2.8　把如图 2.23（a）所示电路化简成最简单的电压源等效电路。

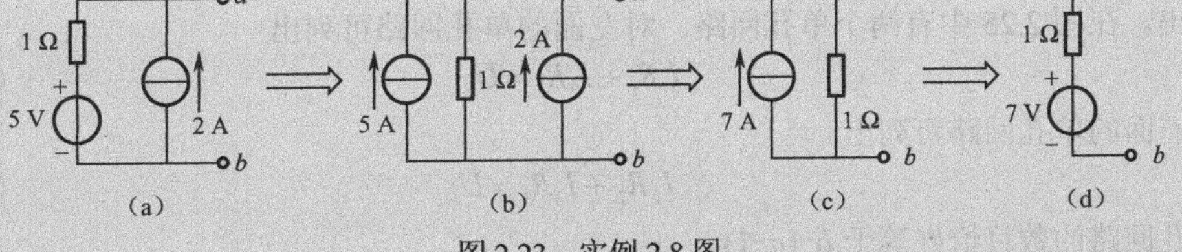

图 2.23　实例 2.8 图

解　根据电压源与电流源等效变换的条件，将图 2.23（a）中的电压源用电流源等效，如

图 2.23（b）所示；再将两个电流源合并得等效图 2.23（c）；最后将电流源变换为电压源，如图 2.23（d）所示。

思考题 6

用电源的等效变换求图 2.24 电路中的电流 I。

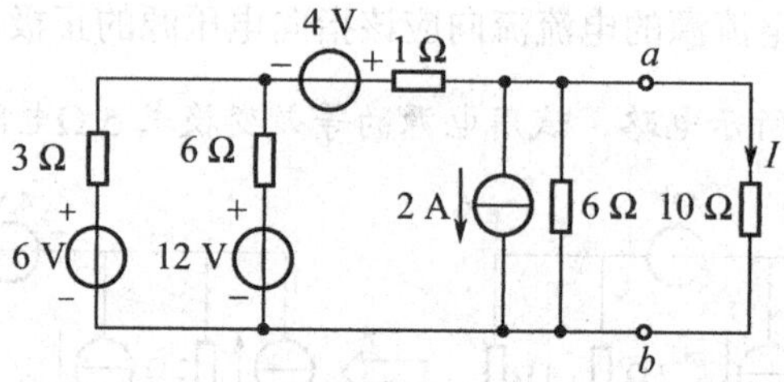

图 2.24　题图

2.3　支路电流法

支路电流法是计算复杂电路最基本的方法。它是应用基尔霍夫电流定律和基尔霍夫电压定律分别对节点和回路列出所需要的方程组，然后解出各未知支路电流。

列方程时，必须在电路图上选定未知支路电流及电压的参考方向。这里以如图 2.25 所示电路为例，说明支路电流法的应用。

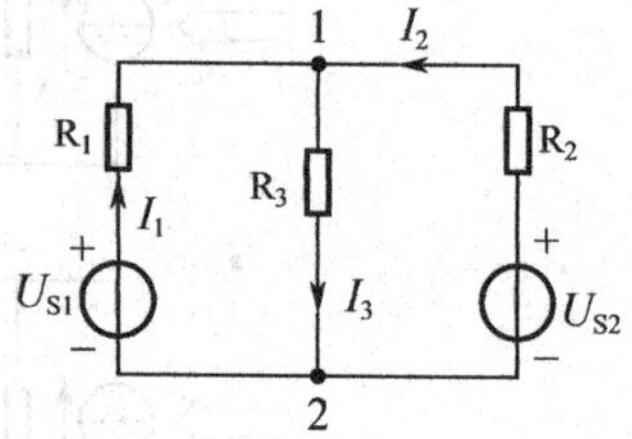

图 2.25　支路电流法的电路

在本电路中，支路数 b=3，节点数 n=2，共要列出 3 个独立方程。电压和电流的参考方向如图中所示。

首先，应用基尔霍夫电流定律对节点 1 列出

$$I_1 + I_2 - I_3 = 0 \tag{2.12}$$

对节点 2 列出

$$I_3 - I_1 - I_2 = 0 \tag{2.13}$$

式（2.12）即为式（2.13），它是非独立的方程。因此，对具有两个节点的电路，应用基尔霍夫电流定律只能列出 2−1=1 个独立方程。一般来说，对具有 n 个节点的电路应用基尔霍夫电流定律只能得到 n−1 个独立方程。

其次，应用基尔霍夫电压定律列出其余 $b-(n-1)$个方程，通常可取单孔回路（或称网孔）列出。在图 2.25 中有两个单孔回路。对左面的单孔回路可列出

$$I_1R_1 + I_3R_3 = U_{S1} \tag{2.14}$$

对右面的单孔回路可列出

$$I_2R_2 + I_3R_3 = U_{S2} \tag{2.15}$$

单孔回路的数目恰好等于 $b-(n-1)$。

应用基尔霍夫电流定律和电压定律一共可以列出$(n-1)+[b-(n-1)]=b$ 个独立方程，所以能解出 b 个支路电流。

综上，支路电流法的解题步骤为：

（1）标出所求各支路电流的参考方向（可以任意选定）和回路绕行方向；

（2）确定方程数，若有 b 条支路，则有 b 个方程；

（3）列出独立的 KCL 方程，若有 n 个节点，则可列出 $n-1$ 个独立的节点电流方程；

（4）不足的方程由独立的 KVL 方程（回路电压方程）补足，则有 $b-(n-1)$个；

（5）联立方程组，求解未知量。

实例 2.9　电路如图 2.26 所示，用支路电流法求各支路电流 I_1、I_2、I_3 及电压 U。

解　对独立节点 1 列 KCL 方程

$$-I_1 - I_2 + I_3 = 0$$

假定以顺时针方向为绕行方向，对两个网孔列 KVL 方程

$$2I_1 - 2I_2 + 100 - 120 = 0$$

$$2I_2 + 54I_3 - 100 = 0$$

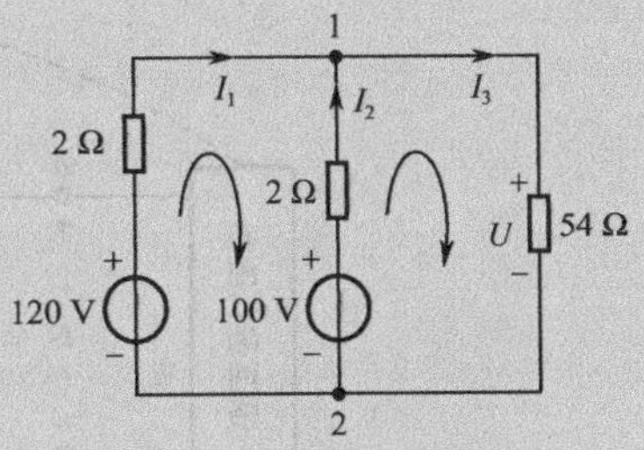

图 2.26　实例 2.9 图

整理以上方程可得

$$\begin{cases} -I_1 - I_2 + I_3 = 0 \\ 2I_1 - 2I_2 = 20 \\ 2I_2 + 54I_3 = 100 \end{cases}$$

解得　　$I_1 = 6\text{ A}$，$I_2 = -4\text{ A}$，$I_3 = 2\text{ A}$

因此　　$U = 54I_3 = 54 \times 2 = 108$（V）

思考题 7

1．如图 2.27 所示电路，试说明电路中有几个节点、几条支路，能列几个独立的 KCL 和 KVL 方程。

2．用支路电流法求如图 2.27 所示电路中的电流 I。

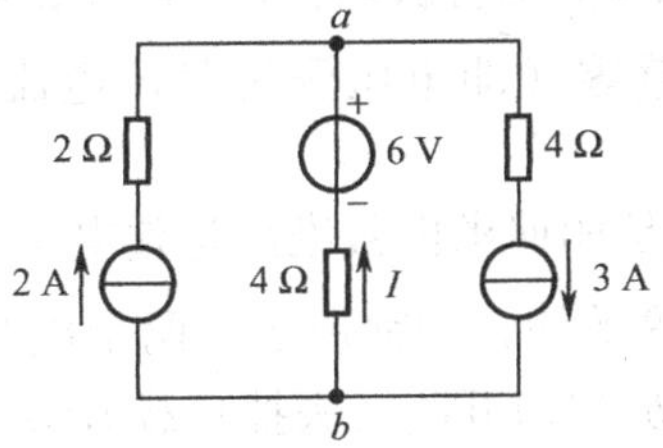

图 2.27　题 1、题 2 图

2.4　戴维南定理和诺顿定理

在有些情况下，只需要计算一个复杂电路中某一支路的电流，为了使计算简便，常常应用等效电源的方法。等效电源就是在计算复杂电路中的一个支路时，将这个支路划出，而把其余部分看作是一个有源二端网络（就是具有两个输出端的部分电路，其中含有电

源)，如图 2.28（a）所示。有源二端网络不论它的简繁程度如何，对所要计算的这个支路而言，仅相当于一个电源，都可以用一个等效电源替代。等效电源可以是实际电压源，也可以是实际电流源。这样就可以将如图 2.28（a）所示的复杂电路简化为如图 2.28（b）、（c）所示的简单电路求解。等效变换前后，*ab* 支路中的电流 *I* 及其两端的电压 *U* 没有变动。图 2.28（b）和图 2.28（c）分别称为戴维南等效电路和诺顿等效电路。

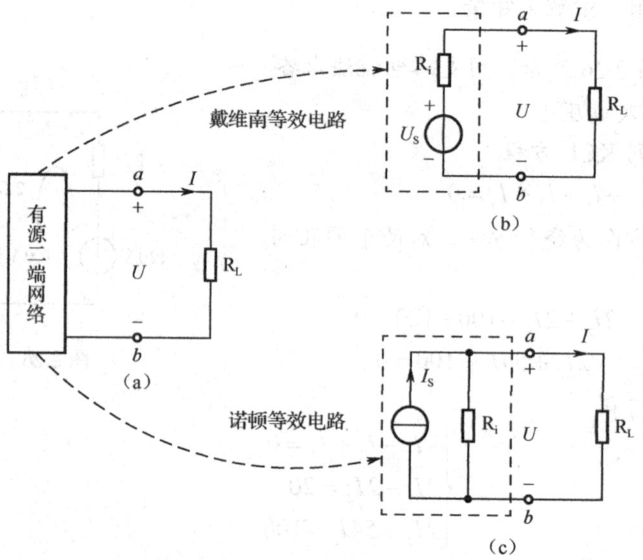

图 2.28 戴维南等效电路和诺顿等效电路

下面分别介绍戴维南定理和诺顿定理。

2.4.1 戴维南定理

戴维南定理是法国工程师 M.L.戴维南在多年实践的基础上，于 1883 年提出的。

戴维南定理指出：一个无论多复杂的线性有源二端网络，都可以用一个电压源 U_S 与电阻 R_i 串联的等效电路来替代。其中，U_S 为该有源二端网络端口的开路电压 U_{OC}，R_i 为该有源二端网络中所有独立电源都置零（即电压源短路，电流源开路）时端口的输入（或等效）电阻。

戴维南定理应用的主要问题是如何求出戴维南等效电压 U_S 与电阻 R_i。现假设如图 2.28（a）和（b）所示的两个电路是等效的。如前所述，两个电路等效是指对外电路具有相同的端口电压-电流关系。如果使 *a*-*b* 端口开路（去掉负载），即电流 *I* 为零，如图 2.29 所示，那么由于两电路等效，从而图 2.29（a）中 *a*-*b* 两端的开路电压必定等于图 2.29（b）中的电压 U_S。因此，U_S 就是端口的开路电压 U_{OC}，即

$$U_S = U_{OC} \tag{2.16}$$

断开负载使 *a*-*b* 端口开路的同时，将电路中的所有独立电源都置零，如图 2.30 所示。由于两个电路等效，那么图 2.30（a）中 *a*-*b* 两端的输入电阻（即等效电阻）应该等于图 2.30（b）中 R_i 的阻值，因此，R_i 就是当独立电源都置零时端口的输入电阻，即

$$R_i = R_{ab} \tag{2.17}$$

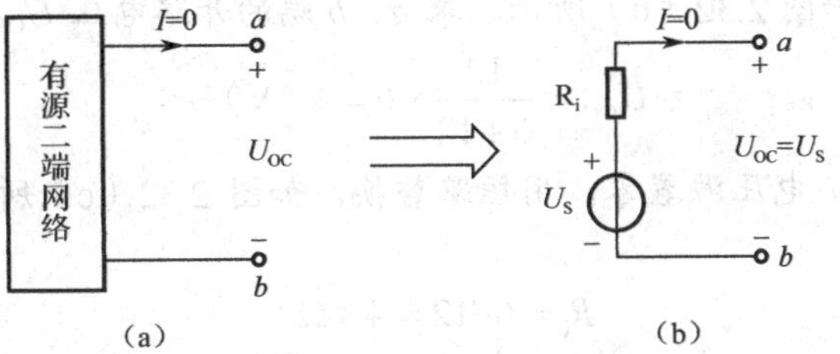

图 2.29　负载开路的戴维南等效电路（1）

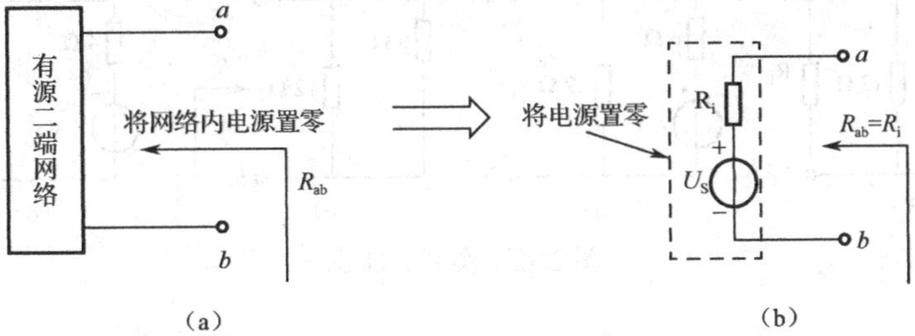

图 2.30　负载开路的戴维南等效电路（2）

戴维南定理在电路分析中是非常重要的。利用该定理可以简化电路，将复杂电路用一个独立电压源和一个电阻串联来替代，从而可以很容易地确定负载上的电流和电压。

用戴维南定理分析计算电路的一般步骤如下：

（1）把待求支路以外的部分当作有源二端网络，求出开路电压 U_{OC}；

（2）将有源二端网络中的电压源用短路替代，将电流源用开路替代，然后求出该无源二端网络的等效电阻 R_i 的值；

（3）根据 U_{OC} 和 R_i，作出电压源 U_{OC} 与电阻 R_i 串联的戴维南等效电路图代替有源二端网络，然后求解电路。

实例 2.10　求如图 2.31（a）所示电路的戴维南等效电路。

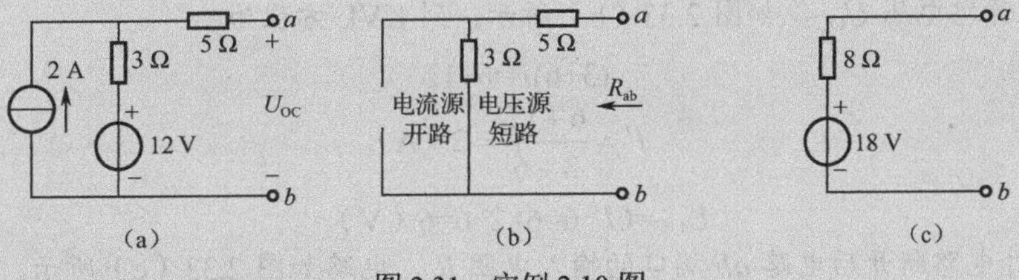

图 2.31　实例 2.10 图

解　（1）根据如图 2.31（a）所示电路，求开路电压 U_{OC}。

$$U_{OC} = U_{ab} = 2\times3+12 = 18\ (V)$$

（2）将 2 A 电流源开路、12 V 电压源短路，如图 2.31（b）所示，求等效电阻。

$$R_i = R_{ab} = 3+5 = 8\ (\Omega)$$

（3）画出等效电路图，如图 2.31（c）所示。

实例 2.11　求如图 2.32（a）所示电路中 R_L 左侧电路的戴维南等效电路。

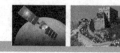

解 将负载 R_L 断开，如图 2.32（b）所示，求 a、b 端的开路电压 U_{OC}，利用分压公式可得

$$U_{OC}=\frac{12}{6+12}\times 6=4\text{（V）}$$

将图 2.32（b）中的 6 V 电压源置零，用短路替换，如图 2.32（c）所示。求 a、b 端口的等效电阻

$$R_i=6//12=4\text{（}\Omega\text{）}$$

所以，戴维南等效电路图如图 2.32（d）所示。

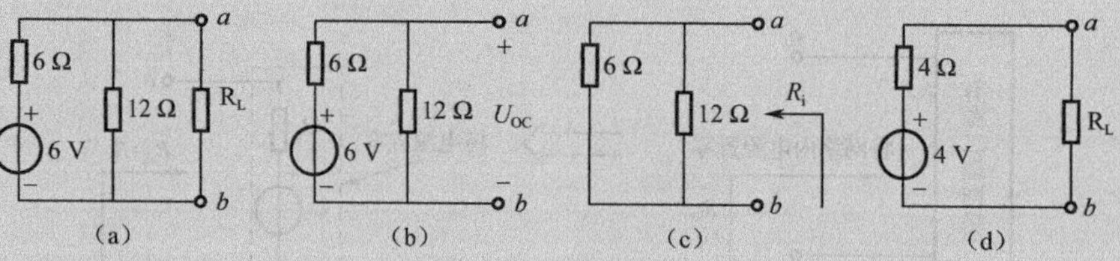

图 2.32 实例 2.11 图

实例 2.12 用戴维南定理求图 2.33 中的电流 I。

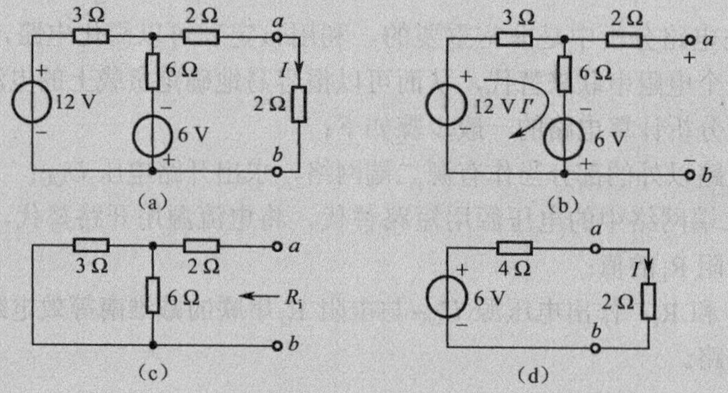

图 2.33 实例 2.12 图

解 （1）求开路电压 U_{OC}，如图 2.33（b）所示。列 KVL 方程为

$$(3+6)I'=6+12$$

所以

$$I'=\frac{6+12}{3+6}=2\text{（A）}$$

$$U_{OC}=6I'-6=6\times2-6=6\text{（V）}$$

（2）求外电路断开后电路 ab 端口的输入电阻 R_i，电路如图 2.33（c）所示，则

$$R_i=2+\frac{3\times 6}{3+6}=4\text{（}\Omega\text{）}$$

（3）作出化简后等效电路图如图 2.33（d）所示。所以

$$I=\frac{6}{2+4}=1\text{（A）}$$

2.4.2 诺顿定理

1926 年，贝尔电话实验室的美国工程师诺顿（E.L.Norton）也提出了与戴维南类似的定

理——诺顿定理。

诺顿定理指出：一个线性有源二端网络，可以用一个电流源 I_S 与电阻 R_i 并联的等效电路来替代。其中，I_S 为该有源二端网络端口的短路电流 I_{SC}，R_i 为该有源二端网络中所有独立电源都置零（即电压源短路，电流源开路）时端口的输入（或等效）电阻。

如图 2.28（a）所示电路可以用如图 2.28（c）所示的等效电路替代。由于实际电压源与实际电流源可以等效互换，所以戴维南等效电阻与诺顿等效电阻是相等的。现在考虑如图 2.34 所示电路及其诺顿等效。图中 a-b 端口被短路，由于两电路等效，如图 2.34（a）所示电路中从端点 a 流向端点 b 的短路电流 I_{SC} 必定等于如图 2.34（b）所示电路的短路电流。很明显，图 2.34（b）中的短路电流就是 I_S，因此有

$$I_S = I_{SC} \tag{2.18}$$

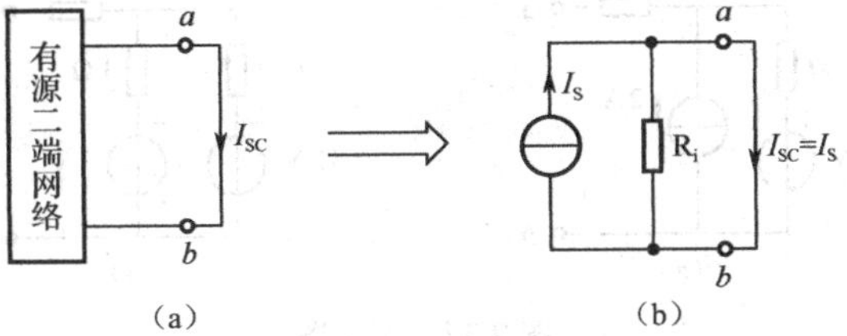

图 2.34　负载短路的诺顿等效电路

诺顿定理和戴维南定理的基本关系是等效电阻 R_i 相同，短路电流与开路电压的关系为

$$I_{SC} = \frac{U_{OC}}{R_i} \tag{2.19}$$

显然，这是电源变换的基本公式。所以要确定戴维南或诺顿等效电路，就要求出开路电压 U_{OC}、短路电流 I_{SC}、等效电阻 R_i，只要求出 3 个参数中的 2 个，就可以根据欧姆定律求得第 3 个参数。

式（2.19）也可以写成

$$R_i = \frac{U_{OC}}{I_{SC}} \tag{2.20}$$

式（2.20）给出了另一种求解某一端口等效电阻的方法：可以先把端口开路获得 U_{OC}，再将端口短路获得 I_{SC}，然后利用 U_{OC}/I_{SC} 求得 R_i。

实例 2.13　求如图 2.35 所示电路的诺顿等效电路。

解　（1）求等效电阻 R_i，如图 2.36（a）所示。则

$$R_i = 5//(8+4+8) = 4\ (\Omega)$$

（2）将 a-b 端短路得到如图 2.36（b）所示电路，求短路电流

$$I_{SC} = \frac{4}{4+8+8}\times 2 + \frac{12}{4+8+8} = 1\ (\text{A})$$

（3）作出诺顿等效电路如图 2.36（c）所示。

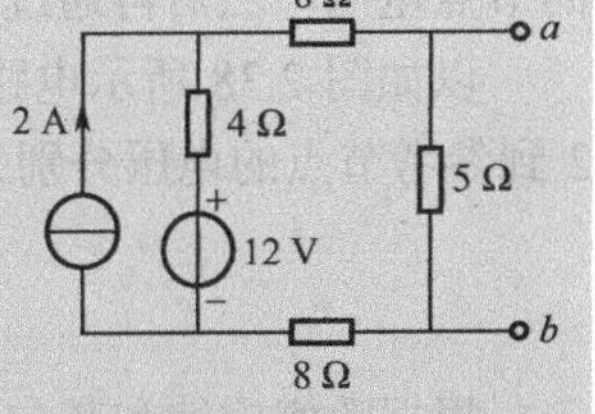

图 2.35　实例 2.13 图

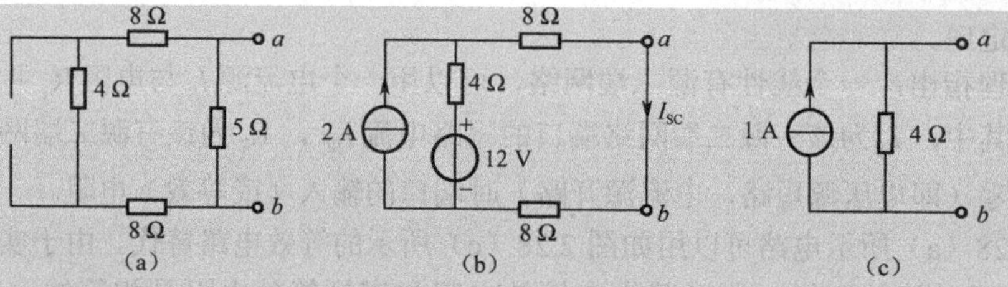

图 2.36　实例 2.13 图

思考题 8

1. 试求如图 2.37 所示电路的戴维南等效电路和诺顿等效电路。

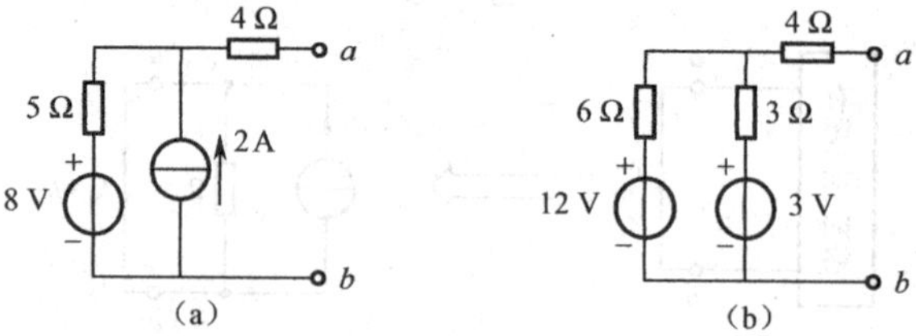

图 2.37　题 1 图

2. 有一干电池，测得开路电压为 1.6 V；当接上 6 Ω电阻负载时，测得其端钮电压为 1.5 V。求此电池的内电阻。

2.5　节点分析法

节点分析法也称为节点电压法，是电路分析中的一种重要方法。它是由基尔霍夫电流定律演变而来的，对于分析具有两个节点的多支路的电路尤为方便。大型复杂网络用计算机辅助分析时，节点法是一种基本的方法。

1. 节点分析法及其一般形式

在节点分析法中，首先要确定电路中的节点。在电路中任选某一节点作为参考节点，参考节点的电位为零，通常称为地。而其他节点相对于参考节点的电压就称为节点电压。节点电压的参考极性规定参考节点为负，非参考节点为正。

节点分析法的主要步骤就是以节点电压为未知量列写 KCL 方程，求解方程组得到未知的节点电压，然后再通过节点电压求出各支路电流。

以如图 2.38 所示电路为例，电路中有 3 个节点，以节点 0 为参考节点，节点 1 和节点 2 到参考节点的电压分别为 V_1 和 V_2。根据 KCL，可以列出两个独立的电流方程

$$\begin{cases} I_1 + I_2 = I_S \\ I_2 = I_3 + I_4 \end{cases} \tag{2.21}$$

根据欧姆定律和基尔霍夫电压定律可得：

$$I_1 = \frac{V_1 - 0}{R_1} \qquad I_2 = \frac{V_1 - V_2}{R_2}$$

$$I_3=\frac{V_2-0}{R_3}\qquad I_4=\frac{V_2-U_S}{R_4}\tag{2.22}$$

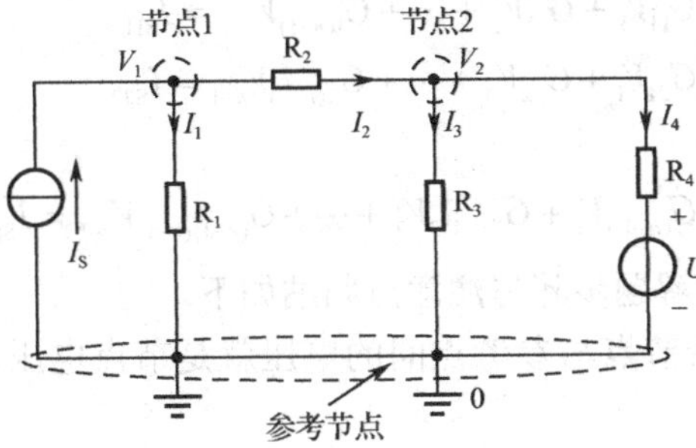

图 2.38 应用节点分析法的电路

将式（2.22）代入式（2.21）的节点电流方程并整理得

$$\begin{cases}\left(\dfrac{1}{R_1}+\dfrac{1}{R_2}\right)V_1-\dfrac{1}{R_2}V_2=I_S\\[2ex]-\dfrac{1}{R_2}V_1+\left(\dfrac{1}{R_2}+\dfrac{1}{R_3}+\dfrac{1}{R_4}\right)V_2=\dfrac{U_S}{R_4}\end{cases}\tag{2.23}$$

若用电导表示每个电阻的倒数，式（2.23）也可写成

$$\begin{cases}(G_1+G_2)V_1-G_2V_2=I_S\\-G_2V_1+(G_2+G_3+G_4)V_2=G_4U_S\end{cases}\tag{2.24}$$

将上述方程写成一般形式为

$$\begin{cases}G_{11}V_1+G_{12}V_2=I_{S11}\\G_{21}V_1+G_{22}V_2=I_{S22}\end{cases}\tag{2.25}$$

现对式（2.25）作如下说明。

（1）自导 G_{11}、G_{22}。

设 $G_{11}=G_1+G_2$ 代表节点 1 的自导，$G_{22}=G_2+G_3+G_4$ 代表节点 2 的自导。节点的自导，即连接到该节点上的所有电导之和，G_{11}、G_{22} 分别为连接到节点 1、2 的所有电导之和。

（2）互导 G_{12}、G_{21}。

用 G_{12}、G_{21} 分别代表节点 1 和节点 2 的互导，为两个节点之间的公共电导之和。图 2.38 中 $G_{12}=G_{21}=-G_2$。

由于假设节点电压的参考方向总是由非参考节点指向参考节点，所以各节点电压在自导中所引起的电流总是流出该节点的，在该节点的电流方程中这些电流前取“+”，因而自导总是正的。节点 1 或 2 中任一节点电压在其公共电导中所引起的电流则是流入另一个节点的，所以在另一节点的电流方程中这些电流前面应取“−”。为使节点电压方程的一般形式整齐起见，我们把这类电流前的负号包含在和它们有关的互导中，因而互导总是负的。

（3）电流源 i_{S11}、i_{S22}。

用 i_{S11}、i_{S22} 分别表示电流源流入节点 1 或 2 的电流。并且流进节点的电流源电流取正号，流出节点的取负号。电压源和电阻串联支路则变成电流源与电阻并联。图 2.38 中 $i_{S11}=I_S$、$i_{S22}=G_4U_S$。

式（2.25）可以推广到多个节点的电路。设电路中有 n 个节点，则有 n-1 个节点电压，其方程组形式为

$$\begin{cases}G_{11}V_1+G_{12}V_2+\cdots+G_{1(n-1)}V_{n-1}=I_{S11}\\G_{21}V_1+G_{22}V_2+\cdots+G_{2(n-1)}V_{n-1}=I_{S22}\\\quad\vdots\\G_{(n-1)1}V_1+G_{(n-2)2}V_2+\cdots+G_{(n-1)(n-1)}V_{n-1}=I_{S(n-1)(n-1)}\end{cases}\tag{2.26}$$

现将应用节点电压法的解题步骤与注意点归纳如下。

（1）指定参考点，其余节点与参考点间的电压就是节点电压，节点电压均以参考点为“–”极。

（2）根据自导、互导、电流源电流值代数和的形成规律，直接列出节点电压方程，应注意自导总是正的，互导总是负的。连接到本节点的电流源，当其电流指向节点时前面取正号，反之取负号。连接到节点的电压源与电阻串联支路，其中电压源的参考“+”极性指向节点时取正号，反之取负号。

（3）求解节点电压方程，解出各节点电压。

（4）由节点电压及 KVL 和 VCR 关系求各支路电流或电压。

实例 2.14 电路如图 2.39 所示，用节点电压法求支路电流 I。

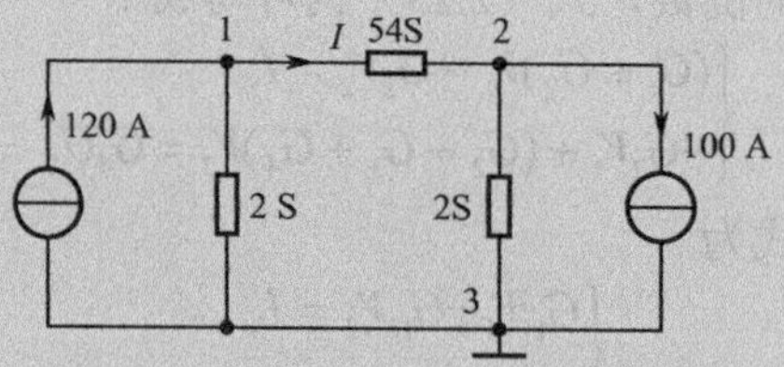

图 2.39 实例 2.14 图

解 该电路有 3 个节点，选定节点 3 为参考节点，对独立节点 1、2 的节点电压为 V_1、V_2，列出其节点电压方程

$$\begin{cases}(2+54)V_1-54V_2=120\\-54V_1+(2+54)V_2=-100\end{cases}$$

解得
$$V_1=6\text{ V},\quad V_2=4\text{ V}$$

电导为 54S 的支路电压和电流 I 为

$$U_{12}=V_1-V_2=6-4=2\text{（V）}$$

$$I=54\times U_{12}=54\times 2=108\text{（A）}$$

实例 2.15 电路如图 2.40 所示，用节点电压法求各支路电流。

解 本例电路有 3 个节点，各节点及各支路电流的标记如图 2.40 所示。对独立节点 1、2 的节点电压为 V_1、V_2，列出其节点电压方程

$$\begin{cases}\left(\dfrac{1}{5}+\dfrac{1}{20}+\dfrac{1}{4}+\dfrac{1}{5}\right)V_1-\left(\dfrac{1}{4}+\dfrac{1}{5}\right)V_2=\dfrac{50}{5}+\dfrac{20}{5}\\-\left(\dfrac{1}{4}+\dfrac{1}{5}\right)V_1+\left(\dfrac{1}{4}+\dfrac{1}{5}+\dfrac{1}{10}+\dfrac{1}{1}\right)V_2=\dfrac{30}{1}-\dfrac{20}{5}\end{cases}$$

解得

$$V_1 = 38.61\,\text{V}，\ V_2 = 28.95\,\text{V}$$

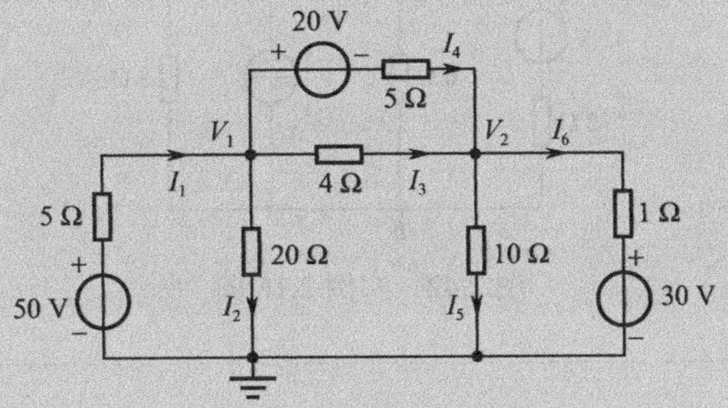

图 2.40　实例 2.15 图

各支路电流分别为

$$I_1 = \frac{50 - V_1}{5} = 2.28\ (\text{A}) \qquad I_2 = \frac{V_1}{20} = 1.93\ (\text{A})$$

$$I_3 = \frac{V_1 - V_2}{4} = 2.42\ (\text{A}) \qquad I_4 = \frac{V_1 - V_2 - 20}{5} = -2.07\ (\text{A})$$

$$I_5 = \frac{V_2}{10} = 2.89\ (\text{A}) \qquad I_6 = \frac{V_2 - 30}{1} = 8.61\ (\text{A})$$

2. 弥尔曼定理

弥尔曼定理是节点电压法的一种特殊情况，通常用来求解仅含两个节点的电路。如图 2.41 所示电路，若设节点 0 为参考点，则节点 1 的电压方程为

$$\left(\frac{1}{R_1} + \frac{1}{R_2} + \frac{1}{R_3}\right) V_1 = \frac{U_{S1}}{R_1} + I_S - \frac{U_{S2}}{R_2}$$

$$V_1 = \frac{\dfrac{U_{S1}}{R_1} + I_S - \dfrac{U_{S2}}{R_2}}{\dfrac{1}{R_1} + \dfrac{1}{R_2} + \dfrac{1}{R_3}} = \frac{U_{S1}G_1 + I_S - U_{S2}G_2}{G_1 + G_2 + G_3}$$

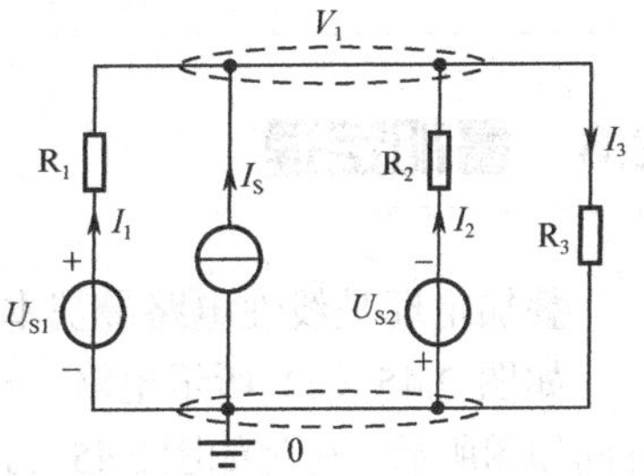

图 2.41　具有两个节点的复杂电路

写成一般形式

$$V_1 = \frac{\sum U_{Si} \cdot G_i + \sum I_{Si}}{\sum G_i} = \frac{\text{各电流源电流的代数和}}{\text{各支路电导之和}} \tag{2.27}$$

上式即为弥尔曼定理，用它求只有两个节点的电路电压非常方便。公式中分母是各支路电导之和，恒为正值；分子中各项可以为正，也可以为负。由 U_S 和 I_S 产生的电流流进节点则为正，流出节点则为负。

实例 2.16　求如图 2.42 所示电路中的电压 U_{ab} 的值。

解　根据弥尔曼定理

$$U_{ab} = \frac{\dfrac{42}{12} + 7}{\dfrac{1}{12} + \dfrac{1}{6} + \dfrac{1}{3}} = 18\ (\text{V})$$

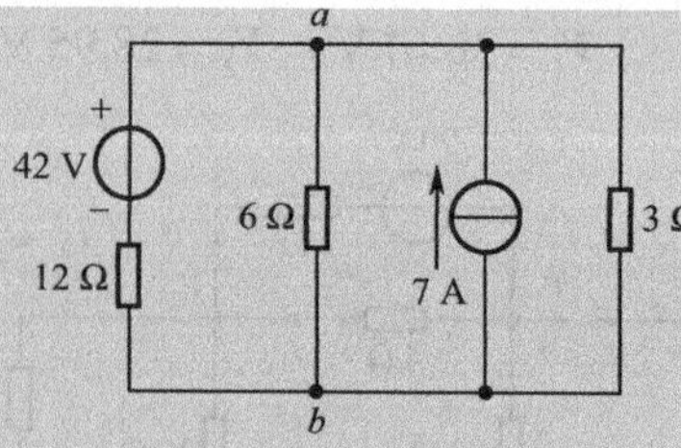

图 2.42　实例 2.16 图

思考题 9

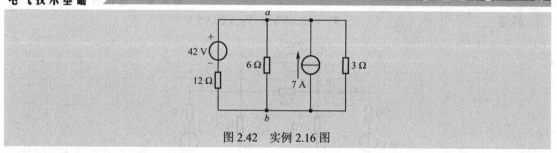

1．求如图 2.43 所示电路中的电压 U_{ab}。

2．求如图 2.44 所示电路中的各支路电流。

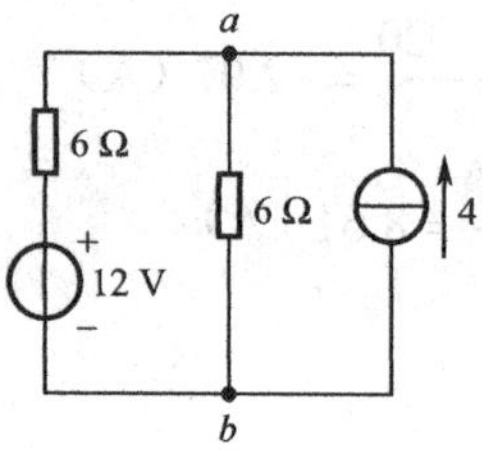

图 2.43　题 1 图

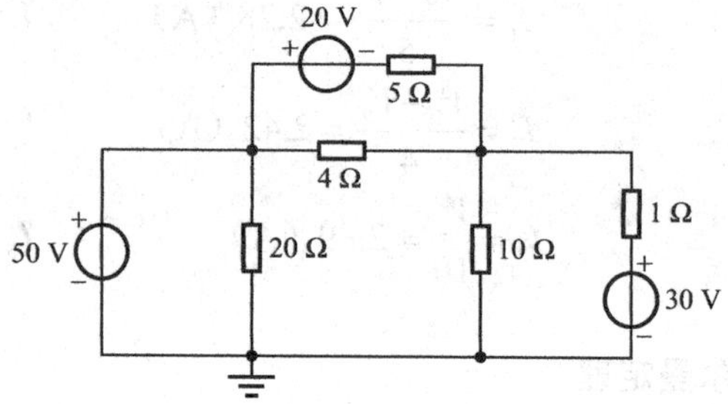

图 2.44　题 2 图

2.6　叠加定理

叠加定理是线性电路最基本的性质，为了便于理解，先来看一个简单的例子。

如图 2.45（a）所示电路，电阻 R 中的电流 I 可以根据电源等效变换的方法求出。参考方向如图所示，可将如图 2.45（a）所示的电路依次等效变换为如图 2.45（b）和图 2.45（c）所示的电路。

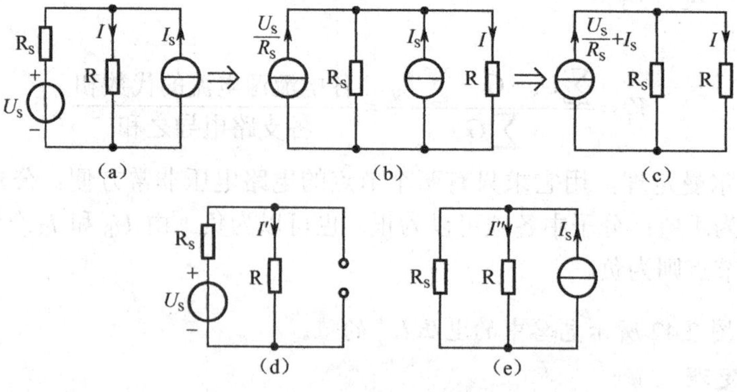

图 2.45　叠加定理

在图 2.45（c）中，电阻 R 上的电流为

$$I = \frac{R_S}{R_S + R}\left(\frac{U_S}{R_S} + I_S\right) = \frac{U_S}{R_S + R} + \frac{R_S}{R_S + R}I_S \qquad (2.28)$$

式（2.28）可理解为通过 R 的电流由两部分组成。一部分是只有 U_S 单独作用时，通过电阻 R 的电流，这时 I_S 不作用（即 I_S=0），以开路替代，如图 2.45（d）所示，此时流过 R 的电流为：

$$I' = \frac{U_S}{R_S + R}$$

与式（2.28）等号右边的第一项相等。另一部分相当于电压源 U_S 不作用（即 $U_S = 0$），以短路线替代，此时只有 I_S 单独作用，见图 2.45（e）。只有电流源单独作用，通过电阻 R 的电流，根据分流公式得

$$I'' = \frac{R_S}{R_S + R}I_S$$

与式（2.28）等号右边第二项相等。这样，可以理解为

$$I = I' + I'' = (U_S\text{单独作用时产生的分量}) + (I_S\text{单独作用时产生的分量})$$

上述结果推广到一般情况，即为叠加定理。

叠加定理是指当线性电路中有几个电源共同作用时，各支路的电流（或电压）等于每个独立源单独作用下在该支路产生的电压或电流的代数和（叠加）。

采用叠加定理可以分析包含多个独立源的线性电路，即分别计算各独立源对电路的贡献，之后相加得到总的响应。但是，应用叠加定理必须注意以下几点。

（1）叠加定理只适用于线性电路，不适用于非线性电路。

（2）电路中仅考虑某一个独立源单独作用时，其他独立源应置零，即电压源用短路替代，电流源用开路替代，而电路结构保持不变。

（3）各量叠加时要注意电流和电压的参考方向，至于各电流和电压前取“+”还是取“-”，由参考方向的选择而定。

（4）由于功率不是电压或电流的一次函数，因此不能用叠加定理来计算。

应用叠加定理的一般步骤如下。

（1）假定所求支路电流、电压的参考方向，标示于电路图中。

（2）分别作出各个独立电源单独作用时的电路。含有受控源时，各个独立电源单独作用时，受控源均应保留。

（3）分别计算出各个独立电源单独作用时，待求支路的电流或电压。

（4）将各个独立电源单独作用时待求支路的电流或电压进行代数相加，从而得到待求支路在所有电源共同作用时的电流或电压。

实例 2.17　用叠加定理计算如图 2.46（a）所示电路中的电流 I。已知 $I_S = 7\,\text{A}$，$U_S = 90\,\text{V}$，$R_1 = 20\,\Omega$，$R_2 = 6\,\Omega$，$R_3 = 5\,\Omega$。

解　图 2.46（a）电路可以看作是图 2.46（b）和图 2.46（c）两个电路的叠加。当电压源 U_S 单独作用时，可将电流源开路（$I_S = 0\,\text{A}$），如图 2.44（b）所示。

由图可得
$$I' = \frac{R_1}{R_1 + R_2}\left(\frac{U_S}{R_3 + R_1 // R_2}\right)$$

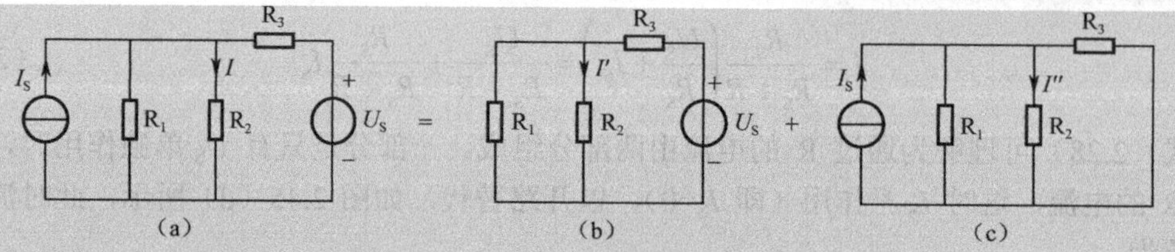

图 2.46　实例 2.17 图

式中 $R_1//R_2$ 是电阻 R_1 和 R_2 并联的等效电阻，即

$$R_1//R_2=\frac{R_1R_2}{R_1+R_2}=\frac{20\times 6}{20+6}=\frac{60}{13}\ (\Omega)$$

代入上式，则得

$$I'=\frac{20}{20+6}\left(\frac{90}{5+\dfrac{60}{13}}\right)=7.2\ (\text{A})$$

当电流源 I_S 单独作用时，可将电压源短接（U_S=0 V），如图 2.44（c）所示。由图可得

$$I''=\frac{R_1//R_3}{R_1//R_3+R_2}I_S=\frac{4}{4+6}\times 7=2.8\ (\text{A})$$

所以
$$I=I'+I''=7.2+2.8=10\ (\text{A})$$

思考题 10

1．用叠加定理计算电路时，当电路中有 N 个电源，则一定有 N 个分电路，即需 N 个分量叠加。这句话对吗？为什么？

2．用叠加定理计算如图 2.47 所示电路中的电流 I_1、I_2、I_3。

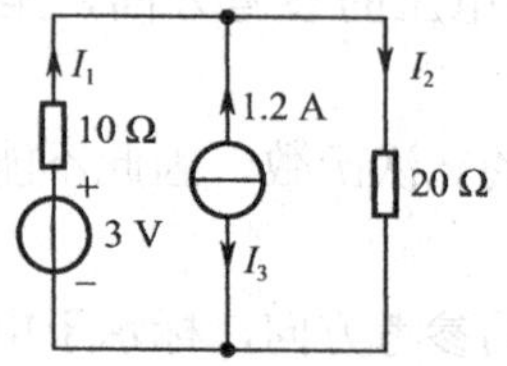

图 2.47　题 2 图

2.7　最大功率传输定理

在电子技术中，常常要求负载从给定电源（或信号源）获得最大功率，这就是最大功率传输问题。许多电子设备所用的电源或信号源内部结构都比较复杂，可将其视为有源二端网络，用戴维南定理将其等效成一个电压源模型，如图 2.48 所示。

在如图 2.48（b）所示电路中，流经负载 R_L 的电流为

$$I=\frac{U_S}{R_i+R_L}$$

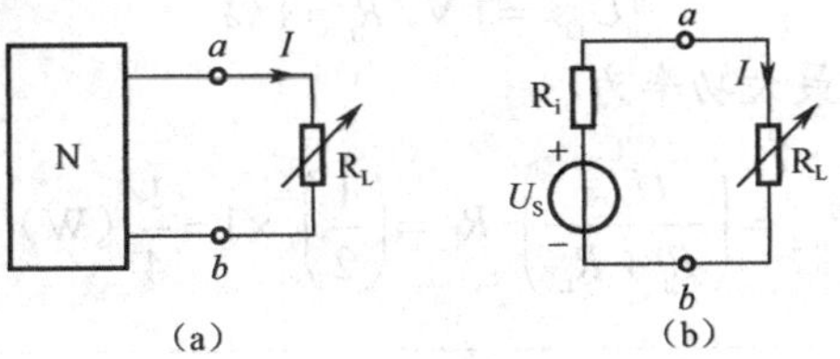

图 2.48 电压源模型

负载吸收的功率为

$$P = I^2 R_L = \frac{R_L U_S^2}{(R_i + R_L)^2} \tag{2.29}$$

若负载 R_L 过大，则电路电流过小；负载 R_L 过小，则电路电压过小。此两种情况都不能使负载获得最大功率。为求得 R_L 上吸收的功率 P 为最大的条件，对上式求导，并令其等于 0，即

$$\frac{dP}{dR_L} = U_S^2 \frac{(R_i + R_L)^2 - 2(R_i + R_L)R_L}{(R_i + R_L)^4} = 0$$

不难求得 $\left.\frac{d^2P}{dR_L^2}\right|_{R_i = R_L} < 0$，因此可得负载 R_L 获得最大功率时的条件为

$$R_i = R_L \tag{2.30}$$

将以上条件代入式（2.29），得负载 R_L 获得最大功率为

$$P_{max} = \frac{U_S^2}{4R_i} \tag{2.31}$$

当负载电阻等于电源内阻时，负载获得最大功率，这就是最大功率传输定理。在工程上，把满足最大功率传输的条件称为阻抗匹配。

阻抗匹配的概念在实际中常见，如在有线电视接收系统中，由于同轴的传输阻抗为 75 Ω，为了保证阻抗匹配以获得最大功率传输，就要求电视接收机的输入阻抗也为 75 Ω。有时很难保证负载电阻与电源内阻相等，为了实现阻抗匹配就必须进行阻抗变换，常用的阻抗变换器有变压器、射极输出器等。

实例 2.18 求如图 2.49（a）所示电路中，电阻 R_L 的阻值为多大时它消耗的功率最大，并求出最大功率。

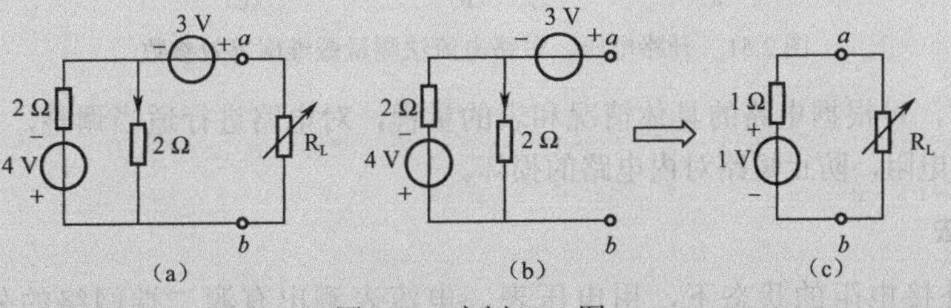

图 2.49 实例 2.18 图

解 为求出 R_L 的最大功率，应先将 R_L 去掉，求出余下的有源二端网络的戴维南等效电路，如图 2.49（b）所示。解得

$$U_{OC}=1\,\text{V},\ R_i=1\,\Omega$$

因此，当 $R_L=1\,\Omega$ 时有最大功率为

$$P_{max}=\left(\frac{U_{OC}}{R_i+R_L}\right)^2 R_L=\left(\frac{1}{2}\right)^2\times 1=\frac{1}{4}\ (\text{W})$$

思考题 11

分别求如图 2.50 所示各电路 R_L 为何值时它可获得最大功率，其最大功率为多少？

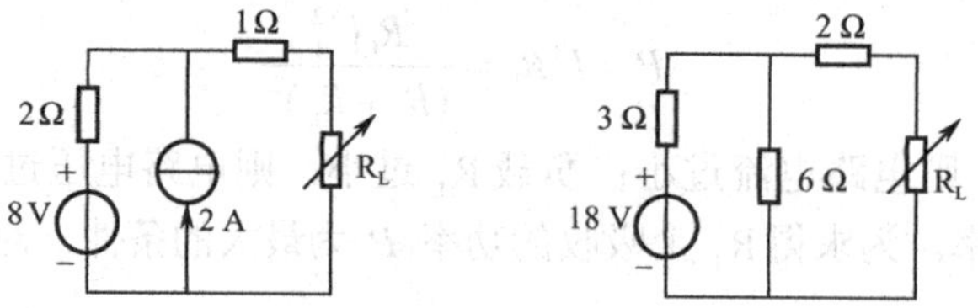

（a）　　（b）

图 2.50　题图

2.8　戴维南定理和叠加定理的验证

2.8.1　戴维南等效参数实验测量法

1. 开路电压、短路电流法

如图 2.51（a）所示，N_s 为有源二端网络。在 *a*、*b* 两端连接电压表Ⓥ，如图 2.51（b）所示，若电压表的内阻近似为无穷大，则电压表的读数就是有源二端网络的开路电压 U_{OC}；在 *a*、*b* 两端连接电流表Ⓐ，如图 2.51（c）所示，若其内阻近似为零，则电流表的读数为 *a*、*b* 两端的短路电流 I_{SC}。这样，电路等效输入电阻为

$$R_i=\frac{U_{OC}}{I_{SC}}$$

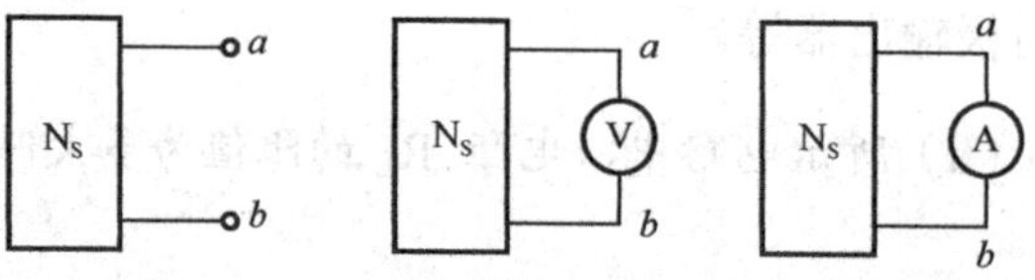

（a）　　（b）　　（c）

图 2.51　开路电压、短路电流法测量戴维南等效参数

在测量时，可根据电路的具体情况和表的量程，对电路进行适当调整，比如测短路电流时串联一个电阻，防止短路对内电路的损坏。

2. 伏安法

在改变外接电阻的状态下，用电压表、电流表测出有源二端网络的外特性曲线如图 2.52 所示。根据外特性曲线求出斜率 $\tan\varphi$，则内阻

$$R_i=\tan\varphi=\frac{\Delta U}{\Delta I}$$

事实上开路电压、短路电流法是取伏安曲线上的两个特殊测量点，如图 2.52 所示。

3. 半压法

如图 2.53 所示，调节负载电阻 R_L，当负载电压为被测网络开路电压 U_{OC} 的一半时，负载电阻 R_L 的阻值即为被测有源二端网络的等效内阻 R_i 的阻值。半压法是最常用的电路内阻测量法。

4. 零示法

在测量具有高内阻有源二端网络开路电压时，用电压表直接测量会造成较大的误差，为了消除电压表内阻的影响，往往采用零示法，如图 2.54 所示。

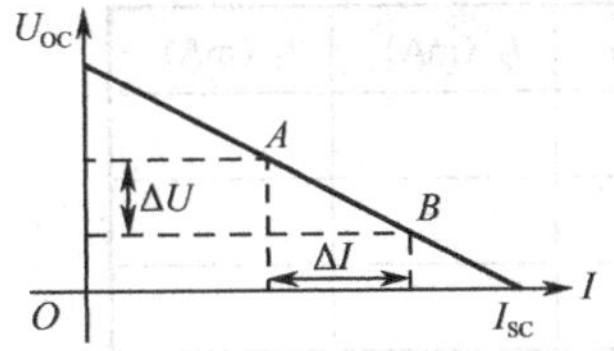

图 2.52　伏安法

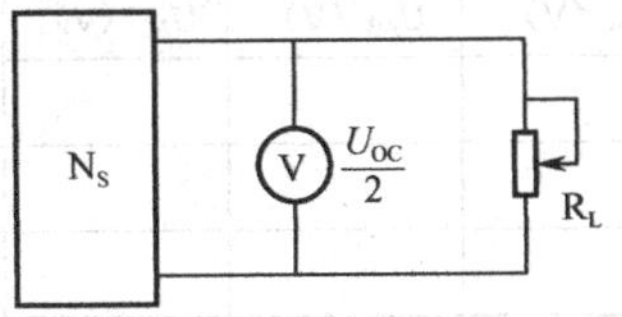

图 2.53　半压法

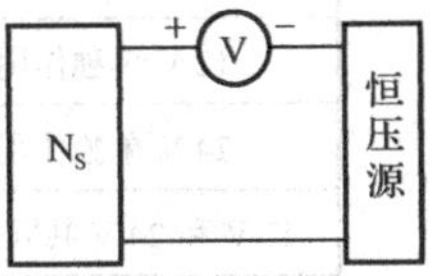

图 2.54　零示法

调节与被测有源二端网络并联的稳压电源电压，使二者电压相等，即电压表读数为“0”，然后将电路断开，测量此时稳压电源的输出电压，即为被测有源二端网络的开路电压。零示法通常用来测量高内阻或小电流网络端口电压。

2.8.2　戴维南定理的验证

按如图 2.55 所示接好电路，确定电压表和电流表的量程，注意接入电路的极性，测量各个电压及电流值，将数据记入表 2.1 和表 2.2 中。

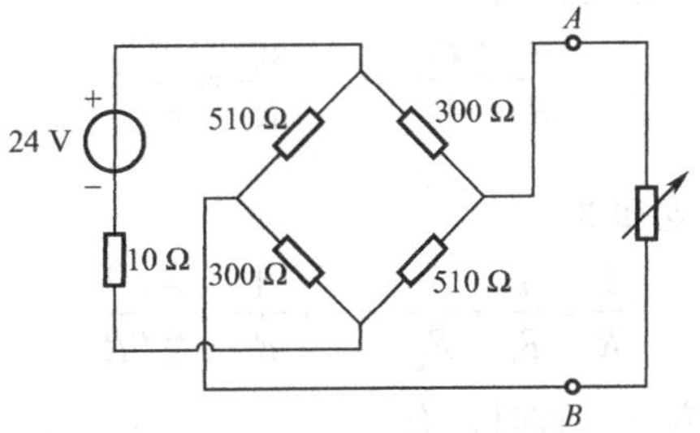

图 2.55　戴维南定理测量电路

表 2.1　开路电压、短路电流法测量数据

U_{OC}（V）	I_{SC}（mA）	$R_i = U_{OC}/I_{SC}$

表 2.2　半偏法测量数据

U_{OC}（V）	$U_{RL} = U_{OC}/2$（V）	$R_i = R_L$

2.8.3　叠加定理的验证

按如图 2.56 所示接好电路，确定电压表和电流表的量程，注意接入电路的极性，测量各个电压及电流值，将数据记入表 2.3 中。

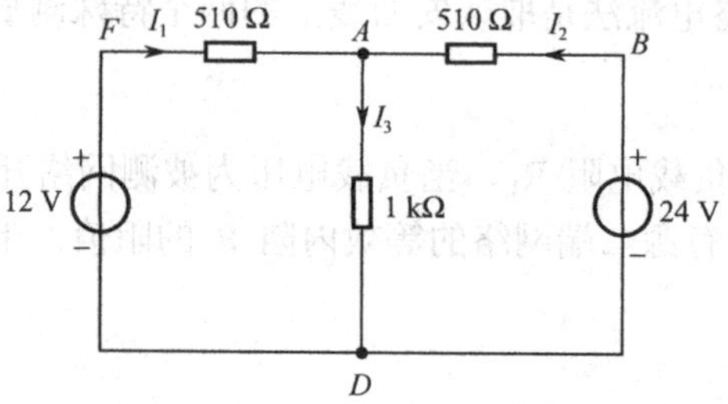

图 2.56　叠加定理测量电路

表 2.3　叠加定理的测量

	U_{FA}（V）	U_{AB}（V）	U_{AD}（V）	I_1（mA）	I_2（mA）	I_3（mA）
12 V 单独作用						
24 V 单独作用						
12 V 和 24 V 共同作用						

本章小结

1. 电路的串联与并联

1）n 个电阻串联的等效电阻为

$$R=\sum_{k=1}^{n}R_k$$

当各段电压与电流方向一致时，有

$$\frac{u_1}{R_1}=\frac{u_2}{R_2}=\cdots=\frac{u_n}{R_n}=\frac{u}{R}$$

2）n 个电阻并联的等效电阻为

$$\frac{1}{R}=\frac{1}{R_1}+\frac{1}{R_2}+\cdots+\frac{1}{R_n}=\sum_{k=1}^{n}\frac{1}{R_k}$$

当各支路电流与端电压方向一致时，有

$$R_1i_1=R_2i_2=\cdots=R_ni_n=Ri$$

3）电压源的串联和并联

当电路中有多个理想电压源串联时，可以把它们合并成一个理想电压源，其电压等于各个电压源电压的代数和；当电路中有多个理想电流源串联时，可以把它们合并成一个理想电流源，其电流等于各个电流源电流的代数和。

不同的理想电压源不能并联，只有当两个理想电压源大小相同、极性一致时才能并联；不同的理想电流源不能串联，只有当两个理想电流源大小相同、方向一致时才能串联。

电流源与任何线性元件串联都可以等效成电流源本身；电压源与任何线性元件并联都可以等效成电压源本身。

2. 电源的等效变换

实际电压源可以看成是电压源 u_s 与电阻 R_i 串联的电路；实际电流源可以看成是电流源 i_S 与电阻 R_i 并联的电路。其等效变换的条件为

$$\begin{cases} u_S = R_i' i_S \\ R_i = R_i' \end{cases} \quad 或 \quad \begin{cases} i_S = \dfrac{u_S}{R_i} \\ R_i' = R_i \end{cases}$$

3. 支路电流法

以电路电流为未知量，通过 KCL、KVL、VCR 列方程，解方程求各支路电流的方法称为支路电流法。若电路中有 n 个节点、b 条支路，通过 KCL 可列 n-1 个独立电流方程，通过 KVL 可列 $b-(n-1)$个用电流表示的独立回路电压方程，联立可得 b 个独立电流方程。

4. 戴维南定理和诺顿定理

戴维南定理：任一线性含独立电源的单口网络，都可以等效成一个实际电压源。

诺顿定理：任一线性含独立电源的单口网络，都可以等效成一个实际电流源。

5. 叠加定理

当线性电路中有几个电源共同作用时，各支路的电流（或电压）等于每个电源作用一次时在该支路产生的电流（或电压）的代数和。所谓电压源不作用，就是该电压源处用短路线替代；电流源不作用，就是在该电流源处用开路替代。

6. 节点电压法

节点分析法是 KCL 定律在非参考节点上的应用。若电路中有 n 个节点，使用节点电压法可以列出 n-1 个独立的节点电压方程，通过求解方程组就可以得到各节点的电压，再由欧姆定律或基尔霍夫电压定律得到各支路电流。

7. 最大功率传输定理

最大功率传输定理是指，当负载电阻等于电源内阻时，负载获得最大功率。

习题 2

2.1　求题图 2.1 中各电路的等效电阻 R_{ab}。

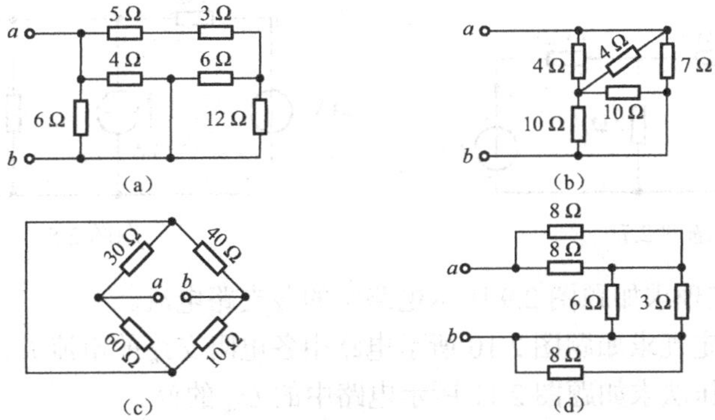

题图 2.1

2.2 利用电源等效变换，求题图 2.2 中流过 R 的电流 I。

2.3 利用电源等效变换，求题图 2.3 中流过 R 的电流 I。

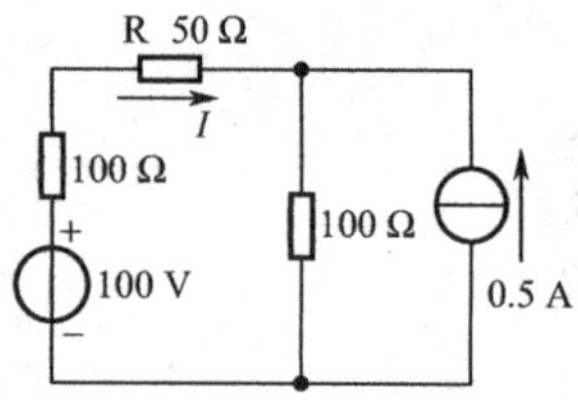

题图 2.2

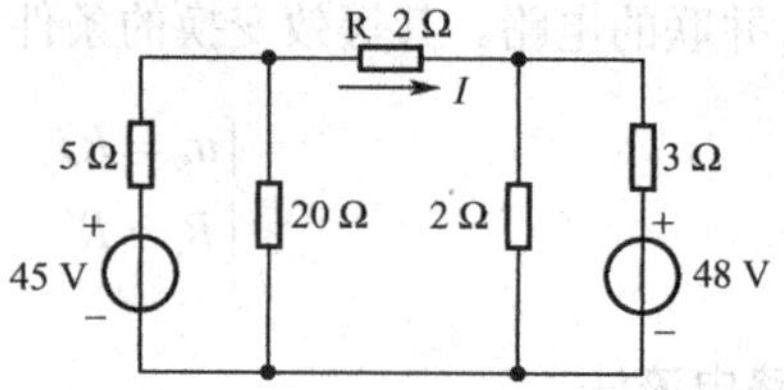

题图 2.3

2.4 试用支路电流法求如题图 2.4 所示电路中各支路电流。

2.5 求如题图 2.5 所示电路中各支路电流。

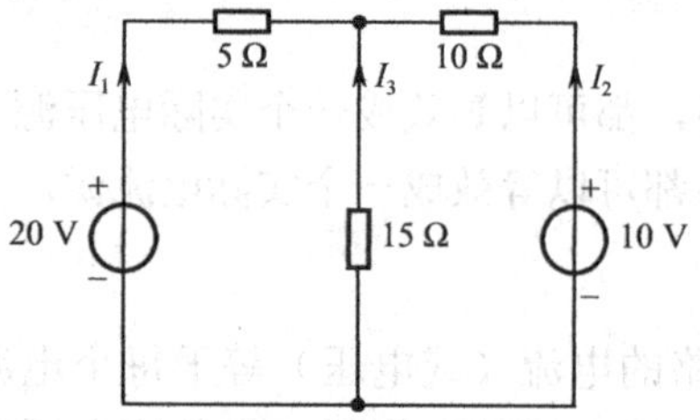

题图 2.4

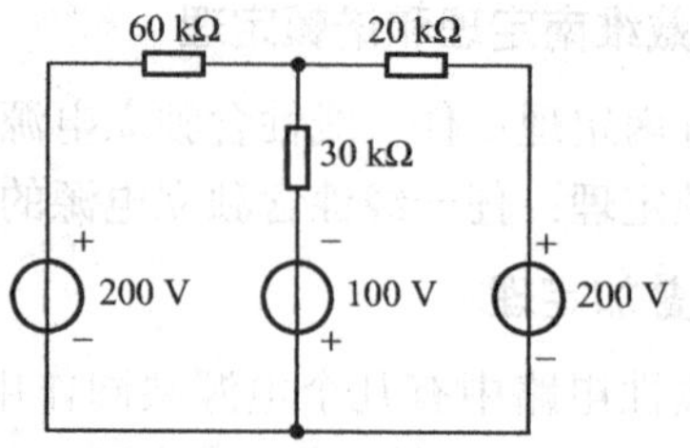

题图 2.5

2.6 求题图 2.6 中有源二端网络的戴维南等效电路。

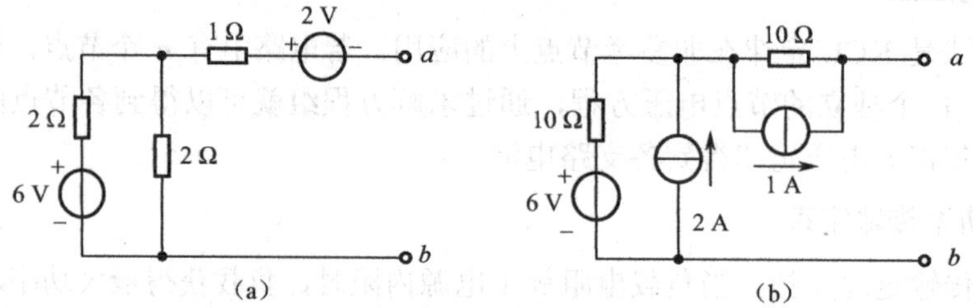

题图 2.6

2.7 应用戴维南定理求如题图 2.7 所示电路中的电流 I。

2.8 试用戴维南定理求如题图 2.8 所示电路中 4 Ω 电阻中流过的电流 I。

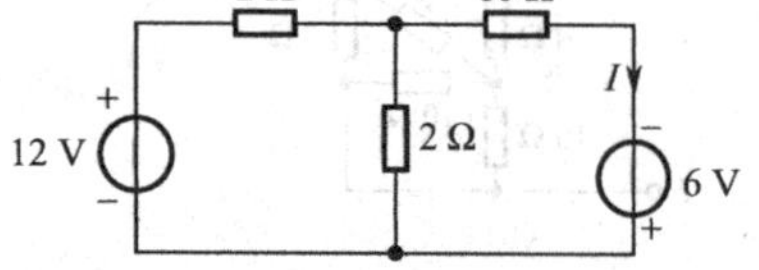

题图 2.7

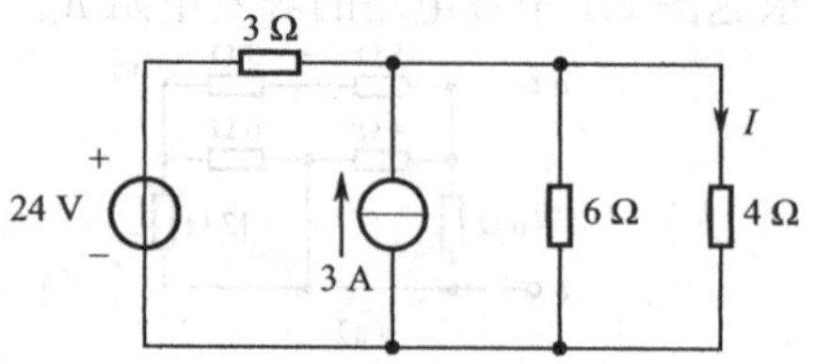

题图 2.8

2.9 试用叠加定理求如题图 2.9 所示电路中的各支路电流。

2.10 试用叠加定理求如题图 2.10 所示电路中各电阻支路的电流 I_1、I_2、I_3 和 I_4。

2.11 用节点电压法求如题图 2.11 所示电路中的 U_{ab} 的值。

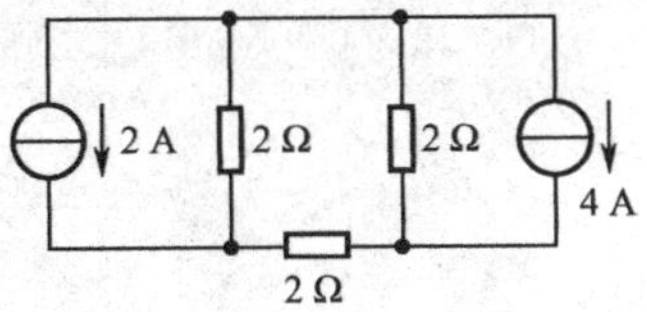

题图 2.9

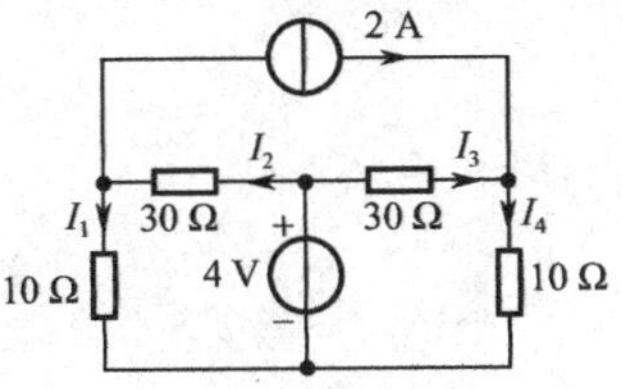

题图 2.10

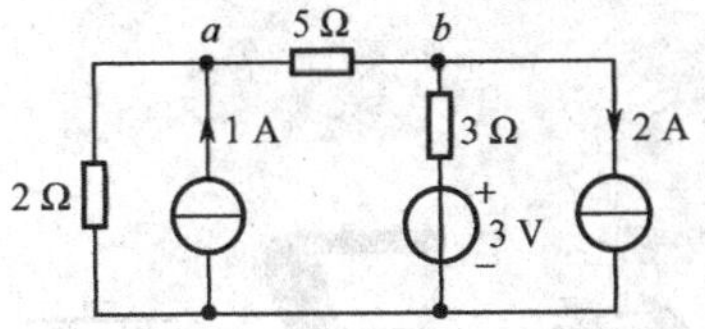

题图 2.11

2.12　如题图 2.12 所示电路中，已知 $U_{S1}=30\,V$，$I_{S2}=10\,A$，$I_{S4}=4\,A$，$R_1=5\,\Omega$，$R_2=1\,\Omega$，$R_3=6\,\Omega$，$R_4=10\,\Omega$，用节点电压法求各支路电流。

2.13　求如题图 2.13 所示电路的电流 i。

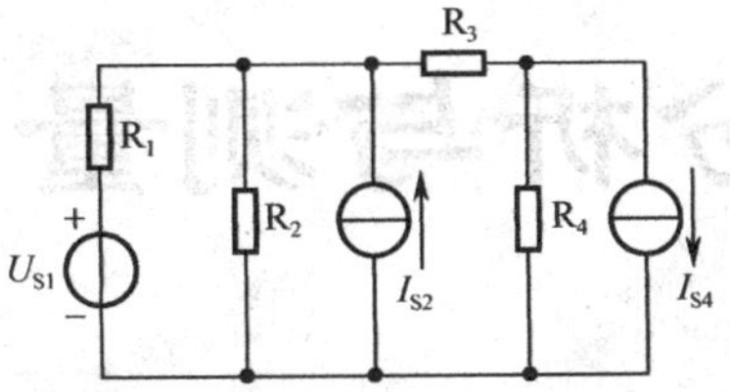

题图 2.12

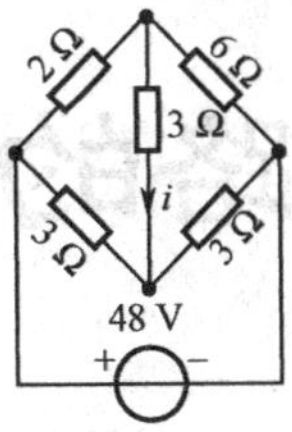

题图 2.113

2.14　电路如题图 2.14 所示，求 5 Ω电阻上的电流 i。

2.15　求如题图 2.15 所示电路中各支路的电流。

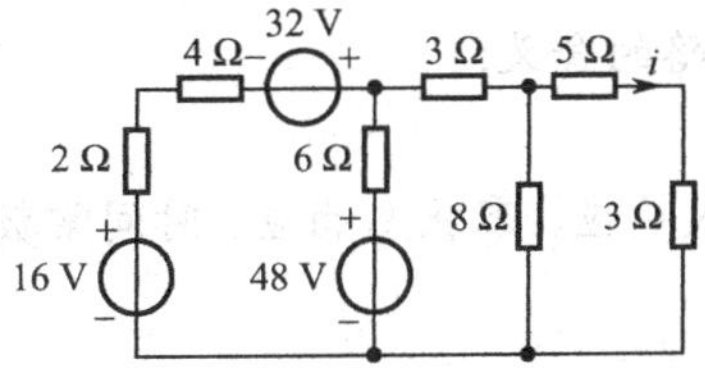

题图 2.14

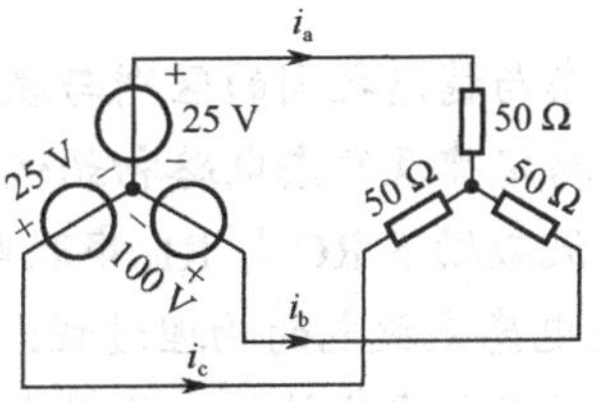

题图 2.15

2.16　电路如题图 2.16 所示，求（1）R_L 为多大时，可获得最大功率？并求最大功率为多少？（2）若 R_L=25Ω，则求 R_L 的吸收功率？

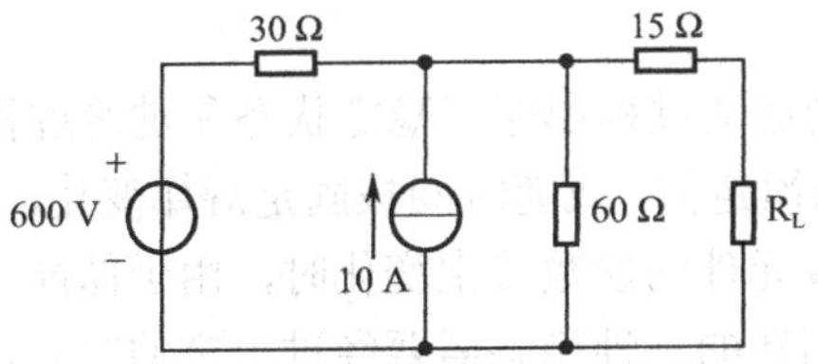

题图 2.16

第3章 电路的暂态分析与测量

知识目标

★了解暂态与稳态之间的区别与联系，理解换路的含义；

★掌握换路定律及暂态电路初始值的确定；

★理解直流激励下RC与RL串联电路的零输入响应、零状态响应、时间常数的物理意义、电容及电感充放电的物理过程；

★熟练运用三要素法计算一阶动态电路的响应。

技能目标

★能使用示波器、信号发生器、万用表、直流稳压电源等基本仪器仪表研究一阶电路的过渡过程。

在自然界中，各种事物的运动过程都存在稳定状态和过渡过程。在含有储能元件电感或电容的电路中，当电流或电压为恒定值，或随时间按固定规律变化，电路的这种状态叫稳定状态，简称稳态。而当电路的结构或元件的参数发生变化时，由于储能元件上的能量不能发生突变，电路从原来的一种稳态变化到新的一种稳态需要经过一定的时间，这一中间过程称为电路的过渡过程，又称为暂态过程。

暂态过程是一种自然现象，虽然过程短暂，但对它的研究很重要。一方面，在电子技术中常利用RC电路的暂态过程来实现振荡信号的产生、信号波形的变换或产生延时做成电子继电器等。另一方面，在电力系统中，暂态过程发生的瞬间可能出现过压或过流，致使设备损坏，必须采取防范措施。因此，分析暂态过程的目的就是认识和掌握其规律，以便在工作中用其利克其弊。

本章主要介绍由直流电源驱动的包含一个动态元件的线性一阶暂态电路的分析方法。电容、电感元件的伏安关系为微分或积分关系，故称为动态元件。含一个电感或一个电容加上一些电阻元件和独立电源组成的电路称为一阶暂态电路。本章主要分析 RC 和 RL 一阶线性电路的暂态过程，了解一阶电路在过渡过程中电压和电流随时间变化的规律，并能确定电路的时间常数、初时值和稳态值三个要素，会用三要素法计算 RC 和 RL 一阶电路。

3.1　换路定则与初始值的确定

电路中的过渡过程是由于电路的接通、断开、电源或电路中元件参数的突然改变等原因引起的，我们把电路状态的这些改变统称为换路。假设在 $t=0$ 时换路，而 $t=0_-$ 表示换路前的瞬间，$t=0_+$ 表示换路后的瞬间，则换路经历的时间为 $0_-\sim0_+$。

3.1.1　换路定则

1. 具有电容元件的电路

当电路中具有储能元件电容时，由于换路时电容所储存的能量 $\frac{1}{2}Cu_C^2$ 不能突变，故在 $t=0_-$ 到 $t=0_+$ 的换路瞬间，电容元件的电压 u_C 不能突变。即

$$u_C(0_+)=u_C(0_-) \tag{3.1}$$

这就是具有电容元件的换路定则。

例如：RC 串联的直流电路，在接通电源 U_S 之前，设电容上的电压 $u_C=0$，当接通电源对电容充电时，电容两端电压 u_C 不能突变，而是从零逐渐增加，当充电结束时 $u_C=U_S$。

特别说明：对于一个在换路前不带电荷的电容，在换路瞬间，有 $u_C(0_+)=u_C(0_-)=0$，此时电容相当于短路；而对于在换路前电压为 U 的电容，在换路瞬间，有 $u_C(0_+)=u_C(0_-)=U$，此时电容相当于一个电压值为 U 的电压源。

2. 具有电感元件的电路

当电路中具有储能元件电感时，由于换路时电感所储存的能量 $\frac{1}{2}Li_L^2$ 不能突变，故在 $t=0_-$ 到 $t=0_+$ 的换路瞬间，电感元件的电流 i_L 不能突变。即

$$i_L(0_+)=i_L(0_-) \tag{3.2}$$

这就是具有电感元件的换路定则。

例如：RL 串联的直流电路，在接通电源 U_S 之前，电感的电流 $i_L=0$，当接通电源后，电感中的电流不能发生突变，而是从零逐渐变成 U_S/R。

特别说明：对于换路前电流为零的电感，在换路瞬间，有 $i_L(0_-)=i_L(0_+)=0$，此时电感相当于开路；而对于换路前电流为 I 的电感，在换路瞬间，有 $i_L(0_-)=i_L(0_+)=I$，此时电感相当于一个电流值为 I 的电流源。

综上所述，换路定则就是指：在换路前后瞬间，电容电压和电感电流不能突变，即

$$u_C(0_+)=u_C(0_-)$$
$$i_L(0_+)=i_L(0_-) \qquad (3.3)$$

注意：只有电容上的电压 u_C 与电感中的电流 i_L 受换路定则的约束而不能突变，电路中其他电压、电流都可能发生突变。

3.1.2 初始值的计算

假设在 t=0 时换路，初始值就是指电路中所求的变量（电压或电流）在 $t=0_+$ 时刻的值。换路定则只能确定换路瞬间 $t=0_+$ 时不能突变的 u_C 和 i_L 的初始值，电路中其他电压和电流的初始值必须在确定了电容电压 $u_C(0_+)$ 或电感电流 $i_L(0_+)$ 的条件下才能求出，而 $u_C(0_-)$ 或 $i_L(0_-)$ 需根据换路前终了瞬间的电路进行计算。

初始值的计算步骤如下：

（1）根据 KCL、KVL 和 VCR 等电路原理及元件约束关系计算换路前一瞬间的 $u_C(0_-)$ 和 $i_L(0_-)$；

（2）由换路定则确定独立的初始值 $u_C(0_+)$ 或 $i_L(0_+)$；

（3）应用电路的基本定律和基本分析方法，在 t=0+电路中计算其他各电压和电流的初始值，再根据 KCL、KVL 和 VCR 等电路原理及元件约束关系计算换路后一瞬间的其他有关的初始值。

下面举例加以说明。

实例 3.1 如图 3.1 所示电路中，直流电源的电压 $U_S=100\text{ V}$，$R=50\,\Omega$，开关 S 原先合在位置 1，电路处于稳态。试求 S 由位置 1 合到位置 2 的瞬间，电路中电阻 R 和电容 C 上的电压和电流的初始值 $u_C(0_+)$、$u_R(0_+)$ 和 $i(0_+)$。

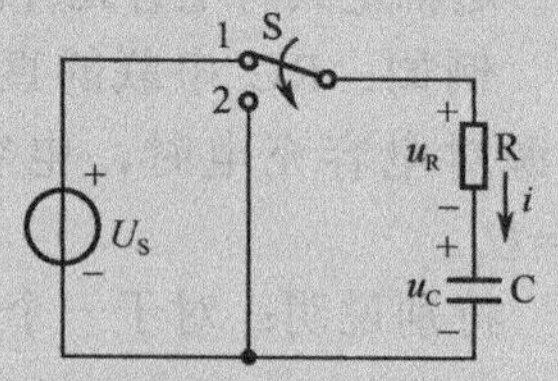

图 3.1 实例 3.1 图

解 选定有关电压和电流的参考方向如图所示。由于电容在直流稳态下相当于开路，所以换路前的电容电压为

$$u_C(0_-)=U_S=100\text{ V}$$

当开关 S 合到位置 2 时，根据换路定则

$$u_C(0_+)=u_C(0_-)=100\text{ V}$$

应用基尔霍夫定律

$$u_R+u_C=0$$

所以
$$u_R(0_+)=-u_C(0_+)=-100\text{ V},\qquad i(0_+)=\frac{u_R(0_+)}{R}=-2\text{ A}$$

实例 3.2 如图 3.2（a）所示的电路处于稳态，当 t=0 时，开关 S 断开，求开关断开后的初始值 $i_1(0_+)$、$i_2(0_+)$、$i_C(0_+)$及 $u_C(0_+)$。

解 根据初始值的计算步骤，首先计算换路前的 $u_C(0_-)$ 的值，如图 3.2（a）所示，因为电容 C 处于直流稳态电路中，所以相当于开路。其等效电路如图 3.2（b）所示，2 Ω和 8 Ω构成串联电路。

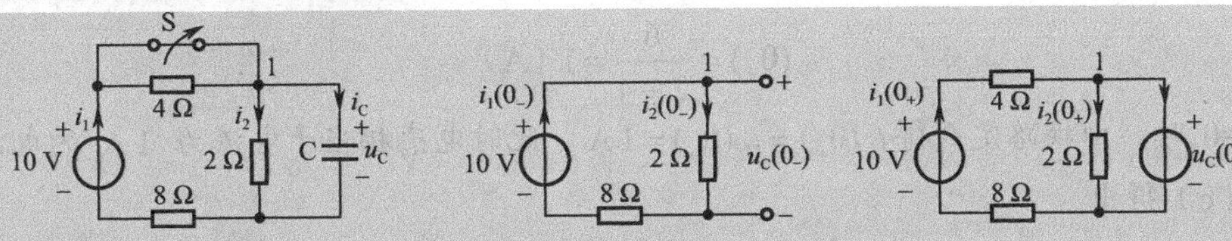

（a）　（b）　（c）

图 3.2　实例 3.2 图

$$u_C(0_-)=2\times\frac{10}{8+2}=2\text{（V）}$$

根据换路定则得　$u_C(0_+)=u_C(0_-)=2\text{（V）}$

对于换路后一瞬间电路，电容相当于电压源，其等效电路如图 3.2（c）所示。

根据 KVL 得　$4i_1(0_+)+u_C(0_+)+8i_1(0_+)=10$

$$i_1(0_+)=\frac{10-u_C(0_+)}{4+8}=\frac{10-2}{4+8}\approx 0.67\text{（A）}$$

根据 KCL，在节点 1 上有

$$i_C(0_+)=i_1(0_+)-i_2(0_+)=0.67-1=-0.33\text{（A）}$$

实例 3.3　如图 3.3 所示的电路，已知 U_s=50 V，R_1 = 30 Ω，R_2 = 20 Ω，L = 2 mH，开关 S 闭合前电路已处于稳态。当 t=0 时，开关 S 闭合，求各支路电流及电感电压的初始值。

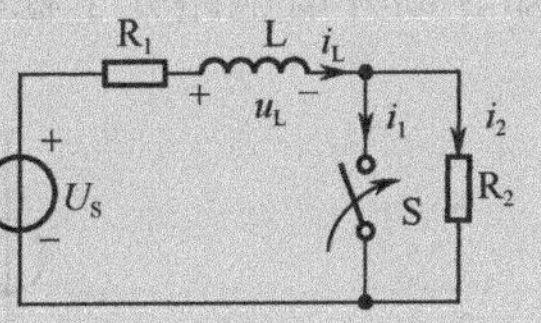

图 3.3　实例 3.3 图

解　选定有关电流和电压的参考方向如图所示。开关闭合前电路处于稳态，L 视为短路。

$$i_L(0_-)=\frac{U_S}{R_1+R_2}=\frac{50}{30+20}=1\text{（A）}$$

开关闭合后瞬间，根据换路定则

$$i_L(0_+)=i_L(0_-)=1\text{ A}$$

由于 R_2 被短路，所以

$$i_2(0_+)=0\text{ A}，\quad i_1(0_+)=i_L(0_+)=1\text{ A}$$

根据 KVL　$U_S=R_1i_L(0_+)+u_L(0_+)$

所以　$u_L(0_+)=U_S-R_1i_L(0_+)=50-30\times1=20\text{（V）}$

实例 3.4　求如图 3.4（a）所示电路中各电流的初始值，换路前电路已处于稳态。

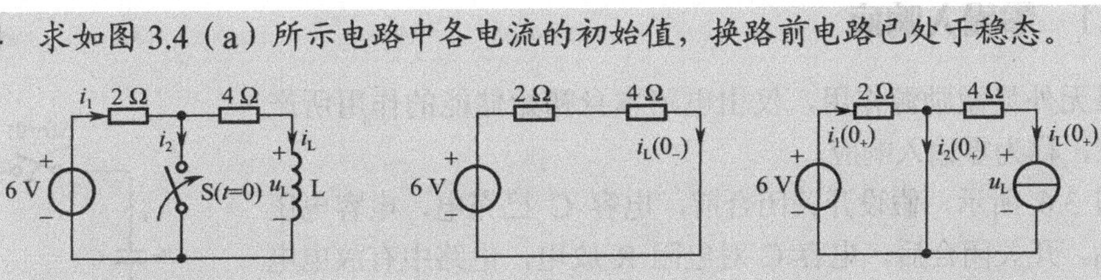

（a）稳态　（b）t=0₋　（c）t=0₊

图 3.4　实例 3.4 图

解　在 $t=0_-$ 时，电路处于稳态，电感相当于短路，由图 3.4（b）得出

$$i_L(0_-)=\frac{6}{2+4}=1\text{（A）}$$

在 $t=0_+$时，由换路定则得$i_L(0_+)=i_L(0_-)=1\,\text{A}$，此时电感相当于电流为 1 A 的电流源，由图 3.4（c）得出

$$u_L(0_+)=-i_L(0_+)\times 4=-4\text{（V）}$$

$$i_1(0_+)=\frac{6}{2}=3\text{（A）}$$

$$i_2(0_+)=i_1(0_+)-i_L(0_+)=3-1=2\text{（A）}$$

通过以上例子可见，计算 $t=0_+$时电压和电流的初始值，需计算 $t=0_-$时的$i_L(0_-)$和$u_C(0_-)$，因为它们不能突变，是连续变化的。而 $t=0_-$时其他电压和电流与初始值无关，不必去求，只能在 $t=0_+$的电路中计算。

思考题 12

1．试阐述电感和电容在直流稳态、交流稳态及动态电路中的工作状态。

2．什么叫换路定则？它的理论基础是什么？它有什么用途？

3．在如图 3.5 所示电路中，试求开关 S 断开后的 $u_C(0_+)$、$i_C(0_+)$及 $u_L(0_+)$、$i_L(0_+)$（已知 S 断开前电路处于稳态）。

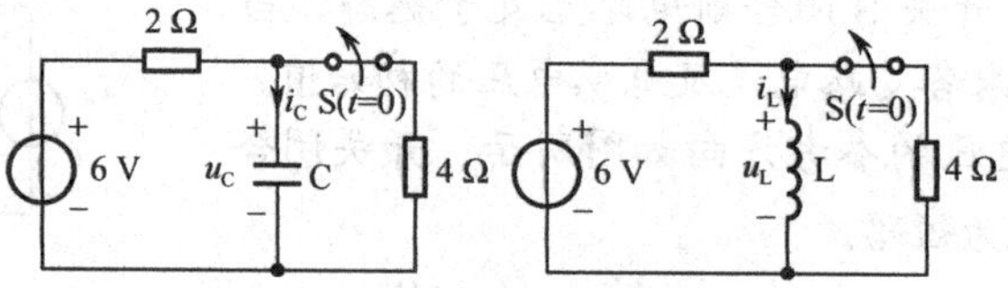

图 3.5　题 3 图

3.2　RC 电路的暂态分析

电路的暂态分析中，通常将电路在外部输入（常称为激励）或内部储能的作用下所产生的电压或电流称为响应。对于一阶电路的响应可分为零输入响应、零状态响应和全响应，这些响应都遵循固定的规律。

3.2.1　零输入响应

如果无外界激励源作用，仅由电路本身初始储能的作用所产生的响应，称为零输入响应。

如图 3.6 所示，假设开关闭合前，电容 C 已充电，电容电压 $u_C(0_-)=U_0$。开关闭合后，电容 C 对电阻 R 放电，电路中有放电电流。随着时间的推移，电容两端的电压逐渐降低，放电电流逐渐减小，最终等于零，放电结束。

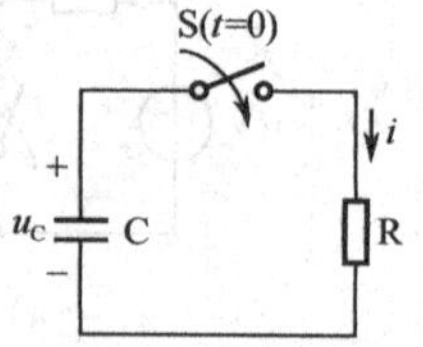

图 3.6　RC 放电电路

根据 KVL 定律，可列出回路电压方程

$$iR-u_C=0$$

由于
$$i=-C\frac{\mathrm{d}u_C}{\mathrm{d}t}$$

所以有
$$RC\frac{\mathrm{d}u_C}{\mathrm{d}t}+u_C=0 \tag{3.4}$$

式（3.4）是一阶常系数线性齐次微分方程。解此方程可得到满足初始值的微分方程的解为
$$u_C=U_0\mathrm{e}^{-\frac{1}{RC}t} \tag{3.5}$$
这就是放电过程中电容电压 u_C 的表达式。

电阻上的电压为
$$u_R=u_C=U_0\mathrm{e}^{-\frac{1}{RC}t}$$

电路中的电流为
$$i=\frac{U_R}{R}=\frac{U_0}{R}\mathrm{e}^{-\frac{1}{RC}t}$$

由上述表达式可以看出，各响应均从某初始值开始，然后按同样的指数规律衰减。显然，衰减的快慢与指数中 RC 的大小有关。若令
$$\tau=RC \tag{3.6}$$
则 τ 称为 RC 串联电路的时间常数，单位是秒（s）。时间常数 τ 决定电路过渡过程的快慢，τ 越大则过渡时间越长，反之则越短。

引入了时间常数 τ 后，电容电压 u_C 和电流 i 又可写成
$$u_C=U_0\mathrm{e}^{-\frac{1}{\tau}t} \tag{3.7}$$
$$i=\frac{U_0}{R}\mathrm{e}^{-\frac{1}{\tau}t} \tag{3.8}$$

当 $t=\tau$ 时，$u_C(\tau)=U_0\mathrm{e}^{-1}=0.368U_0$。所以，经过一个时间常数，电容电压下降为初始值的 36.8%。约 5 倍时间常数之后，电容电压基本降为零。当 $t=5\tau$，$u_C(5\tau)=U_0\mathrm{e}^{-5}=0.007U_0$，即 5τ 时间后（一般为 $t\to\infty$），电容放电基本结束。电容电压和电流的波形如图 3.7 所示。

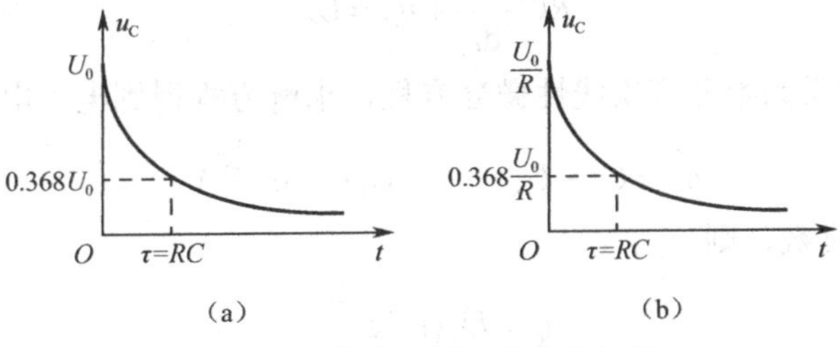

图 3.7　电路中电压、电流的波形

实例 3.5　在如图 3.8 所示电路中，开关 S 原来合在位置 1 上，在 $t=0$ 时把它合到位置 2，试求 $t\geqslant 0$ 时的响应 u_C 和 i。

解　根据换路定则得
$$u_C(0_+)=u_C(0_-)=6\ \mathrm{V}$$

时间常数
$$\tau=R_2C=3\times10^3\times1\times10^{-6}=3\times10^{-3}\ （\mathrm{s}）$$

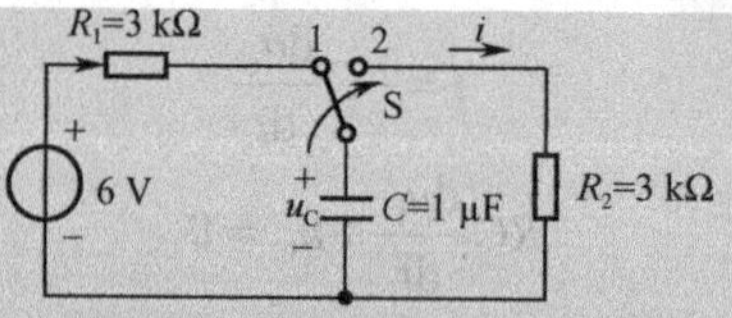

图 3.8　实例 3.5 图

于是

$$u_C = 6e^{-\frac{t}{\tau}} = 6e^{-\frac{t}{3\times10^{-3}}} = 6e^{-\frac{1\,000t}{3}} \text{（V）}$$

$$i = -C\frac{du_c}{dt} = 2e^{-\frac{t}{3\times10^{-3}}} \text{（mA）}$$

3.2.2　零状态响应

如果电路没有初始储能，仅由外界激励源（电源）的作用产生的响应，称为零状态响应。

如图 3.9 所示电路中，电路的初始状态为零，即 $u_C(0_+)=0$。设在 $t=0$ 时开关 S 闭合，电容 C 开始充电。根据换路定则可知电容电压的初始值为 $u_C(0_+)=u_C(0_-)=0$，因此在 $t=0_+$ 时，电容相当于短路，电容的初始充电电流为 $\frac{U_S}{R}$。之后随着充电的进行，电容电压逐渐升高，充电电流逐渐减小，当电路达到稳态时，电容充电结束。充电结束时电容电压等于 U_S，充电电流等于零，电容相当于开路。

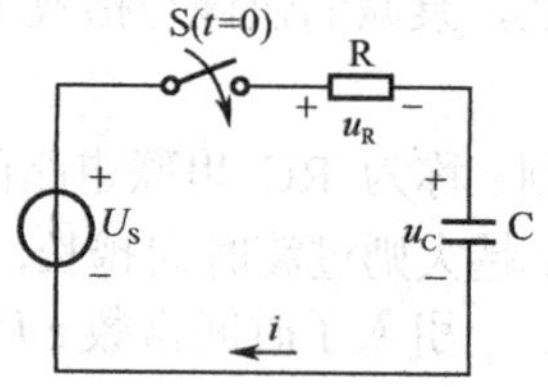

图 3.9　RC 充电电路

根据 KVL 定律，可列出回路电压方程

$$iR + u_C = U_S$$

由于

$$i = C\frac{du_C}{dt}$$

所以有

$$RC\frac{du_C}{dt} + u_C = U_S \tag{3.9}$$

式（3.9）是一阶常系数非齐次线性微分方程，求解方程得到电容电压的表达式

$$u_C = U_S - U_S e^{-\frac{1}{RC}t} = U_S(1 - e^{-\frac{1}{RC}t}) \tag{3.10}$$

令 $\tau=RC$ 为时间常数，则

$$u_C = U_S(1 - e^{-\frac{1}{\tau}t}) \tag{3.11}$$

当 $t=\tau$ 时，$u_C(\tau)=U_S(1-e^{-1})=0.632U_S$，电容电压上升为 U_S 最大值的 63%。经过大约 5 倍的时间常数后，电容电压与电压源电压基本相等。当 $t=5\tau$，$u_C(5\tau)=U_S(1-e^{-5})=0.993U_S$，即 5 倍时间常数后（可视为 $t\to\infty$），电容充电基本结束。

电路中的充电电流为

$$i = C\frac{du_C}{dt} = \frac{U_S}{R}e^{-\frac{1}{\tau}t} \tag{3.12}$$

电容电压和电流的波形如图 3.10 所示。

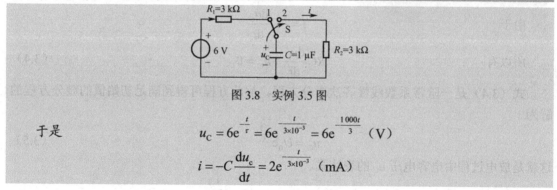

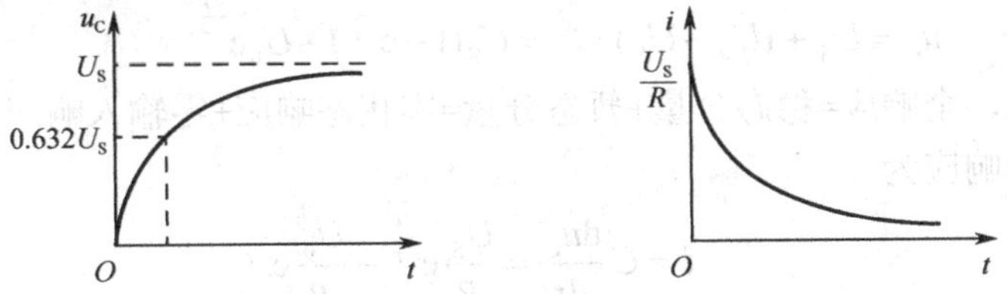

图 3.10　i、u_C 随时间变化的曲线

实例 3.6　如图 3.11（a）所示电路，t=0 时开关闭合。已知 I_S=1 A，R_1=30 Ω，R_2=20 Ω，C=0.1 μF，求 $t\geqslant 0$ 时的 u_C、i_C 和 u_{R2}。

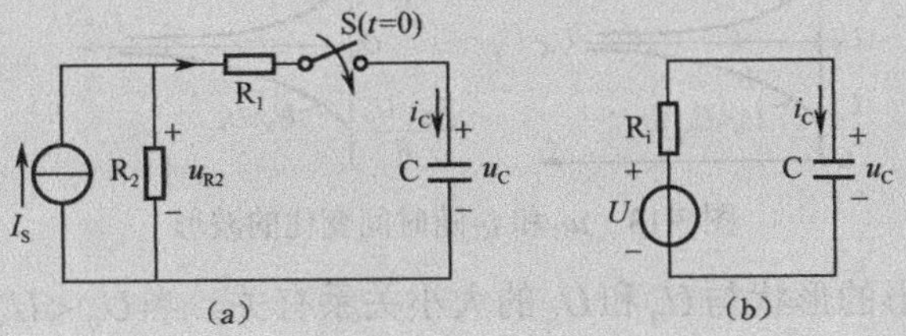

图 3.11　实例 3.6 图

解　应用戴维南定理，可将换路后的电路简化成图 3.11（b）。

其等效电阻为　　$R_i = R_1 + R_2 = 50$（Ω）

等效电压源为　　$U = I_S R_2 = 20$（V）

时间常数为　　$\tau = R_i C = 5\times 10^{-6}$（s）

所以

$$u_C = U(1-e^{-\frac{t}{\tau}}) = 20(1-e^{-2\times 10^5})\ \text{(V)}$$

$$i_C = \frac{U}{R_i}e^{-\frac{t}{\tau}} = \frac{20}{50}e^{-2\times 10^5} = 0.4e^{-2\times 10^5}\ \text{(A)}$$

由图 3.11（a）开关闭合后，得

$$u_{R2} = R_1 i_C + u_C = 20 - 8e^{-2\times 10^5}\ \text{(V)}$$

3.2.3　全响应

既有初始储能又有外界激励所产生的响应称为全响应。对于线性电路，全响应为零输入响应和零状态响应两者的叠加。

如图 3.12 所示，设电容的初始电压 $u_C(0_+) = U_0$，在 t=0 时，开关 S 闭合，显然电路中的响应由初始状态 U_0 和输入 U_S 共同引起，属于全响应。

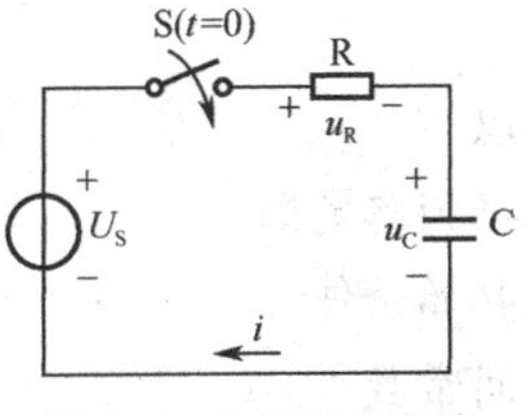

图 3.12　RC 充电电路

$t\geqslant 0$ 时以 u_C 为变量的电路的微分方程为

$$RC\frac{du_C}{dt} + u_C = U_S$$

该方程与零状态电路微分方程的形式相同，区别仅在于初始值不同，解得

$$u_C = U_S + (U_0 - U_S)e^{-\frac{1}{\tau}t} = U_S(1 - e^{-\frac{t}{\tau}}) + U_0 e^{-\frac{t}{\tau}} \tag{3.13}$$

由此可以看出，全响应=稳态分量+暂态分量=零状态响应+零输入响应。

电路中的其他响应为

$$i = C\frac{du_C}{dt} = \frac{U_S}{R}e^{-\frac{t}{\tau}} - \frac{U_0}{R}e^{-\frac{t}{\tau}} \tag{3.14}$$

$$u_R = Ri = (U_S - U_0)e^{-\frac{t}{\tau}} \tag{3.15}$$

图 3.13 给出了$U_0 < U_S$、$U_0 = U_S$和$U_0 > U_S$三种情况下，u_C和i_C随时间变化的波形。

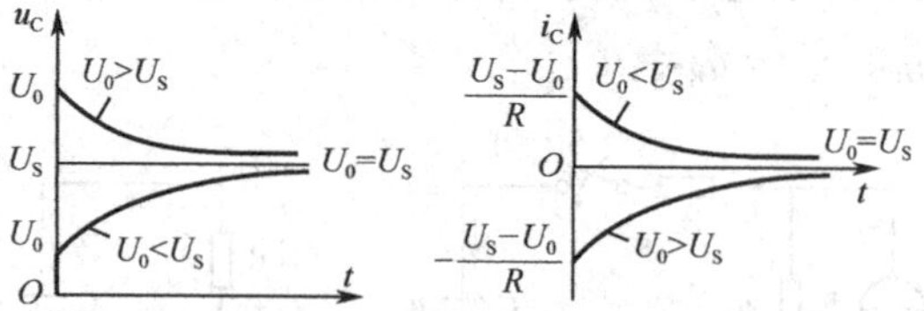

图 3.13　u_C和i_C随时间变化的波形

可以看出，各波形的形状与U_0和U_S的大小关系有关。当$U_0 < U_S$，电容充电，电容上电压从U_0按指数规律增加到U_S，电流则从$\frac{U_S - U_0}{R}$按指数规律衰减到零。当$U_0 = U_S$时，开关闭合后，电路中不发生过渡过程，没有暂态分量。当$U_0 > U_S$时，电容放电，电容上的电压从U_0按指数规律下降到U_S，而电流反向从$\frac{U_S - U_0}{R}$按指数规律衰减到零。在上述各种情况下，电容电压的稳态均为U_S。

实例 3.7　如图 3.14 示电路中，开关 S 原为闭合状态。求开关打开后u_C和i_C的表达式，并画出其曲线图。

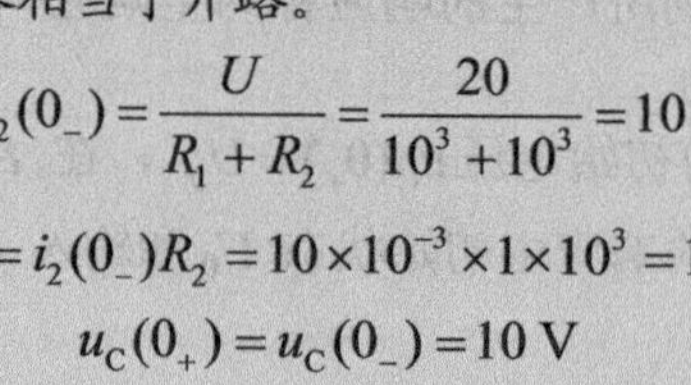

图 3.14　实例 3.7 图

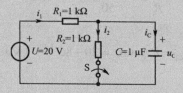

解　换路前电路处于稳态，电容相当于开路。

$$i_1(0_-) = i_2(0_-) = \frac{U}{R_1 + R_2} = \frac{20}{10^3 + 10^3} = 10\text{（mA）}$$

所以

$$u_C(0_-) = i_2(0_-)R_2 = 10 \times 10^{-3} \times 1 \times 10^3 = 10\text{（V）}$$

根据换路定则

$$u_C(0_+) = u_C(0_-) = 10\text{ V}$$

即初始条件

$$U_0 = 10\text{ V}$$

时间常数

$$\tau = R_1 C = 1 \times 10^3 \times 1 \times 10^{-6} = 1\text{（ms）}$$

可得

$$u_C = U_S + (U_0 - U_S)e^{-\frac{1}{\tau}t} = 20 + (10 - 20)e^{-\frac{1}{10^{-3}}t} = 20 - 10e^{-1\,000t}\text{（V）}$$

$$i_C = \frac{(U_S - U_0)}{R_1} e^{-\frac{1}{\tau}t} = \frac{(20-10)}{1000} e^{\frac{1}{10^{-3}}t} = 0.01e^{-1000t} \text{（A）}$$

画出 u_C 和 i_C 随时间变化的曲线如图 3.15 所示。

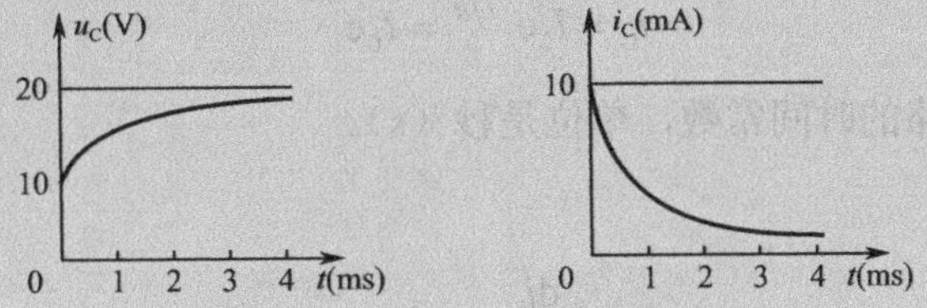

图 3.15　实例 3.7 中 u_C 和 i_C 随时间变化的曲线

思考题 13

1．当电路的结构发生变化时，是否一定发生过渡过程？试说明理由。

2．如图 3.16 所示 RC 电路，电容元件的电压初始值 $u_C(0_+) = 10\ \text{V}$，R=10 kΩ，t=0 时开关闭合，经 0.01 s 后，测得电流 i 为 0.736 mA，试问电容值 C 为多少？

3．电路如图 3.17 所示，试求开关闭合后电流 i 的表达式，并画出波形。

4．电路如图 3.18 所示，如果 $u_C(0_-)$ 分别等于 0 V、2 V、8 V，试分别求换路后的 u_C，并作出波形。

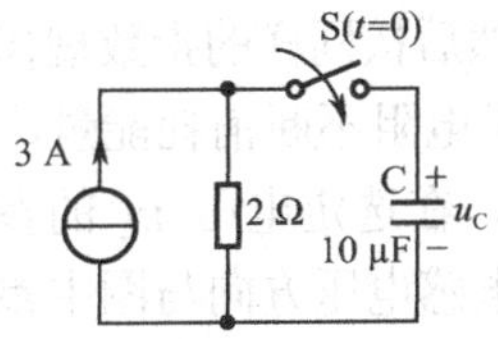

图 3.16　题 2 图

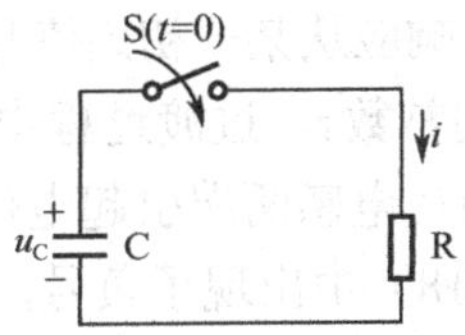

图 3.17　题 3 图

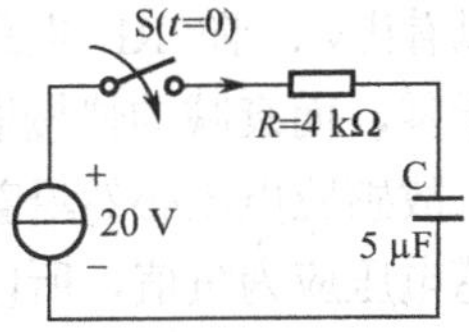

图 3.18　题 4 图

3.3　RL 电路的暂态分析

RL 电路的暂态分析可类似于 RC 电路的暂态分析来进行。

3.3.1　RL 电路的零输入响应

如图 3.19 所示的 RL 电路，开关 S 打开前电路已处于稳定状态，电感相当于短路，此时电感中的电流为 $i_L(0_-) = \frac{U_0}{R_0} = I_0$。设在 t=0 时将 S 打开，根据换路定则，电感电流的初始值为 $i_L(0_+) = i_L(0_-) = I_0$，则换路后电路中的各个响应均由电路的初始状态 $i_L(0_+)$ 引起，属于零输入响应。

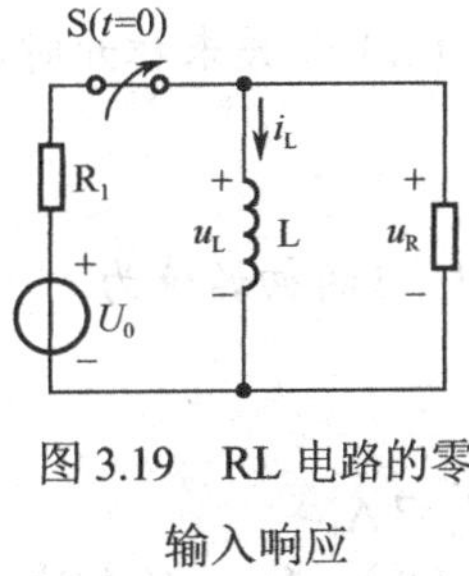

图 3.19　RL 电路的零输入响应

当 t≥0 时，根据 KVL 有

$$u_L = u_R = -i_L R$$

将 $u_L = L\frac{di_L}{dt}$ 代入上式就得到以 i_L 为变量的微分方程

$$\frac{L}{R}\frac{\mathrm{d}i_L}{\mathrm{d}t}+i_L=0 \tag{3.16}$$

式（3.16）是一阶常系数线性齐次微分方程。求解方程得到电感电流的表达式

$$i_L=I_0\mathrm{e}^{-\frac{t}{L/R}}=I_0\mathrm{e}^{-\frac{t}{\tau}} \tag{3.17}$$

式中，$\tau=\frac{L}{R}$是 RL 电路的时间常数，单位是秒（s）。

电感上的电压为

$$u_L=L\frac{\mathrm{d}i_L}{\mathrm{d}t}=-RI_0\mathrm{e}^{-\frac{t}{\tau}} \tag{3.18}$$

电感上电压和电流的波形如图 3.20 所示。

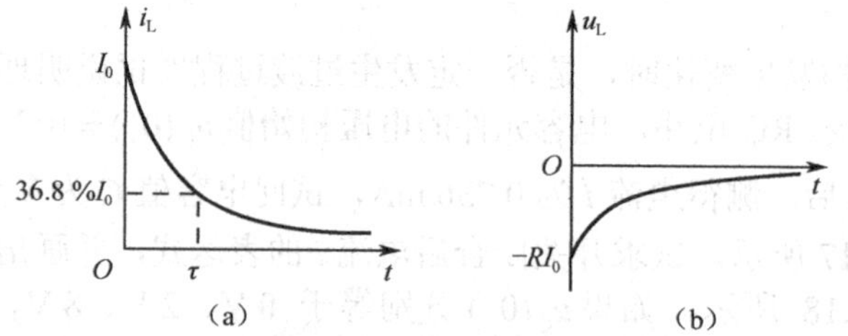

图 3.20　i_L、u_L 随时间变化的曲线

可以看出，一阶 RL 电路的零输入响应从某一初始值开始，然后按同样的指数规律衰减，最后趋于零，而衰减的快慢取决于时间常数τ。过渡过程中，由于电阻不断消耗能量，电流不断减少，故感应电压必然沿着电流方向在电感两端引起电位上升，在选定电压 u_L 的参考方向下，电感电压应为负值，所以在式（3.18）中出现了负号，说明电感电压方向与图中参考方向相反。RL 电路的过渡过程，实际上就是电感元件内所存储的磁场能量转变为热能的过程。

实例 3.8　如图 3.21 所示 RL 串联电路，已知 R=5 Ω，L=0.398 H，直流电源 U_S=35 V，伏特表量程为 50 V，内阻 r=50 kΩ。开关 S 为打开时，电路已处于稳定状态。在 t=0 时，拉开开关。求：（1）S 打开时短接的时间常数；（2）i 的初始值：（3）i 和 u_V 的表达式；（4）t=0 时伏特表两端电压。

解　（1）时间常数

$$\tau=\frac{L}{R}=\frac{0.398}{5\times10^3}=79.6\times10^{-6}\text{（s）}=79.6\text{（μs）}$$

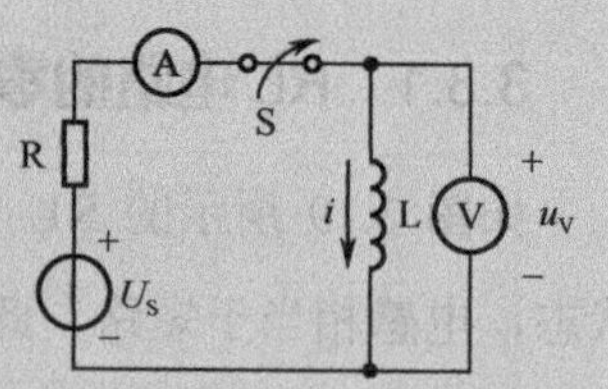

图 3.21　例 3.8 图

（2）开关未拉开时，电路已处于稳态

$$i(0_-)=\frac{U_S}{R}$$

所以，i 的初始值为

$$i(0_+)=i(0_-)=\frac{U_S}{R}=\frac{35}{5}=7\text{（A）}$$

即 I_0=7 A。

（3）i 和 u_V 的表达式为

$$i=I_0\mathrm{e}^{-\frac{1}{\tau}t}=7\mathrm{e}^{-12\,563t}\text{（A）}$$

$$u_V = -R_V I_0 e^{-\frac{1}{\tau}t} = -5\times10^3\times7e^{-12\,563t} = -35e^{-12\,563t}\ (\text{kV})$$

（4）t=0 时　　u_V=−35 kV

此例题中出现了过电压，电阻 R_V 越大，这个电压也就越大，这时伏特表要承受很高的电压，会导致伏特表损坏，所以断开 S 之前，必须先将伏特表拆除。

3.3.2　RL 电路的零状态响应

如图 3.22 所示的 RL 串联电路，开关 S 打开时，电感中无电流，设 t=0 时开关 S 闭合，由换路定则可知 $i_L(0_+) = i_L(0_-) = 0$，电路中的响应属于零状态响应。S 闭合后的电压方程为

$$u_R + u_L = U_S$$

因为

$$u_R = Ri_L，\ u_L = L\frac{di_L}{dt}$$

代入后得

$$L = \frac{di_L}{dt} + Ri_L = U_S$$

上式为一阶线性非齐次微分方程，求解方程得到电感电流的表达式为

$$i_L = \frac{U_S}{R}(1 - e^{-\frac{t}{L/R}}) = \frac{U_S}{R}e^{-\frac{t}{\tau}} \tag{3.19}$$

电感电压为

$$u_L = L\frac{di_L}{dt} = U_S e^{-\frac{t}{\tau}} \tag{3.20}$$

电压和电流的波形如图 3.23 所示。

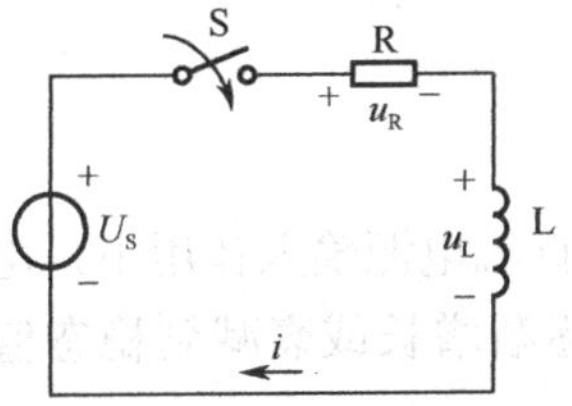

图 3.22　RL 电路的零状态响应

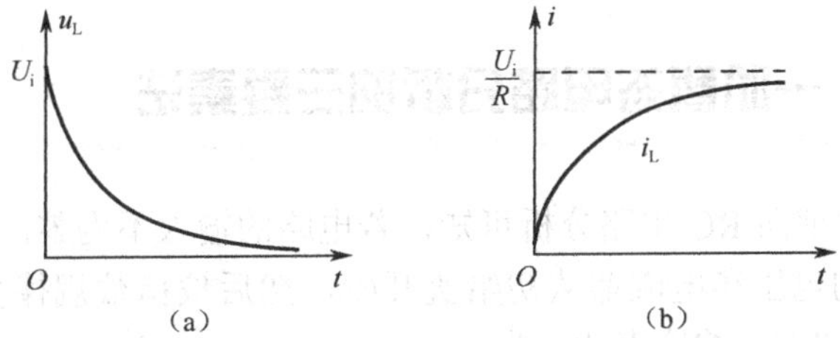

图 3.23　i_L、u_L 随时间变化的曲线

实例 3.9　在图 3.24（a）中，R_1=R_2=1 kΩ，L=20 mH，电流源 I_S=10 mA。当开关闭合后（$t\geqslant0$）求电流 i。

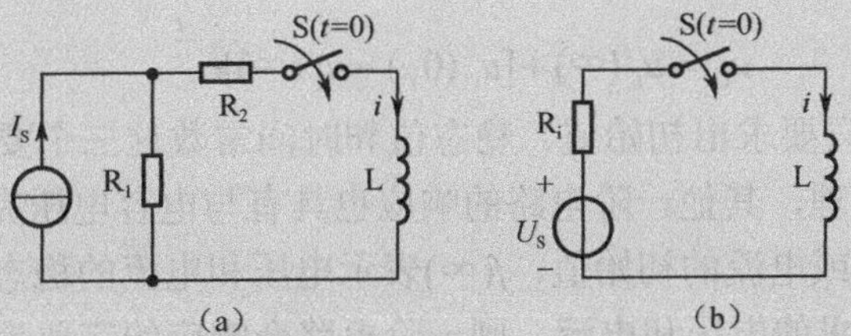

图 3.24　实例 3.9 图

解 应用戴维南定理，如图 3.24（a）所示电路可等效变换成图 3.24（b）

等效电阻 $R_i=R_1+R_2=2$（kΩ）

等效电压源 $U_S=I_SR_1=10$（V）

由等效电路可得电路的时间常数

$$\tau=\frac{L}{R_i}=\frac{20\times10^{-3}}{2\times10^{3}}=10\times10^{-6}\ \text{(s)}$$

于是根据式（3.19）可得

$$i=\frac{U_S}{R_i}(1-e^{-\frac{t}{\tau}})=\frac{10}{2\times10^{3}}(1-e^{-\frac{t}{10\times10^{-6}}})=5(1-e^{-10^5t})\ \text{V}$$

思考题 14

1．在 RL 串联电路中，R=20 Ω，L=0.4 H，通过稳定电流 20 A，试求 RL 短接后，经过 0.06 s 时，电流 i 的大小。

2．在 RL 串联电路中，t=0 时接通直流电电压为 100 V 的电源，R=100 Ω，L=0.5 mH，试求电流达到 9 A 所需经历的时间。

3．如图 3.25 所示电路，t=0 时开关 S 闭合，求：（1）$t\geqslant0$ 时的 $i_L(t)$、$u_R(t)$；（2）t=4 ms 时 $i_L(t)$的数值；（3）$i_L(t)$达到 0.27 A 时需要多长时间？

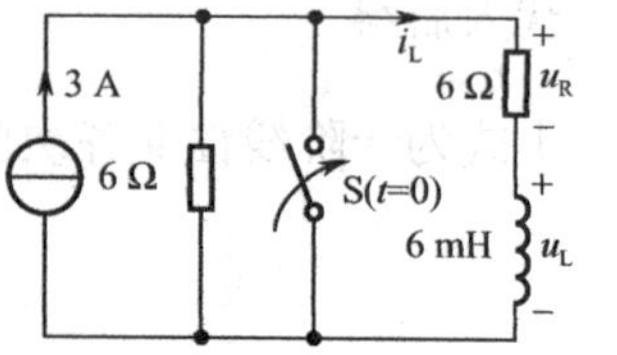

图 3.25 题 3 图

4．一个线圈的电感 L=0.1 H，通有直流 I=5 A，现将此线圈短路，经过 0.01 s 后，线圈中电流减小到初始值的 36.8%。试求线圈的电阻值 R。

3.4 一阶暂态电路分析的三要素法

由前面 RC 电路分析可知，若电路的输入不为零，并且在直流电源输入作用下，电路内各处的电压和电流都从初始值开始，然后按指数规律变化，逐渐增长或衰减到稳态值，则 RC 电路的全响应表达式为

$$u_C=U_S+(U_0-U_S)e^{-\frac{1}{\tau}t}$$

式中，当 $t=\infty$时，u_C 的稳态值为$u_C(\infty)=U_S$；当$t=0_+$时，u_C 的初始值为$u_C(0_+)=U_0$，则上式也可写成

$$u_C=u_C(\infty)+[u_C(0_+)-u_C(\infty)]e^{-\frac{t}{\tau}}\tag{3.21}$$

由上式可以看出，只要求出初始值、稳态值和时间常数这三个要素，代入式（3.21）就能确定 u_C 的表达式。同理，其他一阶电路的响应也具有与电容电压完全相同的形式。

假设 $f(0_+)$表示电压或电流的初始值，$f(\infty)$表示电压和电流的稳态值，τ表示电路的时间常数，$f(t)$表示电路中待求的电压和电流，则一阶电路全响应的三要素法通式为

$$f(t)=f(\infty)+[f(0_+)-f(\infty)]e^{-\frac{t}{\tau}}\tag{3.22}$$

由于零输入响应和零状态响应是全响应的特殊情况，因此式（3.22）适用于求一阶电路的任何一种响应，具有普遍适用性。初始值、稳态值和时间常数称为一阶电路的三要素，这种利用三个要素求解一阶电路电压或电流随时间变化的关系式的方法就是三要素法。

应用三要素法求解电路响应的关键是正确确定三个要素。

1. 初始值的确定

初始值 $f(0_+)$的方法已在本章 3.1 节介绍过。基本步骤是：先求换路前终了瞬间电容电压 $u_C(0_-)$和电感电流 $i_L(0_-)$值；然后根据换路定则确定初始值$u_C(0_+)=u_C(0_-)$，$i_L(0_+)=i_L(0_-)$；最后在换路瞬间的 0_+电路中求得其他电压或电流的初始值 $f(0_+)$。

2. 稳态值的确定

求稳态值的方法是作出$t=\infty$时的等效电路，将电容 C 看作开路，将电感看作短路，然后按照电阻性电路中介绍的方法求解。

3. 时间常数的确定

时间常数τ在同一电路中是一个值。对 RC 电路，时间常数为$\tau=RC$；对 RL 电路，时间常数为$\tau=\dfrac{L}{R}$。其中 R 应理解为在换路后的电路中所有独立源置零后接在储能元件（C 或 L）两端的等效电阻，即戴维南或诺顿等效电路中的等效电阻。

三要素法应用举例如下。

实例 3.10 如图 3.26（a）所示电路中，已知 U_S=12 V，R_1=1 kΩ，R_2=2 kΩ，C=10 μF。试用三要素法求开关 S 合上后 u_C、i_C 的表达式。

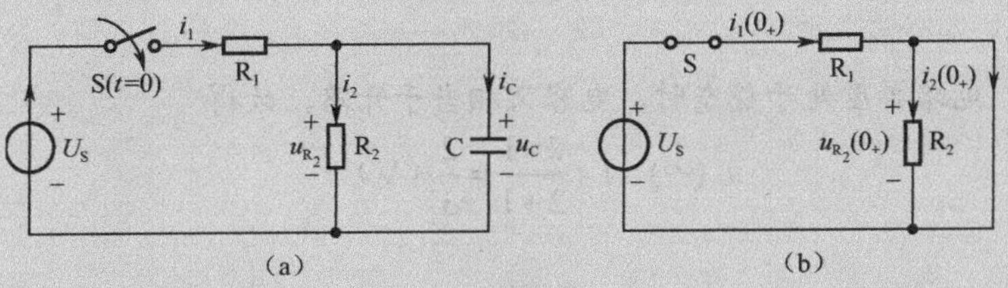

图 3.26　实例 3.10 图

解　电容上的电压属于零初始值 $f(t)$逐渐增长的情况。令 $f(0_+)$=0，则

$$f(t)=f(\infty)(1-e^{-\frac{t}{\tau}})$$

（1）求 $f(\infty)$，即求 $u_C(\infty)$。开关闭合后，电路处于稳态时，电容相当于

$$u_C(\infty)=\frac{U_S}{R_1+R_2}R_2=\frac{12}{(1+2)\times10^3}\times2\times10^3=8\ (\text{V})$$

（2）求时间常数τ。

开关闭合后，从电容两端看进去的入端电阻为 R_1 与 R_2 的并联电阻，故

$$\tau=\frac{R_1R_2}{R_1+R_2}C=\frac{1\times10^3\times2\times10^3}{(1+2)\times10^3}\times10\times10^{-6}=\frac{2}{3}\times10^{-2}\ (\text{s})$$

所以
$$u_C(t)=8(1-e^{\frac{1}{\frac{2}{3}\times10^{-2}}})=8(1-e^{-150t})\ \text{V}$$

电路中电流 i_C 属于 $f(t)$ 逐渐衰减至零的情况。令 $f(\infty)=0$，则

$$f(t)=f(0_+)e^{-\frac{t}{\tau}}$$

已知 $u_C(0_+)=u_C(0_-)=0$，即 R_2 的两端电压初始值为零，所以 $i_2(0_+)=0$

开关刚闭合时，电容可以视为短路，等效电路图如图 3.26（b）所示，因此可得

$$i_1(0_+)=\frac{U_S}{R}=\frac{12}{1\times10^3}=12\times10^{-3}=12\text{（mA）}$$

$$i_C(0_+)=i_1(0_+)-i_2(0_+)=12\text{（mA）}$$

由通式可知 $$i_C(t)=i_C(0_+)e^{-\frac{t}{\tau}}=12e^{-150t}\text{（mA）}$$

实例 3.11 电路如图 3.27 所示，电路处于稳态，在 t=0 时，开关 S 闭合，求 u_C 与 i_C 的表达式并画出曲线。

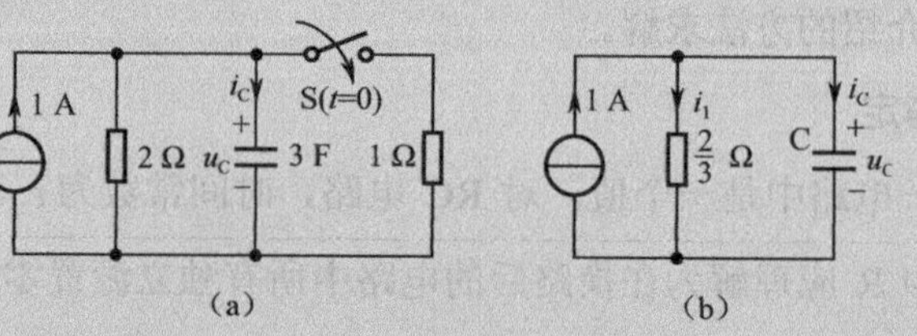

图 3.27 实例 3.11 图

解 （1）求 $u_C(0_+)$。

开关未闭合前（t<0），电路处于稳态，电容相当于开路，所以

$$u_C(0_-)=2\times1=2\text{（V）}$$

根据换路定律

$$u_C(0_+)=u_C(0_-)=2\text{（V）}$$

（2）求 $u_C(\infty)$。

开关闭合后，电路再度处于稳态时，电容又相当于开路，故得

$$u_C(\infty)=1\times\frac{2\times1}{2+1}=\frac{2}{3}\text{（V）}$$

（3）求 τ。

开关闭合后，根据从电容两端看进去的诺顿等效电路图 3.27（b）可知，等效电阻为 1 Ω与 2 Ω电阻的并联值，即 $\frac{2}{3}\Omega$，故得

$$\tau=\frac{2}{3}\times3=2\text{（s）}$$

将上述数据代入通式 $$u_C(t)=u(\infty)+[u(0_+)-u(\infty)]\,e^{-\frac{t}{\tau}}$$

得 $$u_C(t)=\frac{2}{3}+\left(2-\frac{2}{3}\right)e^{-\frac{t}{2}}\text{（V）}$$

下面来求电容支路电流 i_C。

由前面可知时间常数 τ=2 s，又知换路后电容电流稳态值 $i_C(\infty)=0$。

开关闭合时，前面求出 $u_C(0_+)$=2 V。由图 3.27（b）可知

$$i_C(0_+)=1-i_1(0_+)=1-\frac{u_C(0_+)}{2/3}=-2\text{（A）},\quad i_C(t)=-2e^{-\frac{t}{2}}\text{（A）}$$

u_C和i_C的曲线如图 3.28 所示。

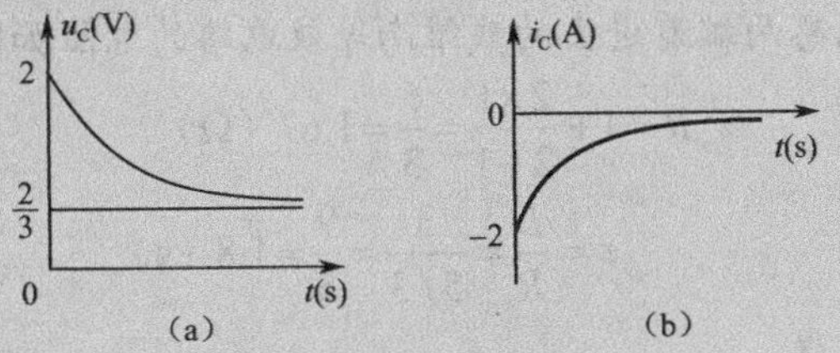

图 3.28　u_C和i_C随时间变化的曲线

实例 3.12　如图 3.29 所示电路已处于稳态，在 t=0 时，开关由 a 扳向 b。试画出 $i(t)$和 $i_L(t)$的波形图，并写出解析式。

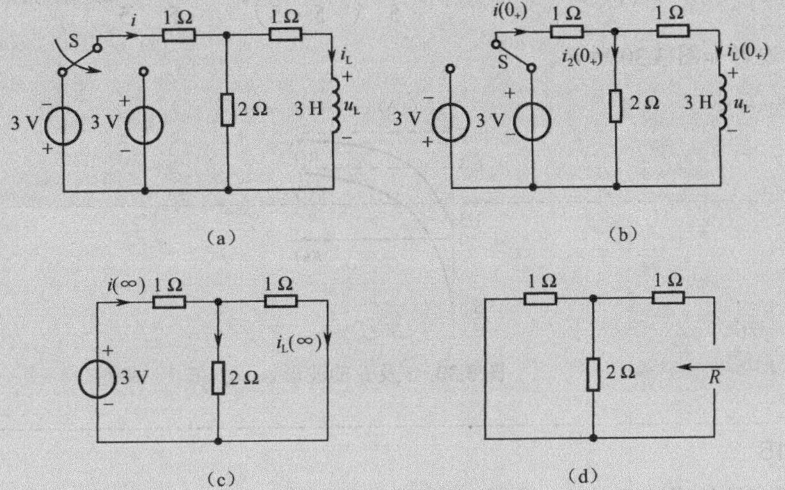

图 3.29　实例 3.12 图

解　（1）求 $i(0_+)$和 $i_L(0_+)$。

换路前电路已经处于稳态，电感相当于短路，故得

$$i_L(0_-)=-\frac{3}{1+\frac{1\times2}{1+2}}\times\frac{2}{1+2}=-\frac{6}{5}\text{（A）},\quad i_L(0_+)=i_L(0_-)=-\frac{6}{5}\text{（A）}$$

当 $t=0_+$时，电路如图 3.29（b）所示。由基尔霍夫电流定律可得，2 Ω电阻中的电流为

$$i_2(0_+)=i(0_+)-i_L(0_+)$$

由基尔霍夫电压定律可知，1 Ω电阻上的压降加 2 Ω电阻上的压降等于外电路电压，即

$$1\times i(0_+)+2[i(0_+)-i_L(0_+)]=3$$

将 $i_L(0_+)$的值代入得

$$3i(0_+)+2\times\frac{6}{5}=3,\quad i(0_+)=0.2\text{ A}$$

（2）求 $i(\infty)$和 $i_L(\infty)$。

当 $t=\infty$时，电感相当于短路，电路如图 3.29（c）所示。

$$i(\infty)=\frac{3}{1+\frac{1\times2}{1+2}}=\frac{9}{5}=1.8\text{（A）},\quad i_L(\infty)=\frac{9}{5}\times\frac{2}{1+2}=1.2\text{（A）}$$

（3）求τ。

开关扳向b后，从电感两端看进去的戴维南等效电路的电阻如图3.29（d）所示。

$$R = 1 + \frac{2\times 1}{2+1} = \frac{5}{3} = 1.67\ (\Omega)$$

从而

$$\tau = \frac{L}{R} = \frac{3}{5/3} = \frac{9}{5} = 1.8\ (\text{s})$$

代入三要素法通式，得

$$i(t) = i(\infty) + [i(0_+) - i(\infty)]e^{-\frac{t}{\tau}} = \frac{9}{5} + \left(\frac{1}{5} - \frac{9}{5}\right)e^{-\frac{5}{9}t} = \frac{9}{5} - \frac{8}{5}e^{-\frac{5}{9}t}\ (\text{A})$$

$$i_L(t) = i_L(\infty) + [i_L(0_+) - i_L(\infty)]e^{-\frac{t}{\tau}} = \frac{6}{5} + \left(-\frac{6}{5} - \frac{6}{5}\right)e^{-\frac{5}{9}t} = \frac{6}{5} - \frac{12}{5}e^{-\frac{5}{9}t}\ (\text{A})$$

i及i_L的波形如图3.30所示。

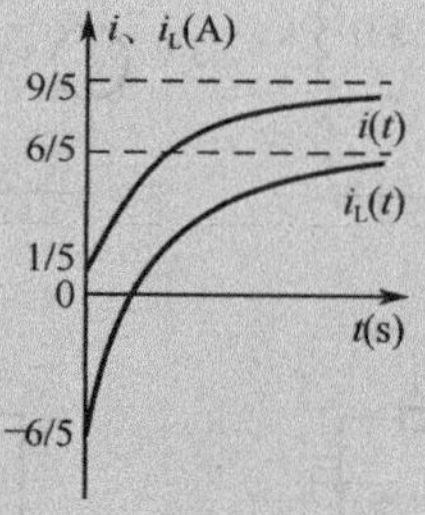

图3.30　i及i_L的波形

思考题15

1．三要素法的通式是什么？每个要素的含义是什么？三要素法的使用条件是什么？

2．试求如图3.31所示各电路的时间常数。

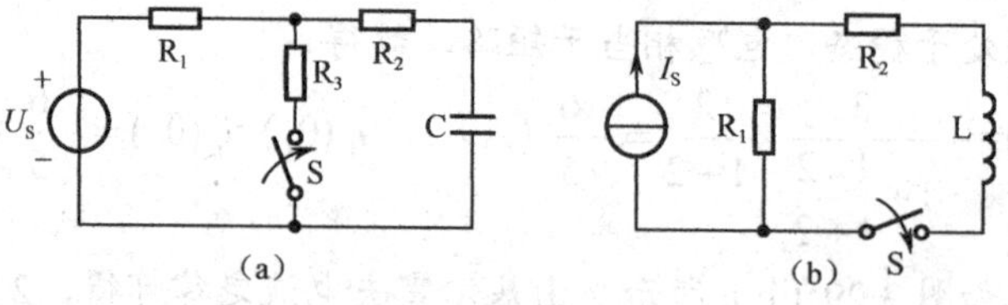

图3.31　题2图

3．试用三要素法写出如图3.32所示指数曲线的u_C表达式。

4．如图3.33所示电路中，开关S原为闭合，电路已经稳定，已知$R_1=R_2=1\ \text{k}\Omega$，$U_S=10\ \text{V}$，$C=10\ \mu\text{F}$，求开关S打开后$u_C$、$i_C$的表达式。

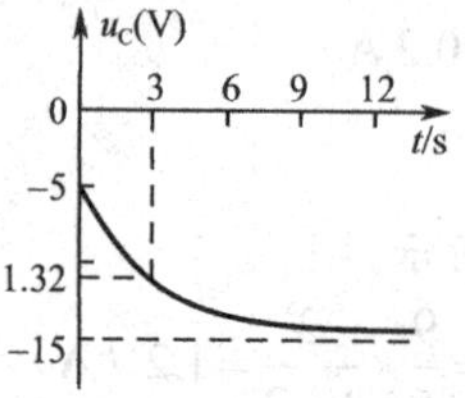

图3.32　题3图

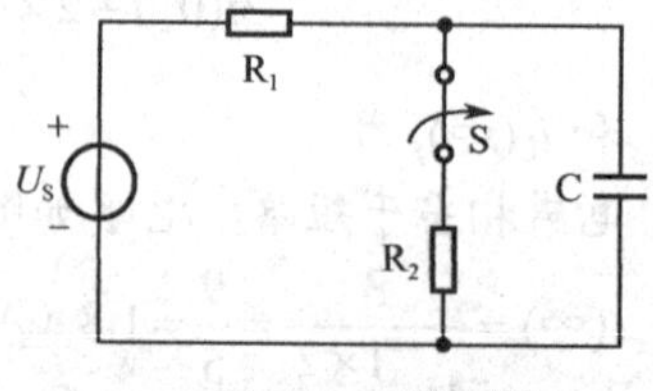

图3.33　题4图

3.5　RC 一阶电路响应的测试

3.5.1　过渡过程的观测

当电路的过渡过程很快时，要记录电流的变化过程就比较困难，此时可以使用示波器来观测电路的响应。电路如图 3.34 所示，将周期性的方波电压加于 RC 电路中，当方波电压的幅度上升为 U 时，相当于一个直流电压源 U 对电容 C 充电，当方波电压下降为零时，相当于电容 C 又对电阻 R 放电，只要选择方波的重复周期远大于电路的时间常数τ，电路在这样的方波序列脉冲信号的激励下，它的影响和直流电源接通与断开的过渡过程是基本相同的。此时可以通过示波器观测到 RC 电路充放电变化的全过程。如图 3.35（a）和（b）所示为方波电压与电容电压的波形图，如图 3.35（c）所示为电流 i 的波形图，它与电阻电压 U_R 的波形相似。

选 R=5 kΩ、C=0.02 μF，取样电阻 r=100 Ω。调节方波输出电压为 5 V，频率 f=1 kHz，用双踪示波器 CH1 观测电容电压 u_C 的波形，CH2 观测取样电阻 r 的电压波形，实际上是观测电流 i_C 的波形。

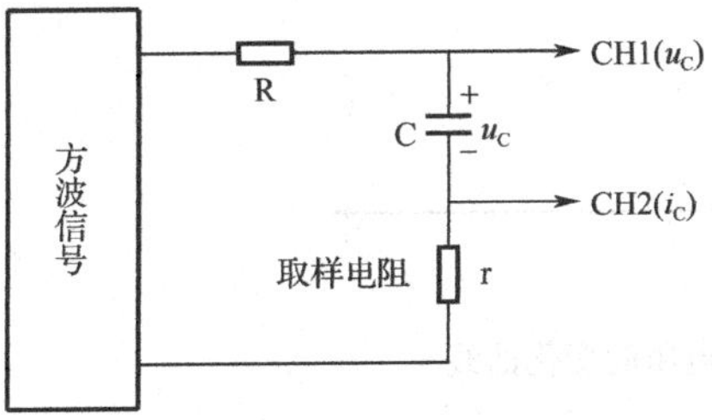

图 3.34　RC 串联电路过渡过程的观测

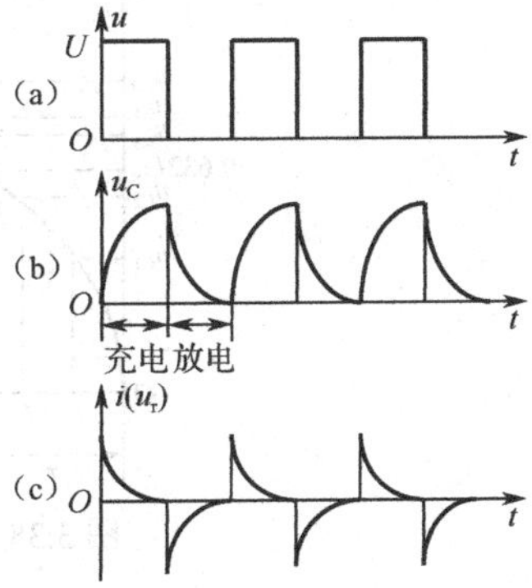

图 3.35　RC 充放电电路的电流和电压波形

3.5.2　时间常数τ值的测定

RC 电路的时间常数 $\tau = RC$，τ 的大小决定电路过渡过程的快慢。若电路的时间常数足够大，过渡过程进行得比较缓慢，这样就可以利用秒表、微安表和电压表来记录电流和电压随时间变化的过程，从而作出电流与电压的响应曲线图。

方法一：电路如图 3.36 所示。当τ值较小即过渡过程很快时，通常采用信号发生器输出的方波来模拟激励信号，用示波器测得零状态响应和零输入响应的波形，如图 3.37 所示。当 $t=\tau$ 时，$u_C(\tau)$=0.368U_0，此时所对应的时间就等于τ。也可用零状态响应波形增长到 0.632U_S 所对应的时间测得τ值。

选 R=100 kΩ、C=1 000 μF，调节直流稳压电源输出电压为 5 V 左右，使电路稳定电流 I_0 为 50 μA。将开关 S 合向“2”位置，同时读取秒表（t=0）指示值，读取 I_0 为 50 μA 即第一组数据（t_0,i_0）；让微安表指针指到某个预定值时，读取秒表指示值，得到第二组数据（t_1,i_1）。重复此方法，可获得 6～8 个点，即可作出 RC 电路的放电电流曲线。时间常数τ可由曲线上求得。将测量数据记入表 3.1 中。

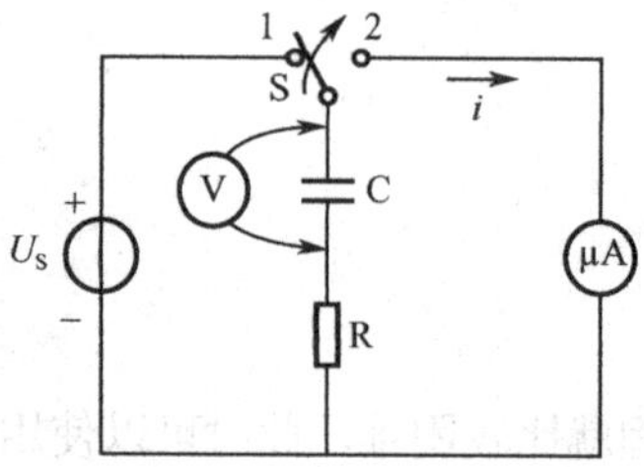

图 3.36　RC 充放电电路

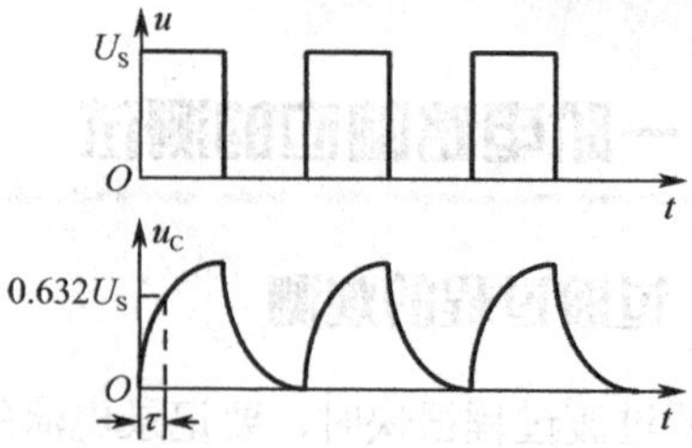

图 3.37　RC 充放电电路的电压波形

表 3.1　测量数据

I（μA）/（放电）	50.0					5.0	τ=　（s）
t（s）							

方法二：电路如图 3.36 所示。当τ值足够大即过渡过程较缓慢时，用直流稳压电源提供一个直流信号，再利用秒表、微安表和电压表来记录电流和电压随时间变化的过程，从而作出电流与电压的响应曲线图，如图 3.38 所示。

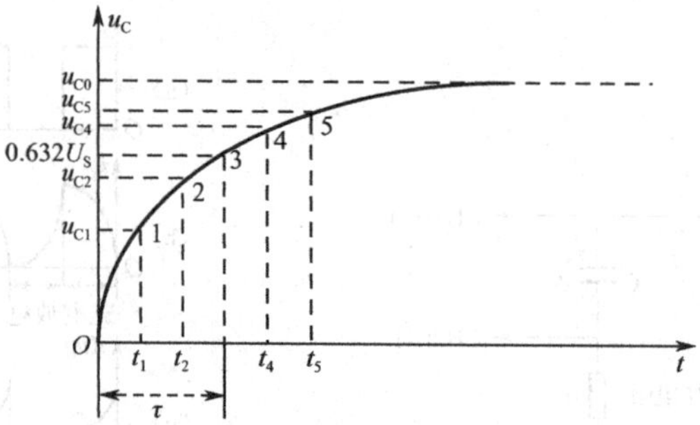

图 3.38　RC 充电时电压的变化曲线

选 R=30 kΩ，C=1 000 μF，调节直流稳压电源输出电压为 10 V 左右，选择万用表直流电压挡将表笔并接在电容 C 的两端（注意：接前首先用导线将电容 C 短接放电，以确保电容的初始电压为零），将开关 S 合向“1”位置，同时用秒表计时，读取不同时刻的电容 u_C 电压值。如当秒表为 10 s 时，读取电容电压 u_{C1}，即为第一组数据（t_1，u_{c1}）。重复此方法，可获得 6～8 个点，即可作出 RC 电路的充电电压曲线。时间常数可由曲线上求得。将测量数据记入表 3.2 中。

表 3.2　测试结果

t（s）	0	10	20	25	30	35	50	80	τ=　（s）
u_C（V）（充电）									

3.5.3　分析 RC 电路充放电过程中电流和电压的变化规律

用表 3.1 和表 3.2 的数据绘制出 RC 电路充放电过程中电流和电压的变化曲线图，由曲线图分析 RC 电路充放电过程中电流和电压的变化规律。

3.5.4 观察参数对过渡过程的影响

（1）保持$\tau=10^{-4}$ s 不变，R 调为 10 kΩ，C=0.01 μF，观察电路参数的改变对充放电波形的影响。将波形填入表 3.3 中。

表 3.3 保持$\tau=10^{-4}$ s 不变，改变 R 和 C 值，观察其波形

原参数	R=5 kΩ	C=0.02 μF	变参数	R=10 kΩ	C=0.01 μF
原波形			变后波形		
比较分析					

（2）保持 C 值不变，改变 R 值，观察电路参数的改变对充放电波形的影响。将波形填入表 3.4 中。

表 3.4 观察改变参数 R 对充放电波形的影响

原参数	R=1 kΩ	C=0.3 μF	变参数	R=30 Ω	R=30 kΩ
原波形			变后波形		
比较分析					

（3）保持 R 值不变，改变 C 值，观察电路参数的改变对充放电波形的影响。将波形填入表 3.5 中。

表 3.5 观察改变参数 C 对充放电波形的影响

原参数	R=100 Ω	C=0.3 μF	变参数	C=10 μF	C=470 μF
原波形			变后波形		
比较分析					

本章小结

本章分析了线性动态电路由一种稳定状态到新的稳定状态的动态过程。

1. 过渡过程

在直流激励下，一阶电路的过渡过程是：电路中的电流和电压由初始值向新的稳态过渡，且按指数规律增长或衰减，趋向新的稳态值。电路过渡过程的速率与时间常数紧密相关。

2. 换路定律

引起过渡过程的电路变化称为换路。由于电路含储能元件电感和电容，其能量不能跃变，所以电容电压和电感电流不能跃变，即

$$u_C(0_+)=u_C(0_-) \qquad i_L(0_+)=i_L(0_-)$$

用换路定律可以求出一阶电路的初始值。

3. 一阶电路的三要素法

（1）一阶电路为仅含一个储能元件的电路。在直流激励下，其电路性质用一阶微分方程描述，在任何瞬间，电流和电压的瞬时值受基尔霍夫定律制约。

（2）一阶电路的全响应。

全响应=零状态响应+零输入响应

全响应=稳态分量+暂态分量

一阶电路在直流激励下的零状态响应和零输入响应都视为全响应的特例。

（3）一阶电路的三要素法。设 $f(0_+)$表示电压或电流的初始值，$f(\infty)$表示电压和电流的稳态值，τ 表示电路的时间常数，$f(t)$表示电路中待求的电压和电流，一阶电路全响应的三要素法通式为

$$f(t)=f(\infty)+[f(0_+)-f(\infty)]\mathrm{e}^{-\frac{t}{\tau}}$$

习题 3

3.1　如题图 3.1 所示电路，U_S=10 V，R_1=2 kΩ，R_2=3 kΩ，C=4 μF，试求开关 S 打开的瞬间的初始值 $u_C(0_+)$、$i_C(0_+)$、$u_{R1}(0_+)$各为多少？

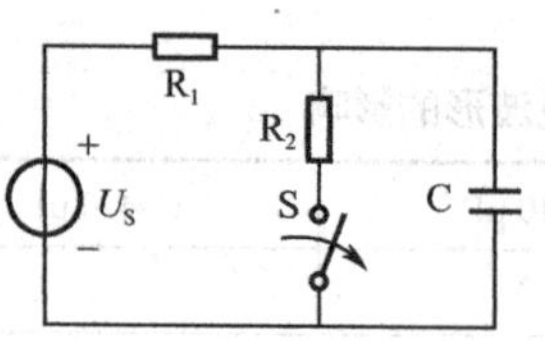

题图 3.1

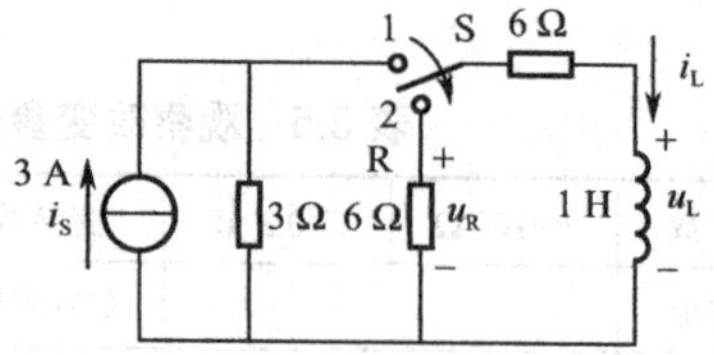

题图 3.2

3.2　如题图 3.2 所示电路，t<0 时电路已稳定，t=0 时开关由 1 扳向 2，求 $i_L(0_+)$、$u_L(0_+)$和 $u_R(0_+)$。

3.3　如题图 3.3 所示电路，t=0 时开关闭合。已知 $u_C(0_-)$=4 V，求 $i_C(0_+)$和 $u_R(0_+)$。

3.4　如题图 3.4 所示电路，开关闭合前电路已达稳态。t=0 时开关闭合，求初始值 $i_L(0_+)$和 $u_L(0_+)$。

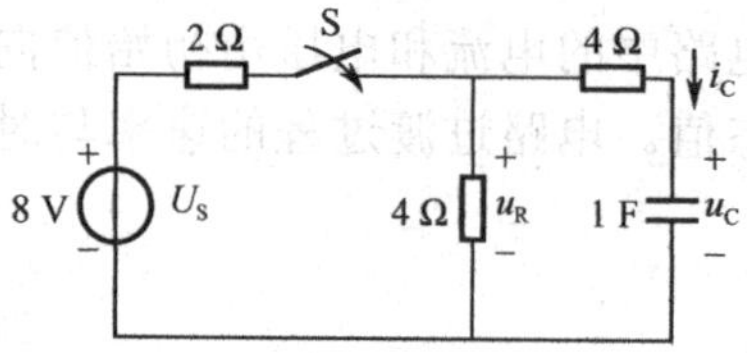

题图 3.3

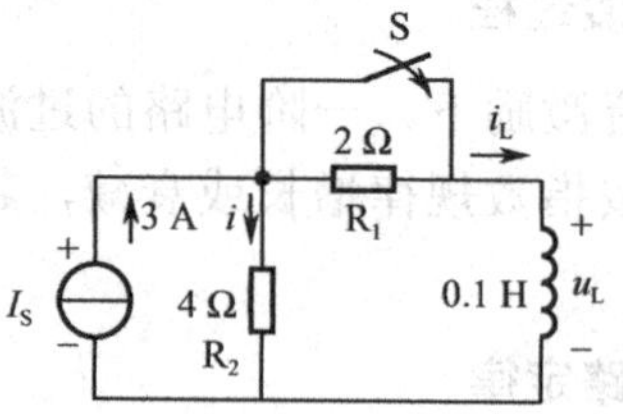

题图 3.4

3.5　电容充电电路如题图 3.5 所示，求充电过程中的电容电压 u_C，作出其波形图。

3.6　如题图 3.6 所示电路，已知 $t\geqslant 0$ 时电流源作用于电路，$u_C(0)=0$，求 $t\geqslant 0$ 时的 $i(t)$。

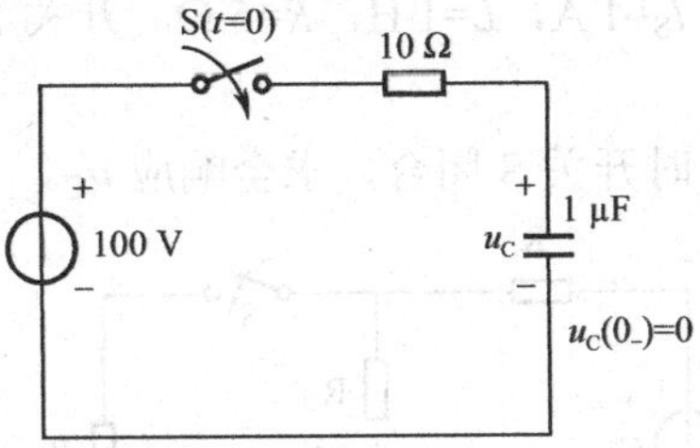

题图 3.5

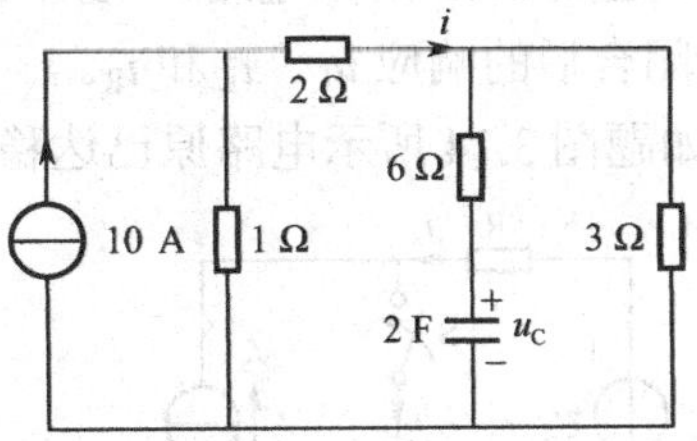

题图 3.6

3.7　如题图 3.7 所示电路，t=0 时开关闭合，闭合前电路处于稳态，求 $t \geqslant 0$ 时的 $u(t)$，并画出其波形。

3.8　如题图 3.8 所示电路原已达稳态，t=0 时开关 S 闭合，求全响应 $u_C(t)$。

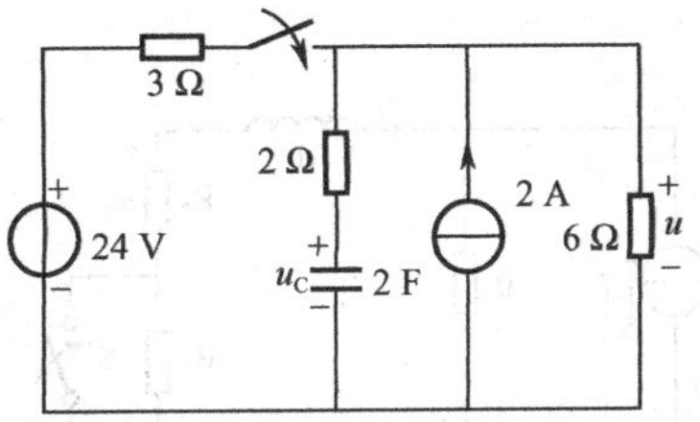

题图 3.7

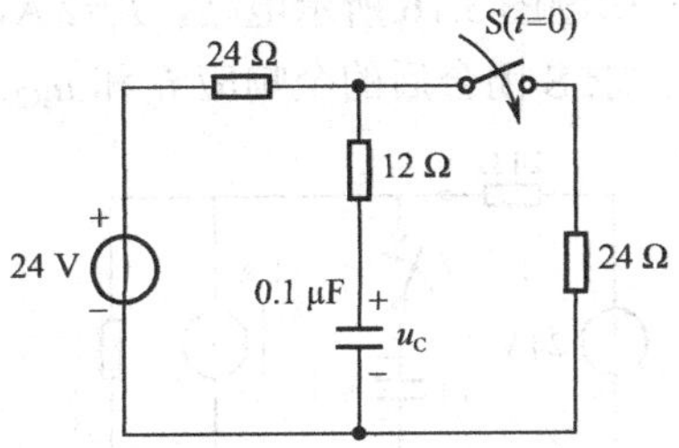

题图 3.8

3.9　如题图 3.9 所示电路，t=0 时开关打开，打开前电路处于稳态，求打开后的电流 $i(t)$。

3.10　如题图 3.10 示电路，t=0 时开关闭合，闭合前电路处于稳态，求开关闭合后的零状态响应 i_L。

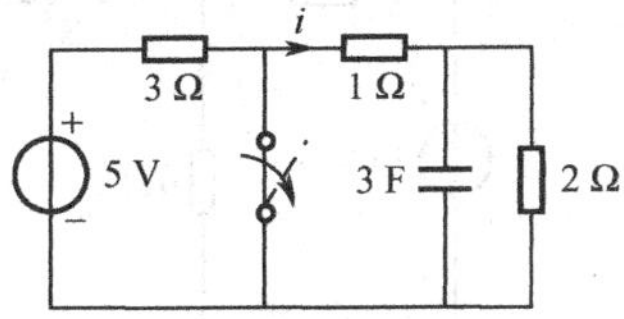

题图 3.9

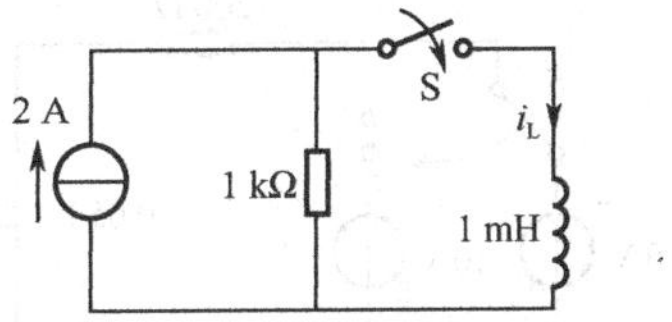

题图 3.10

3.11　在如题图 3.11 所示电路中，R_1=3 kΩ，R_2=6 kΩ，C=1 μF。开关 S 原接于 a 端，t=0 时突然换接于 b 端，此时 $u_C(0)=12$ V，求 $t \geqslant 0$ 的响应 u_C、i_1、i_2，并作出各波形图。

3.12　在如题图 3.12 所示电路中，R_1=5 kΩ，R_2=10 kΩ，L=0.1 H。开关 S 在 t=0 时突然闭合，闭合前 $i_L(0_-)=1.6$ A。求 S 闭合后的响应 u_L、i_L 和 u_{R2}。

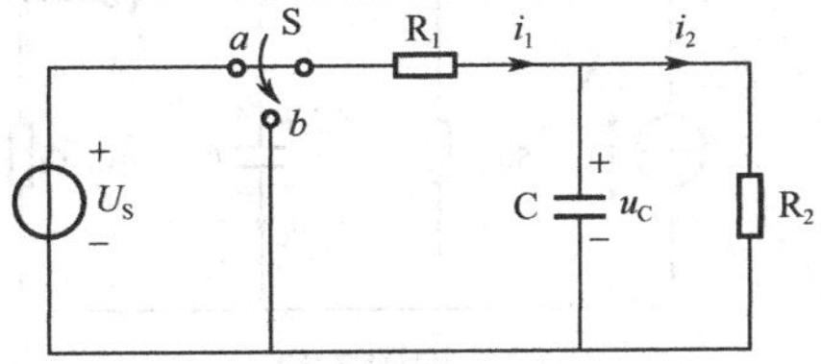

题图 3.11

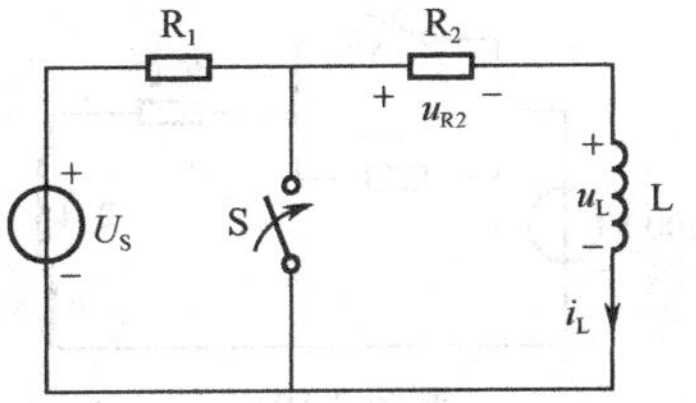

题图 3.12

3.13　如题图 3.13 所示电路，已知 U_S=5 V，I_S=1 A，L=1 H，R=5 Ω。开关 S 在 t=0 时闭合，求 S 闭合后的响应 u_L、i_L 和 i_R。

3.14　如题图 3.14 所示电路原已达稳态，t=0 时开关 S 闭合，求全响应 u_C。

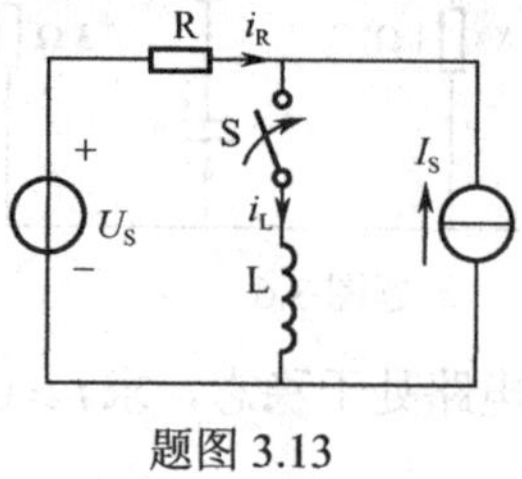

题图 3.13

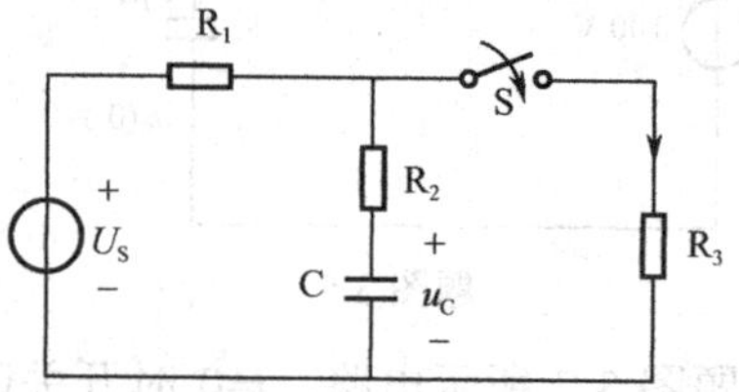

题图 3.14

3.15　如题图 3.15 所示电路原已达稳态，t=0 时开关 S 闭合。求电路的响应 u_C 和 i。

3.16　如题图 3.16 所示电路，I_S=2 A，R_1=4 Ω，R_2=6 Ω，R_3=10 Ω，L=1 H，且 S 闭合前处于稳态。求 S 闭合后的全响应 i_L 和 u_{R2}。

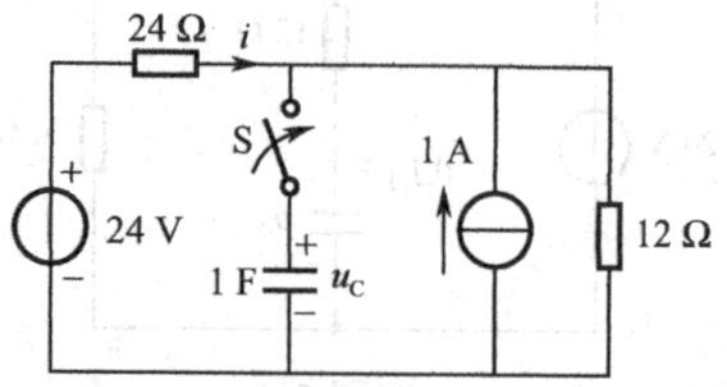

题图 3.15

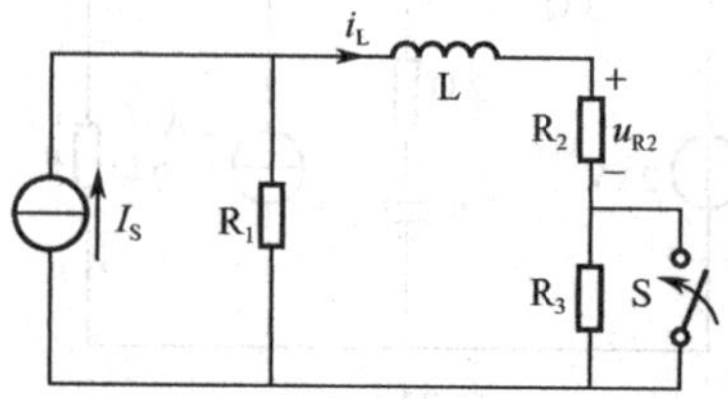

题图 3.16

3.17　如题图 3.17 所示电路，开关 S 接于 a 端时，电容被充电并达稳态值，t=0 时开关 S 换接于 b 端，求：（1）全响应 u_C；（2）电容电压达到零值时所需的时间。

3.18　如题图 3.18 所示电路原已达稳态，t=0 时开关 S 闭合。求 S 闭合后的响应 i_L 和 i。

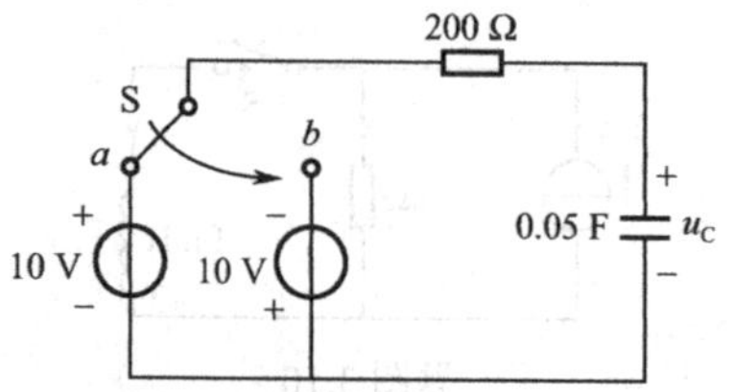

题图 3.17

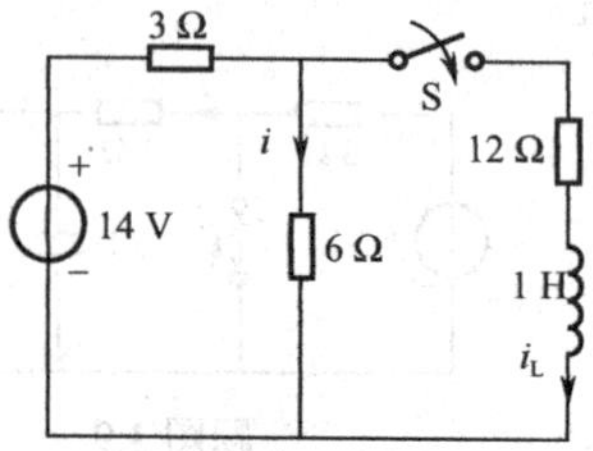

题图 3.18

3.19　发电机励磁电路如题图 3.19 所示，假设开关 S 闭合前电路已达到稳态，求 S 闭合后的励磁电流 i_L。

3.20　如题图 3.20 所示电路原已达稳态，开关 S 在 t=0 时闭合，求电容电压 u_C。

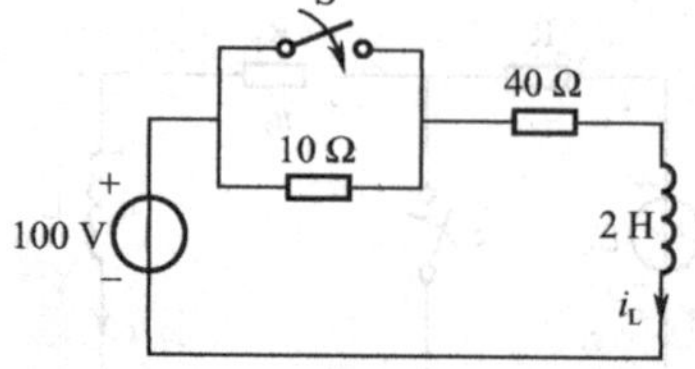

题图 3.19

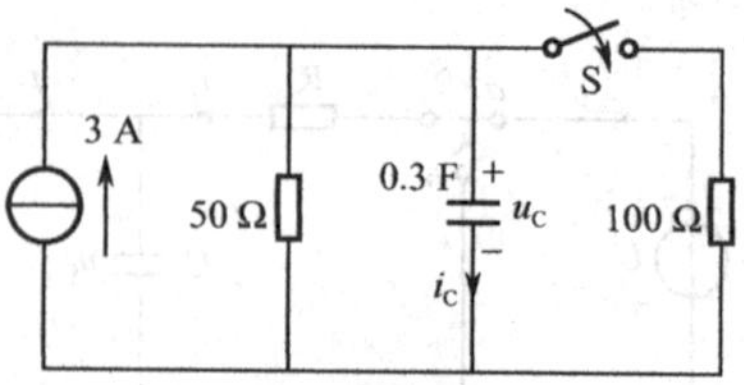

题图 3.20

第二部分　正弦交流电路的分析与测量

知识目标

★理解正弦交流电路的基本概念，掌握正弦量的相量表示法；

★掌握电阻、电容、电感元件相量形式的伏安关系；

★掌握相量形式的基尔霍夫定律，能用相量法分析 RLC 串联电路；

★理解三相电路的基本概念，掌握三相电源和负载的连接方法；

★掌握三相对称电路的分析计算方法；

★掌握理想变压器及其基本特性。

技能目标

★掌握交流数字毫伏表、函数信号发生器和数字示波器的使用；

★掌握功率计测量交流电路有功功率的方法。

第4章 正弦稳态电路与相量分析

在前面讨论的电路中，其激励主要是常量，从本章开始，将分析线性电路在正弦激励下的稳态响应问题，即正弦交流电路的稳态分析。

4.1 正弦交流电路的基本概念

在现代工农业生产和日常生活中，广泛使用交流电。如图 4.1 所示为几种交流电压和电流的波形图。电压和电流的大小和方向随时间按一定规律周期性变化，称为交变电压和交变电流，简称为交流电或交流量。在交流电中应用最广泛的是正弦交流电，如图 4.1（c）所示。

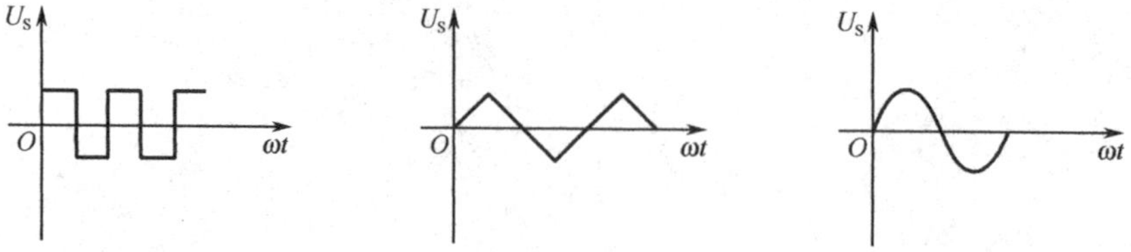

（a）方波　　（b）三角波　　（c）正弦波

图 4.1　常见交流电压和电流波形图

正弦量是指随时间按正弦规律变化的电动势、电压和电流。

正弦量是人们广泛接触的，在发电厂中，交流发电机产生的是正弦电压，电力系统中大多数电路都是正弦稳态电路；常用的音频信号发生器输出信号是正弦信号；无线电通信及电视广播中采用的“高频载波”也是正弦波。由于借助傅里叶级数，可以把周期性信号分解为一系列不同频率正弦波的叠加，因此正弦稳态分析又是非正弦稳态分析的基础。可见，正弦稳态分析具有广泛的理论及实际意义。

由于正弦量大小和方向随时间不断变化，因此在分析交流电路时，必须选定正弦量的某一方向为参考方向，之后才能应用公式得到它们在任一瞬间的大小和实际方向。如图 4.2 所示，我们用实线箭头表示所选定的参考方向，用虚线箭头表示某一瞬间的实际方向。当某一瞬间交流量的实际方向与所选定的参考方向一致时，这一瞬间交流量的值就是正的，反之就是负的。

与直流电路相同，当某段电路上电压和电流的参考方向一致时，称为关联的参考方向，否则称为非关联的参考方向。当然，在交流电路中，我们习惯仍取电流、电压为关联的参考方向。

4.1.1　正弦量的三要素

正弦量在任一瞬间的值称为瞬时值。现以正弦电流为例，其参考方向和波形如图 4.3 所示，其函数关系式为

$$i = I_{\mathrm{m}}\sin(\omega t + \varphi_{\mathrm{i}}) \tag{4.1}$$

上式表示正弦电流的瞬时值，故称此式为瞬时值表达式。注意，瞬时值在书写上都用小写字母表示，如 i、u、p 分别表示电流、电压和功率的瞬时值。

在式（4.1）中，I_{m} 为电流的振幅或最大值；ω 为角频率；$\omega t + \varphi_{\mathrm{i}}$ 称为相位角或相位，φ_{i} 为 t=0 时的相位角，称为初相角或初相位。

可见，确定一个正弦量必须具备三个要素，即振幅值，角频率和初相位，也就是说知道了正弦量的三个要素，一个正弦量就可以完全确定地描述出来了。

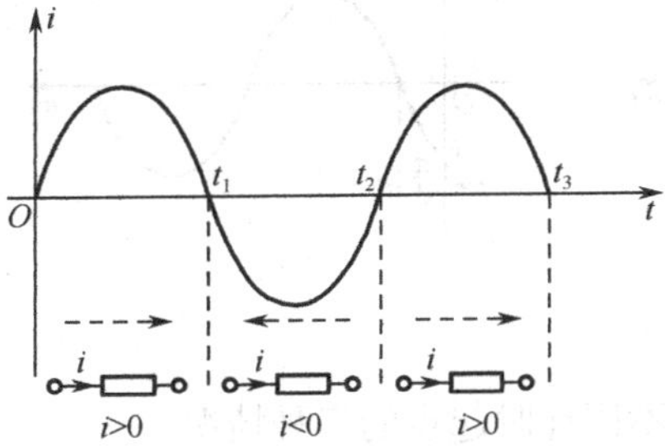

图 4.2　正弦量的参考方向

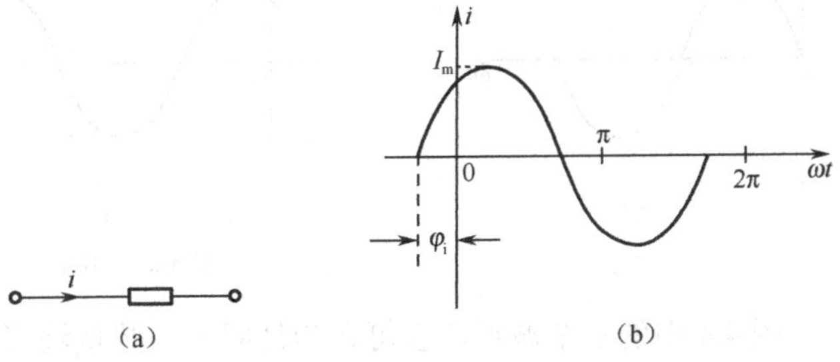

图 4.3　正弦电流的波形

1. 振幅值（最大值）

正弦量瞬时值中的最大值叫振幅值，用大写字母 U_{m}、I_{m}、E_{m} 等表示。振幅值反映了正弦量振动的幅度，应为正值。

2. 角频率

角频率 ω 表示在单位时间内正弦量所经历的电角度。即

$$\omega = \frac{\alpha}{t}$$

式中，ω 的单位为弧度/秒，用符号 rad/s 表示。

正弦函数的周期 T、频率 f、角频率 ω 的关系为

$$\omega=\frac{2\pi}{T}=2\pi f \tag{4.2}$$

例如，工频电信号的ω值为$\omega=2\pi f=314\ \text{rad/s}$。

3. 相位与初相位

$(\omega t+\varphi)$这个角度是随时间变化的，正弦量任一时刻的瞬时值及其变化趋势（增大或减小），均与角度$(\omega t+\varphi)$有关，这个角度称为正弦量的相位或相位角。相位是表示正弦量在某一时刻所处的状态的物理量，它不仅确定瞬时值的大小和方向，还能表示出正弦量变化的趋势。

用正弦函数表示正弦波形时，把波形图上原点前后$\pm\frac{T}{2}$（或±π）内曲线由负变正经过零值的那一点称为正弦波的起点。初相位φ就是波形起点到坐标原点的角度，简称初相。正弦量的初相确定了正弦量在计时起点（在时间轴上，$t=0$的点）的瞬时值（又叫初值），反映了正弦量在计时起点的状态。规定φ的取值范围为$|\varphi|\leqslant\pi$，即$-180°\leqslant\varphi\leqslant180°$。相位与初相通常需用弧度表示，但工程上也允许用度来表示。

正弦量的相位和初相都和计时起点的选择有关，计时起点选择不同，相位和初相都不同。

（1）若波形起点与计时起点重合，则初相为零（如图 4.4（a）所示）。

（2）若波形起点在计时起点的左侧，则$\varphi>0$，初相为正（如图 4.4（b）所示）。

（3）若波形起点在计时起点的右侧，则$\varphi<0$，初相为负（如图 4.4（c）所示）。

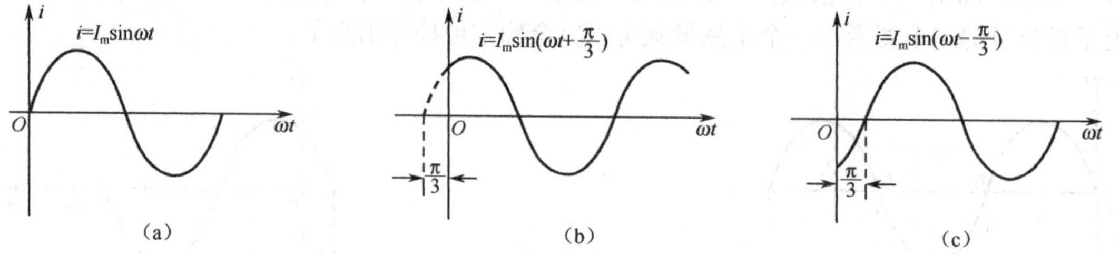

图 4.4　初相

图 4.4 中的三个波形，也可认为是同一正弦量波形取不同计时起点的三种情况。

因为正弦量的瞬时值是对应于选定的参考方向而言的，所以正弦量的初相、相位及表达式也都是对应于所选的参考方向而言。同一正弦量，参考方向选得相反，瞬时值异号，解析式也异号。由于

$$-U_{\text{m}}\sin(\omega t+\varphi)=U_{\text{m}}\sin(\omega t+\varphi+\pi)$$

所以改变参考方向的结果是将正弦量的初相加上（或减去）π，而不影响振幅值与角频率。因此，确定初相之前既要选定计时起点，又要选定参考方向。

实例 4.1　在如图 4.5 所示的参考方向下，电流$i(t)=100\sin\left(\omega t+\frac{\pi}{4}\right)$，试求：（1）$t=2$ s 时；（2）$\omega t=\pi$时电流的大小、实际方向和相位角。

图 4.5　实例 4.1 图

解　（1）$t=2\ \text{s}$时，$\omega=2\pi f=100\pi$（rad/s）

$$i=100\sin\left(\omega t+\frac{\pi}{4}\right)=100\sin\left(100\pi\times2+\frac{\pi}{4}\right)=100\sin\frac{\pi}{4}=70.7\text{（A）}$$

此时电流的大小为 70.7 A，电流的实际方向与参考方向一致，即由 a 到 b，相位角为 $200\pi+\frac{\pi}{4}$。

（2）$\omega=\pi$ 时。

$$i=100\sin\left(\omega t+\frac{\pi}{4}\right)=100\sin\left(\pi+\frac{\pi}{4}\right)=-100\sin\frac{\pi}{4}=-70.7\text{（A）}$$

此时电流的大小为 70.7 A，电流的实际方向与参考方向相反，即由 b 到 a，相位角为 $\pi+\frac{\pi}{4}$。

由于瞬时表达式 $i(t)$ 的值随时间 t 的取值不断改变其符号，因此符号的正负只有在规定了参考方向时才有意义，这与直流电路是相同的。

实例 4.2　已知选定的参考方向下正弦量的波形如图 4.6 所示，试写出正弦量的解析式。

解

$$u_1=150\sin\left(\omega t-\frac{\pi}{3}\right)\text{V}$$

$$u_2=100\sin\left(\omega t+\frac{\pi}{3}\right)\text{V}$$

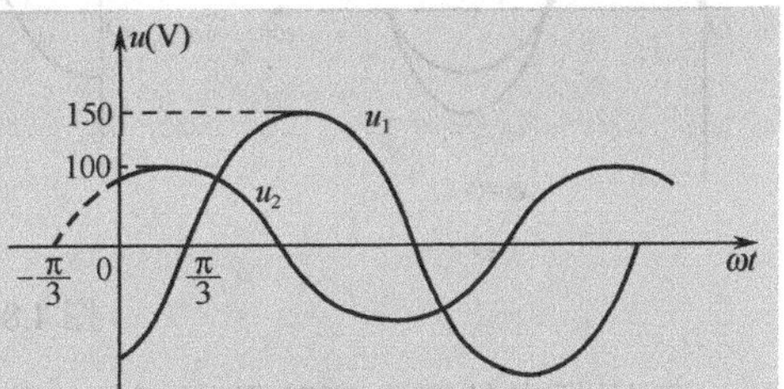

图 4.6　实例 4.2 图

实例 4.3　在选定的参考方向下，已知正弦量的解析式为 $i=-5\sin\omega t$，$u=100\sin(\omega t+240^\circ)$，求每个正弦量的振幅值和初相。

解　$i=-5\sin\omega t=5\sin(\omega t+\pi)$，其振幅值 $I_{\rm m}=5\text{ A}$，初相 $\varphi_{\rm i}=\pi\ (\text{rad})=180^\circ$，切记不要错认为 $I_{\rm m}=-5\text{ A}$，$I_{\rm m}$ 应取绝对值。

$$u=100\sin(\omega t+240^\circ)=100\sin(\omega t+240^\circ-360^\circ)=100\sin(\omega t-120^\circ)\text{（V）}$$

其振幅值 $U_{\rm m}=100\text{ V}$，初相 $\varphi_{\rm u}=-120^\circ$，切记 φ 不能超过 180°。

4.1.2　同频率正弦量的相位差

在正弦交流电路中，常要对正弦量之间的相位角进行比较，考虑相同频率的正弦电压和电流

$$u=U_{\rm m}\sin(\omega t+\varphi_1)$$

$$i=I_{\rm m}\sin(\omega t+\varphi_2)$$

它们之间的相位之差称为相位差，用 φ 表示，即

$$\varphi=(\omega t+\varphi_1)-(\omega t+\varphi_2)=\varphi_1-\varphi_2 \tag{4.3}$$

可见，正弦量的相位是随时间变化的，但同频率正弦量的相位差不随时间改变，等于它们的初相之差。规定：φ 的取值范围为 $|\varphi|\leqslant\pi$，相位差决定了两个正弦量之间的相位关系。

若 $\varphi>0$，则电压 u 的相角超前电流 i 的相角 φ，简单讲即 u 超前于 i 角 φ。如图 4.7 所

示波形图，电压 u 比电流 i 先达到正峰值，也先达到负峰值。

若 $\varphi=\varphi_1-\varphi_2<0$，则说明 u 滞后于 i 角 φ（或 i 超前于 u 角 φ）。

若 $\varphi=\varphi_1-\varphi_2=0$，则称 u 与 i 同相。

若 $\varphi=\varphi_1-\varphi_2=\pm\dfrac{\pi}{2}$，则称 u 与 i 正交。

若 $\varphi=\varphi_1-\varphi_2=\pm\pi$，则称 u 与 i 反相。

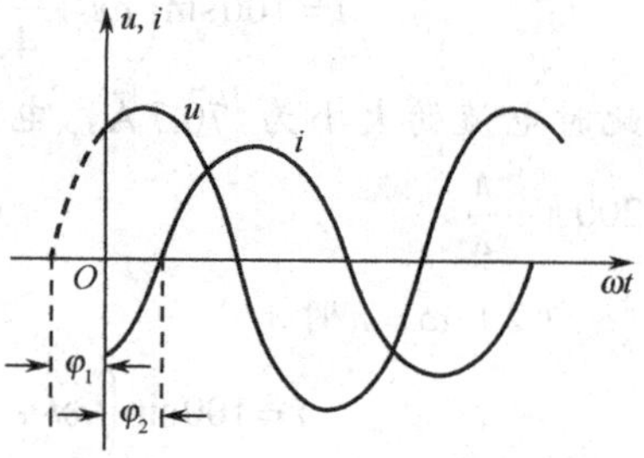

图 4.7　同频率正弦量的相位差

图 4.8（a）、（b）、（c）所示分别表示两个正弦电压同相、正交、反相三种相位关系的波形图。

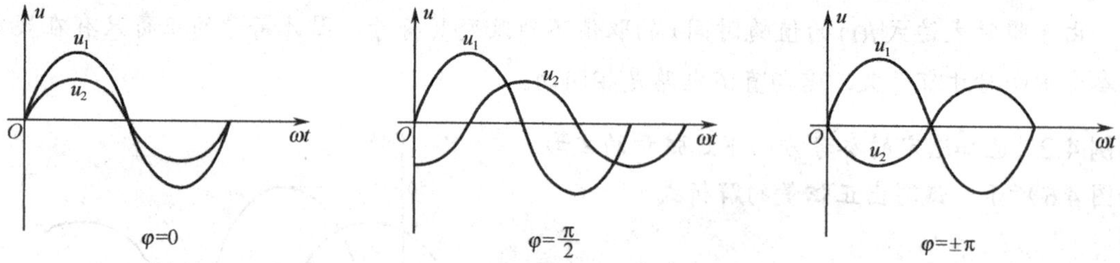

（a）　　（b）　　（c）

图 4.8　同相、正交、反相

不同频率的两个正弦量之间的相位差是随时间变化的，不是常数，而我们主要关心的是同频率正弦量之间的相位差，它是一个与时间无关的常量，直接反映了两个正弦量的相位关系，为了更方便地比较几个正弦量的相位关系，通常把计时起点取在其中一个正弦量的初相为零的位置上，这个初相为零的正弦量称为参考正弦量。

实例 4.4　设两个正弦电流分别是 $i_1=50\sin(\omega t+90^\circ)\,\text{A}$，$i_2=100\sin(\omega t-150^\circ)\,\text{A}$，试问哪个电流的相位滞后，滞后多少度？

解　电流的波形如图 4.9 所示。

相位差 $\varphi=\varphi_1-\varphi_2=90^\circ-(-150^\circ)=240^\circ$

$\varphi>0$，表示 i_2 滞后 i_1 240°。

由波形图看，也可以说 i_1 滞后 i_2 120°。

为了使超前滞后的概念更确切，规定 $|\varphi|\leqslant\pi$。

计算 i_1、i_2 的相位差

$$\varphi=\varphi_1-\varphi_2-360^\circ=240^\circ-360^\circ=-120^\circ$$

即说 i_1 滞后 i_2 120° 比较合适。

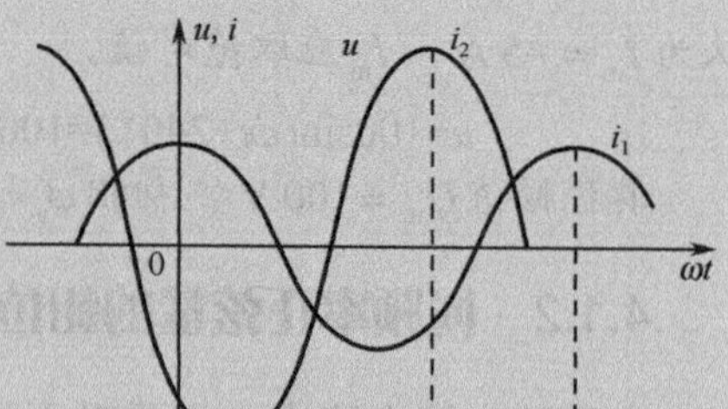

图 4.9　实例 4.4 图

4.1.3　正弦量的有效值

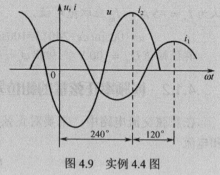

电路的重要作用之一是转换能量，从能量的观点来看，如果随意指定正弦波某一时刻的数值，都不能确切反映它在转换能量方面的实际效果，因此在实际计算中，常引用有效值。交流电的有效值用大写字母表示，如 I、U、E 等。

如图 4.10 所示电路，R 表示规格完全一样的两个白炽灯，如图 4.10（a）所示电路由直流

电源 U_S 供电，如图 4.10（b）所示电路由正弦交流电源 U_S 供电，调节 R_0，使两个灯泡的亮度一样，此时从两个电路中灯泡的发光效果看，已觉察不到哪个是直流哪个是交流了，工程上通常从平均效果将交流电与直流电进行比较。在一个周期内，若交流电流 i 通过电阻 R 所产生的热量和直流 I 通过同一电阻 R 在同等时间内所产生的热量相等，则这个直流 I 的数值叫作交流 i 的有效值。

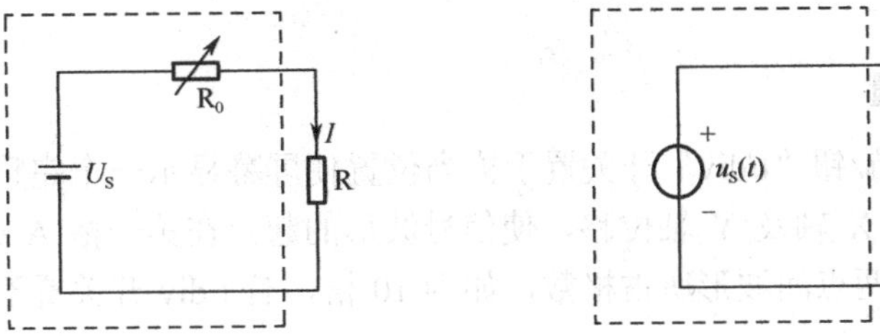

（a）　　　　　　　（b）

图 4.10　白炽灯电路图

如图 4.10（a）所示电路，电阻 R 在一个周期 T 发出的热量为

$$Q = I^2RT$$

对于如图 4.10（b）所示电路，在相同的时间 T 内，电阻 R 发出的热量为

$$Q = \int_0^T i^2R\mathrm{d}t$$

根据有效值的定义，若产生的热量相等，则 I 为 i 的有效值。即

$$I^2RT = \int_0^T i^2R\mathrm{d}t$$

所以

$$I = \sqrt{\frac{1}{T}\int_0^T i^2\mathrm{d}t} \tag{4.4}$$

由式（4.4）知，交流电流或电压的有效值是其瞬时值的均方根值。注意，根号前只取正号，因为负的有效值是没有意义的。上述交流电有效值的定义适用于任何周期变化的电流、电压、电动势。设 $i = I_\mathrm{m}\sin(\omega t)$，则

$$\begin{aligned} I &= \sqrt{\frac{1}{T}\int_0^T I_\mathrm{m}^2\sin^2(\omega t+\varphi_\mathrm{i})\mathrm{d}t} \\ &= \sqrt{\frac{1}{T}\int_0^T I_\mathrm{m}^2\left[\frac{1}{2}-\cos 2(\omega t+\varphi_\mathrm{i})\right]\mathrm{d}t} \\ &= \sqrt{\frac{1}{T}\int_0^T \frac{I_\mathrm{m}^2}{2}\mathrm{d}t - \frac{1}{T}\int_0^T \frac{I_\mathrm{m}^2}{2}\cos 2(\omega t+\varphi_\mathrm{i})\mathrm{d}t} \\ &= \frac{1}{\sqrt{2}}I_\mathrm{m} = 0.707I_\mathrm{m} \end{aligned} \tag{4.5}$$

即正弦量的有效值等于正弦量的最大值除以 $\sqrt{2}$。有效值可以代替振幅值作为正弦量的一个要素。同理，正弦电压的有效值为 $U = \dfrac{U_\mathrm{m}}{\sqrt{2}} = 0.707U_\mathrm{m}$。

工程上，当谈到正弦量大小时，若无特殊说明，均指有效值。例如，日常用的正弦交流电压为 220 V，就是指有效值，其最大值为 $220\sqrt{2} = 311\ \mathrm{V}$。常用的测量交流电压和交流

电流的各种仪表所指示的数字均为有效值。电动机和电器的铭牌上标的也都是有效值。

4.1.4 正弦交流信号幅值和周期的测量

将信号发生器的电压输出端、数字毫伏表的输入端及双踪示波器的 CH1 通道输入端用三根信号线分别接入输入、输出端口，并将三根信号线的黑夹子夹在一起，红夹子夹在一起，如图 4.11 所示。

1. 信号周期的测量

将示波器扫描速率旋钮“t/div”开关置于恰当位置使屏幕显示一个完整周期，微调顺时针旋钮至校准处，调节 X 轴及 Y 轴位移，使信号波形的起点在第一格 A 处，如图 4.12 所示。从屏幕上读出 AB 两点间波形所占格数，如为 10 格，若 t/div 开关置于 2 ms/div 位置，则该信号周期为

$$T=2\ \text{ms/div}\times 10\ \text{div}=20\ \text{ms}$$

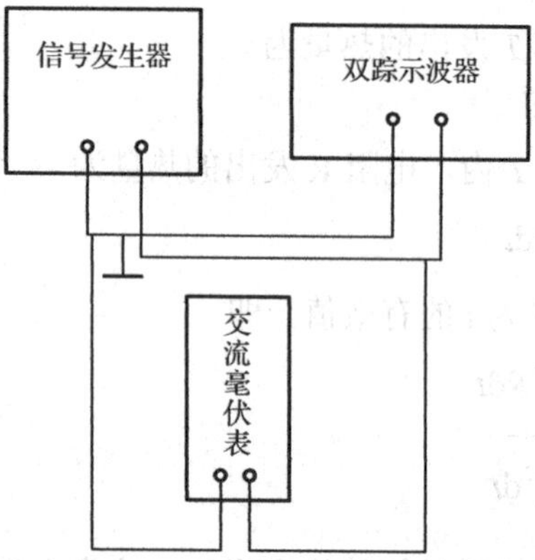

图 4.11 正弦交流信号的测量

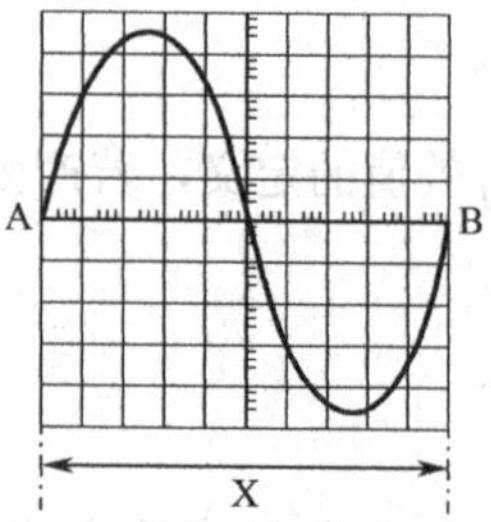

图 4.12 屏幕坐标表示

输出电压的有效值均为 2 V。分别选择 200 Hz、1 kHz、100 kHz 频率波形，测定其周期并记入表 4.1 中。

表 4.1 信号周期测量

信号频率	理论值 $T=1/f$（ms）	扫描速率（t/div）	一个波形（X）占格数（div）	测量周期 T=ms/div×div
200 Hz				
1 kHz				
100 kHz				

2. 信号有效值和峰-峰值的测量

（1）先将示波器 CH1 或 CH2 输入耦合开关置于“⊥”位置，调垂直位移旋钮，使扫描基线与中心横坐标线重合，作为基准线。再将 CH1 或 CH2 输入耦合开关置于“AC”位置。

（2）将“V/div”开关置于恰当位置，注意：波形峰值不要超出屏幕，也不要太小，以免

测量值误差增加。微调顺时针旋钮至校准位置。从屏幕上读出信号波形的峰-峰值（$U_{P\text{-}P}$）所占格数（如 6 格），如图 4.13 所示，这时若 V/div 开关置于 0.5 V/div 位置，则该电压的峰-峰值为波形高度所占格数（div）乘以每格的大小（V/div）。即

$$U_{p\text{-}p}=6\ \text{div}\times 0.5\ \text{V/div}=3\ \text{V}$$

而该信号电压的有效值为

$$U=\frac{U_{p\text{-}p}}{2\sqrt{2}}\approx 1.1\ (\text{V})$$

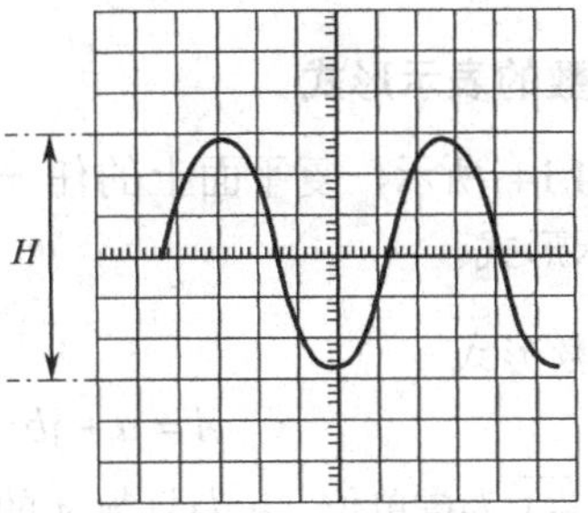

图 4.13　屏幕坐标表示

（3）保持一定频率（1 kHz 或 10 kHz）不变，信号输出衰减为 0 dB，调节信号发生器输出电压分别为 1 V、2.6 V、4 V，用示波器测出其峰-峰值，并记入表 4.2 中。

表 4.2　电压有效值和峰-峰值的测量

信号发生器输出电压（V）	示波器幅度选择旋钮位置（V/div）	波形高度（H）所占的格数（div）	理论值 $U_{p\text{-}p}$（V）	测量值 $U_{p\text{-}p}$（V）	毫伏表测电压有效值 U（V）	示波器测电压有效值 U（V）
1						
2.6						
4						

思考题 16

1．在某电路中，$i=100\sin(3140t-45°)$ A，（1）试指出它的频率、周期、角频率、幅值、有效值及初相位各为多少；（2）画出波形图；（3）如果 i 的参考方向选得相反，写出它的三角函数式，并问（1）中各项有无改变？

2．已知 $i_1=10\sin(314t+45°)$ A，$i_2=5\sin(314t-30°)$ A，试问在相位上 i_1 和 i_2 谁超前，谁滞后，相位差是多少？并作出 i_1 和 i_2 的波形图。

3．一个工频电压的振幅值为 300 V，在 t=0 时的值为−150 V，试求它的解析式。

4．一个正弦电流的初相为 60°，在 $t=\dfrac{T}{4}$ 时电流的值为 5 A，试求该电流的有效值。

4.2　正弦量的相量

分析计算正弦稳态交流电路的基本方法是相量法，应用相量法的数学基础是复数及其运算，为了导出正弦量与相量（复数）的对应关系，首先简单介绍一下复数的表示方法和四则运算。

4.2.1　复数

复数可以在复平面内用图形表示，也可以用不同形式的表达式表示。每一个复数在复平面上可以找到唯一的一点与之对应，而复平面上的每一个点也都对应唯一的一个复数。

1. 复数的表示形式

如图 4.14 所示，复平面上的任一点 A 代表一个复数，复数有 4 种表示形式。

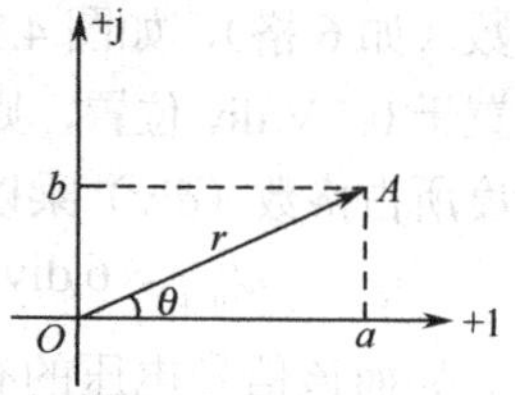

图 4.14 复数的表示

1）代数形式

$$A = a + \mathrm{j}b$$

式中，$\mathrm{j} = \sqrt{-1}$ 为虚单位。a 为复数 A 的实部，b 为复数 A 的虚部。

2）三角函数形式

$$A = r\cos\theta + \mathrm{j}r\sin\theta$$

式中，r 为复数矢量 $\boldsymbol{OA}$ 的长度，称为复数的模。θ 为矢量 $\boldsymbol{OA}$ 与实轴正方向的夹角，称为复数的幅角。从复平面容易看出

$$r = |A| = \sqrt{a^2 + b^2}$$

$$\theta = \arctan\frac{b}{a} \qquad (-\pi \leqslant \theta \leqslant \pi)$$

3）指数形式

根据高等数学的欧拉公式，有

$$\mathrm{e}^{\mathrm{j}\theta} = \cos\theta + \mathrm{j}\sin\theta$$

代数式可写成 $A = r\cos\theta + \mathrm{j}r\sin\theta = r\mathrm{e}^{\mathrm{j}\theta}$

指数式 $A = r\mathrm{e}^{\mathrm{j}\theta}$

4）极坐标形式

$$A = r\angle\theta$$

2. 复数的四则运算

1）加减运算

复数的加减运算用代数形式比较方便。设有两个复数

$$A = a_1 + \mathrm{j}b_1 \qquad B = a_2 + \mathrm{j}b_2$$

则

$$A \pm B = (a_1 \pm a_2) + \mathrm{j}(b_1 \pm b_2)$$

在复平面上，也可按“平行四边形法则”对复数进行加减运算。

2）乘除运算

设两个复数 $A = r_1\angle\theta_1$，$B = r_2\angle\theta_2$

则

$$A \cdot B = r_1\angle\theta_1 \cdot r_2\angle\theta_2 = r_1 \cdot r_2\angle(\theta_1 + \theta_2)$$

$$\frac{A}{B} = \frac{r_1\angle\theta_1}{r_2\angle\theta_2} = \frac{r_1}{r_2}\angle(\theta_1 - \theta_2)$$

用代数形式也可以进行复数的乘除运算，但在一般情况下，用极坐标形式较方便，因此在复数四则运算中，常需进行复数代数式和极坐标式的相互转换。

实例 4.5　写出复数 3-j4 和-3+j4 的指数式和极坐标式。

解　3-j4 的模　　$r=\sqrt{3^2+(-4)^2}=5$

3-j4 的幅角　　$\theta=\arctan\dfrac{-4}{3}=-53.1^\circ$

计算幅角时，必须根据复数所在的象限才能确定。由正实轴逆时针方向旋转所得的幅角为正，反之为负。如图 4.15 所示，复数矢量 ***OP*** 在第四象限，故幅角为 -53.1°。

所以 3-j4 的指数式为　　$5\mathrm{e}^{-\mathrm{j}53.1^\circ}$

极坐标式为　　$5\angle-53.1^\circ$

复数-3+j4 的模　　$r'=\sqrt{(-3)^2+4^2}=5$

幅角　　$\theta'=\arctan\dfrac{4}{-3}=126.9^\circ$

（复数矢量 ***OP'*** 在第二象限）

所以复数-3+j4 的指数式为 $5\mathrm{e}^{\mathrm{j}126.9^\circ}$，极坐标式为 $5\angle126.9^\circ$。

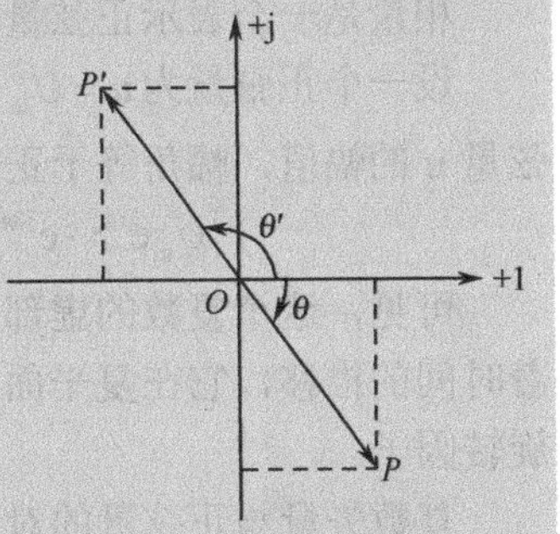

图 4.15

实例 4.6　设复数 $A=r\angle\theta$，试将复数 A，jA，-jA 表示在同一复平面上。

解　因为 j 的极坐标式为 $\mathrm{j}=1\angle90^\circ$，$-\mathrm{j}$ 的极坐标式为 $-\mathrm{j}=1\angle-90^\circ$，故

$$\mathrm{j}A=1\angle90^\circ\times r\angle\theta=r\angle(\theta+90^\circ)$$

$$-\mathrm{j}A=1\angle-90^\circ\times r\angle\theta=r\angle(\theta-90^\circ)$$

如图 4.16 所示为复平面上表示的复数 A，jA，-jA。

又因为　　$\mathrm{j}A=\dfrac{A}{-\mathrm{j}}$，$-\mathrm{j}A=\dfrac{A}{\mathrm{j}}$

所以得出结论：将一个复数乘以 j（或除以-j），等于将该复数在复平面上逆时针旋转；将一个复数乘以-j（或除以 j），等于将该复数在复平面上顺时针旋转。±j 可以看作是的旋转因子。

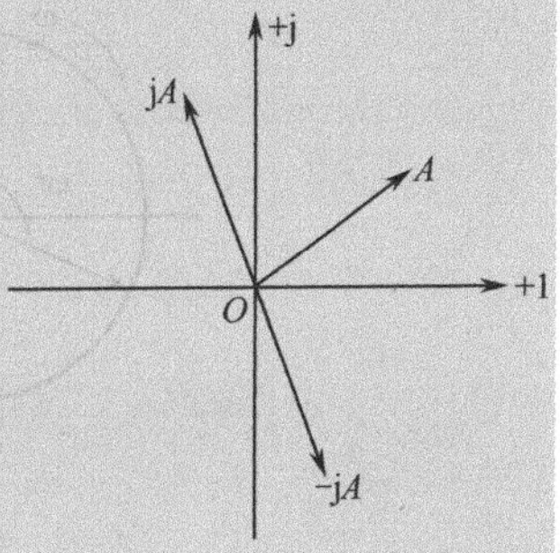

图 4.16　实例 4.6 图

实例 4.7　已知 $A=5\angle53.13^\circ$，$B=-4-\mathrm{j}3$，求 AB 和 A/B。

解　先将 B 转换成极坐标形式

$$B=-4-\mathrm{j}3=\sqrt{(-4)^2+(-3)^2}\angle\arctan\frac{-3}{-4}=5\angle-143.13^\circ$$

则　　$$A\cdot B=5\angle53.13^\circ\cdot5\angle-143.13^\circ=25\angle-90^\circ$$

$$\frac{A}{B}=\frac{5\angle53.13^\circ}{5\angle-143.13^\circ}=1\angle196.26^\circ$$

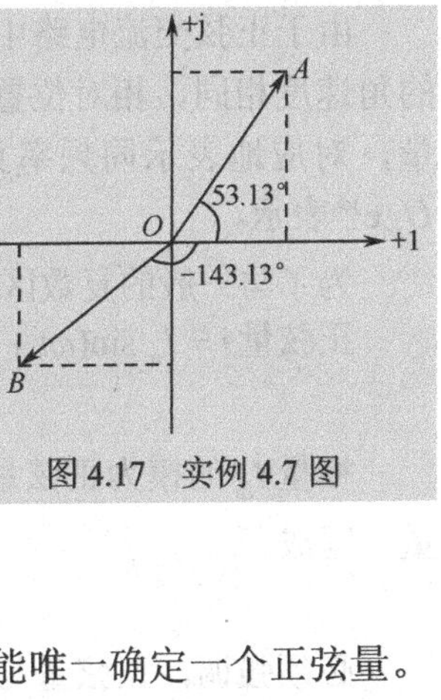

图 4.17　实例 4.7 图

4.2.2　正弦量的相量表示

最大值（或有效值）、角频率、初相位是正弦量的三要素，它能唯一确定一个正弦量。在正弦稳态电路中，各支路电压、电流都是和电源同频率的正弦量，而电源的频率往往都

是已知的。因此求解正弦稳态电路的各支路电压、电流，实质上是求各支路电压、电流的最大值（有效值）和初相角。

在很多领域中，由两个因素决定的事物往往可以用一个复数表示，如力、速度等。在给定频率时，决定一个正弦量的另两个因素——最大值（或有效值）和初相位，也可以用一个复数表示，这个复数称为正弦量的相量。

相量是一个表示正弦量的幅度和相位的复数。

设一个正弦量为$u = U_m \sin(\omega t + \varphi_u)$，某复数$A = U_m e^{j\varphi_u} = U_m \angle \varphi_u$，即复数$A$的模等于正弦量$u$的幅值，幅角等于正弦量$u$的初相位。若将该复数乘以$e^{j\omega t}$，则得复数

$$U_m e^{j\varphi_u} \cdot e^{j\omega t} = U_m e^{j(\omega t + \varphi_u)} = U_m \cos(\omega t + \varphi_u) + jU_m \sin(\omega t + \varphi_u)$$

可见，这个复数的虚部对应所设的正弦电压。其中，$e^{j\omega t}$是一个随时间变化的复数，随着时间的推移，它在复平面上是以原点为中心，以ω角频率逆时针旋转的矢量，故$e^{j\omega t}$称为旋转因子。

复数矢量与正弦量的对应关系可以用图 4.18 表示。可以看出，当复平面内的复数矢量A以正弦量的角频率ω绕坐标原点逆时针方向旋转时，该旋转矢量在纵坐标上的投影即为正弦量。例如：在t=0 时，即复数矢量在起始位置时，该矢量在纵轴上投影为$U_m \sin\varphi_u$；在t=t_1时，该矢量在纵轴上投影为$U_m \sin(\omega t_1 + \varphi_u)$。

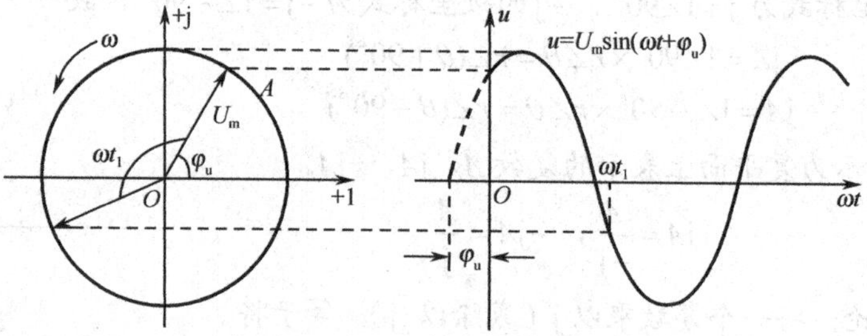

图 4.18　正弦量与复数的对应关系

可见上述的旋转矢量，既能反映正弦量的三要素，又能通过它在纵轴上的投影求出正弦量的瞬时值。所以，复平面上一个旋转矢量可以完整地表示一个正弦量。

由于正弦交流电路中所有激励和响应都是同频率的正弦量，表示它们的那些旋转矢量的角速度相同，相对位置不变，可以不考虑它们的旋转，只用起始位置的矢量来表示正弦量，对应地表示同频率正弦量的那些复数中都含有旋转因子$e^{j\omega t}$，可以省去，而用复数$U_m e^{j\varphi}$表示。

为了与一般的复数区别，把表示正弦量的复数称为“相量”，以“$\dot{A}$”表示。

正弦量$i = I_m \sin(\omega t + \varphi)$的相量，可以写成

$$\dot{I}_m = I_m e^{j\varphi} = I_m \angle\varphi \tag{4.6}$$

相量$\dot{I}_m$的模为正弦量的振幅，故称振幅相量。在实际计算中，使用更多的是有效值相量，写成

$$\dot{I} = I e^{j\varphi} = I \angle\varphi \tag{4.7}$$

必须强调，正弦量与相量的这种关系是对应关系或代表关系，而不是相等关系，切不可认为相量等于正弦量。

相量是复数，因此相量可以用复平面上的矢量来表示，相量在复平面上的矢量图称为相量图，且只有同频率的正弦量其相量才能画在同一复平面上。

实例 4.8　求下列电压、电流相量所对应的正弦量表达式，已知ω=314 rad/s。

（1）$\dot{U}=100\angle-60°\text{V}$　（2）$\dot{I}=50\angle\frac{3}{4}\pi\text{A}$

解　由相量和正弦量的对应关系可得

$$u=100\sqrt{2}\sin(314t-60°)\ \text{V}$$

$$i=50\sqrt{2}\sin\left(314t+\frac{3}{4}\pi\right)\text{A}$$

实例 4.9　试写出下列各正弦电压对应的相量，并画出相量图。

$$u_1=141\sin\left(\omega t+\frac{\pi}{4}\right)\text{V}，\quad u_2=380\sin\left(\omega t-\frac{\pi}{4}\right)\text{V}$$

解　由正弦量和相量的对应关系，得到 u_1 和 u_2 的相量分别为

$$\dot{U}_1=\frac{141}{\sqrt{2}}\angle\frac{\pi}{4}=100\angle\frac{\pi}{4}\ (\text{V})$$

$$\dot{U}_2=\frac{380}{\sqrt{2}}\angle-\frac{\pi}{4}=269\angle-\frac{\pi}{4}\ (\text{V})$$

在复平面上作出 u_1 和 u_2 相量如图 4.19 所示。

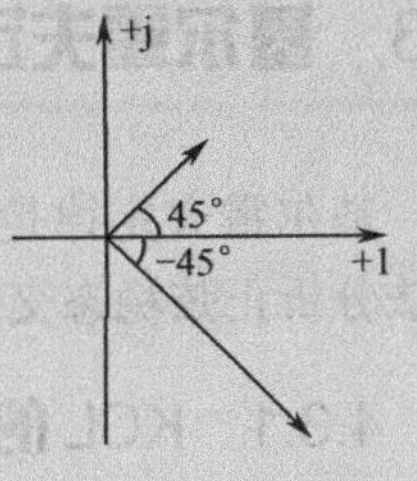

图 4.19　u_1 和 u_2 的相量图

实例 4.10　已知两个同频率的正弦电流为 $i_1=\sqrt{2}\sin(\omega t)\ \text{A}$，$i_2=2\sqrt{2}\sin(\omega t+60°)\ \text{A}$，试求：$i=i_1+i_2$。

解　i_1 和 i_2 对应的相量为 $\dot{I}_1=1\angle0°\ \text{A}$，$\dot{I}_2=2\angle60°\ \text{A}$

$$\dot{I}=\dot{I}_1+\dot{I}_2=1\angle0°+2\angle60°=1+1+\text{j}\sqrt{3}=2.65\angle40.89°\ \text{A}$$

$\dot{I}=2.65\angle40.89°\ \text{A}$ 即为 i 对应的相量。

所以 i 的表达式为

$$i=2.65\sqrt{2}\sin(\omega t+40.89°)\ \text{A}$$

相量图如 4.20 所示。

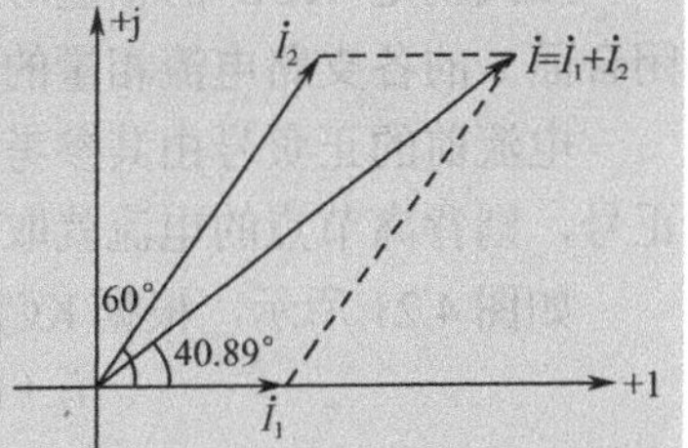

图 4.20　i_1、i_2 之和的相量图

由此可见，用相量和正弦量的对应关系，借助于复数运算，可将同频率正弦量的和差运算问题转化为对应相量（复数）相加减的简单运算，避免了直接对三角函数进行运算。这种交流电路的分析方法就称为相量法。

思考题 17

1．将下列复数化为代数形式。

（1）$50\angle60°$　（2）$10\angle210°$　（3）$\sqrt{2}\angle-\frac{3\pi}{4}$　（4）$6\angle90°$

2．将下列复数化为极坐标式。

（1）$-4+\text{j}3$　（2）$-53-\text{j}76$　（3）$20+\text{j}40$　（4）$423+\text{j}52$

3．已知$A=3+\mathrm{j}4$，$B=2.5\angle 36.87^\circ$，求$A+B$，$A-B$，AB和A/B。

4．写出下列正弦量对应的相量。

（1）$u_1=220\sqrt{2}\sin\omega t$　　（2）$u_2=1100\sqrt{2}\sin(\omega t-240^\circ)$

（3）$i_1=-3\sqrt{2}\sin(\omega t+30^\circ)$　　（4）$i_2=2\sqrt{2}\sin(\omega t+190^\circ)$

5．写出下列相量对应的正弦量（f=50 Hz）。

（1）$\dot{U}_1=100\angle 90^\circ$　　（2）$\dot{U}_2=50\mathrm{e}^{-\mathrm{j}30^\circ}$

（3）$\dot{U}_3=100+\mathrm{j}100$　　（4）$\dot{U}_4=-15-\mathrm{j}8$

6．已知$i_1=2\sqrt{2}\sin(3\,000t+45^\circ)$ A，$i_2=5\sqrt{2}\sin(3\,000t-30^\circ)$ A，求i_1+i_2和i_1-i_2之和，并画出相量图。

4.3　基尔霍夫定律的相量形式

基尔霍夫定律是分析电路的一个基本定律，它同时适用于直流和交流电路，为了用相量法分析正弦稳态交流电路，本节介绍基尔霍夫定律的相量形式。

4.3.1　KCL的相量形式

在第1章中已经介绍过KCL的数学表达式为$\sum i=0$。

在正弦稳态电路中，各支路电流都是与电源同频率的正弦量，把这些同频率的正弦量用相量表示，即得

$$\sum \dot{I}=0 \tag{4.8}$$

上式就是KCL的相量形式。即在正弦稳态电路中，流入（或流出）电路任一节点（或闭合面）的各支路电流相量的代数和等于零。

电流前的正负号由其参考方向决定，若参考方向指向节点的电流取正号，则背离节点的电流就取负号。

如图4.21所示，根据KCL，则有

$$i_2+i_4-i_1-i_3-i_5=0$$

KCL的相量形式为

$$\dot{I}_2+\dot{I}_4-\dot{I}_1-\dot{I}_3-\dot{I}_5=0$$

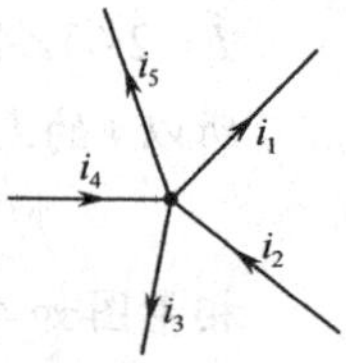

图4.21　KCL

4.3.2　KVL的相量形式

KVL的数学表达式为$\sum u=0$。

在正弦交流电路中，各段电压也都是与电源同频率的正弦量。同理可得，KVL的相量形式是

$$\sum \dot{U}=0 \tag{4.9}$$

即在正弦交流电路中，任一回路的各支路电压相量的代数和为零。

如图4.22所示，根据KVL，则有

$$u_1-u_4-u_3-u_2=0$$

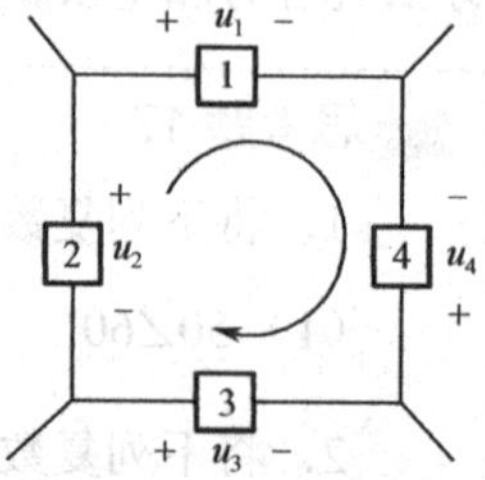

图4.22　KVL

KVL 的相量形式为

$$\dot{U}_1-\dot{U}_4-\dot{U}_3-\dot{U}_2=0$$

必须指出，正弦稳态下，电压相量和电流相量分别满足 KVL 和 KCL，而电压和电流的有效值一般情况下不满足 KVL 和 KCL，初学者在用相量法求解正弦稳态电路时，要特别注意这一点。

实例 4.11　如图 4.23 所示，已知 $i_1=3\sqrt{2}\sin\omega t$，$i_2=5\sqrt{2}\sin(\omega t+30^\circ)$，求 i_3 的表达式，并画出各电流相量图。

解

$$\dot{I}_1=3\angle 0^\circ\ \text{A}=3\ \text{A}\qquad \dot{I}_2=5\angle 30^\circ\ \text{A}$$

由相量形式的 KCL

$$\dot{I}_3=\dot{I}_2-\dot{I}_1=5\angle 30^\circ-3=1.33+\text{j}2.5=2.83\angle 62^\circ\ \text{(A)}$$

∴

$$i_3=2.83\sqrt{2}\sin(\omega t+62^\circ)\ \text{A}$$

相量图如图 4.24 所示。

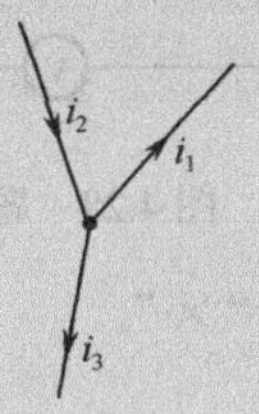

图 4.23　KCL

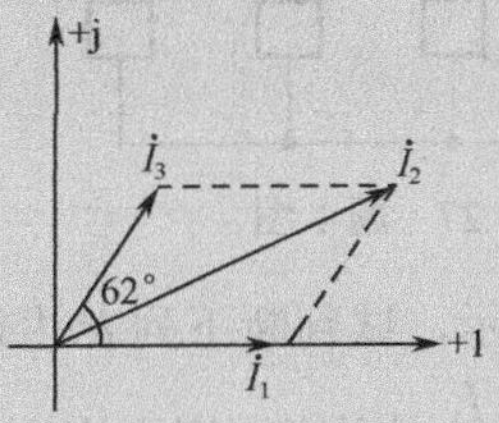

图 4.24　相量图

实例 4.12　如图 4.25 所示，已知 u 和 u_1 均为工频正弦电压，其值分别为 200 V 和 100 V，且 u_1 超前 u 30° 角。求:（1）电压表的读数;（2）u_2 的表达式;（3）画出电压的相量图。

解　（1）令 u 为参考正弦量，其对应的相量即为参考相量，则

$$\dot{U}=200\angle 0^\circ\ \text{V}\qquad \dot{U}_1=100\angle 30^\circ\ \text{V}$$

由 KVL 可知　$\dot{U}_2=\dot{U}-\dot{U}_1=200\angle 0^\circ-100\angle 30^\circ=124\angle -23.8^\circ$（V）

所以电压表的读数为 124 V。

（2）u 的表达式为　$u=124\sqrt{2}\sin(314t-23.8^\circ)\ \text{V}$

（3）电压的相量图如图 4.26 所示。

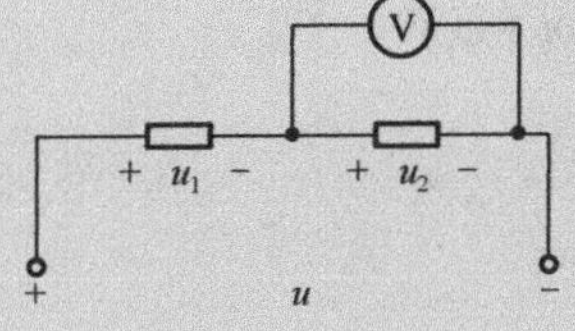

图 4.25　KVL

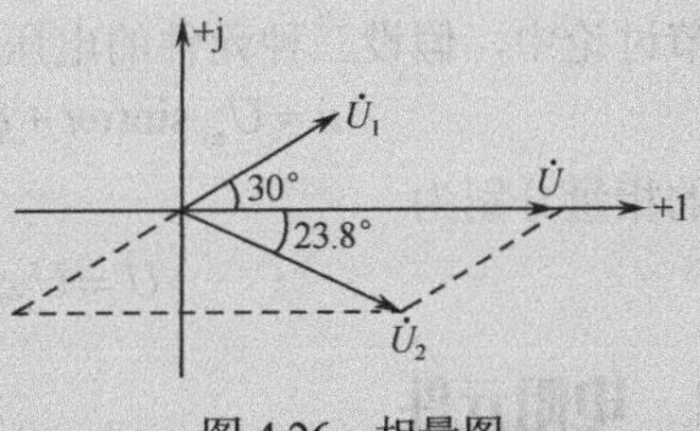

图 4.26　相量图

显然，上述两个例题中，正弦量的有效值都不满足 KCL 和 KVL，$I_3\neq I_2-I_1$，$U\neq U_1+U_2$，这正是正弦交流电路与直流电路的不同之处，它是由正弦交流电路本身固有的规律所决定的。

思考题 18

1．如图 4.27 所示，已知 $i_1=\sqrt{2}\sin\omega t$，$i_2=5\sqrt{2}\sin(\omega t+\pi)$，$i_3=3\sqrt{2}\sin\left(\omega t+\dfrac{\pi}{2}\right)$，求电流 i，并画相量图。

2．如图 4.28 所示，下列说法是否正确。

（1）Ⓥ表读数一定等于V_1表与V_2表的读数和；

（2）Ⓥ表读数一定大于V_1表与V_2表的读数和；

（3）Ⓥ表读数一定小于V_1表与V_2表的读数和；

（4）Ⓥ表读数一定不等于V_1表与V_2表的读数和；

（5）上述情况均可能出现。

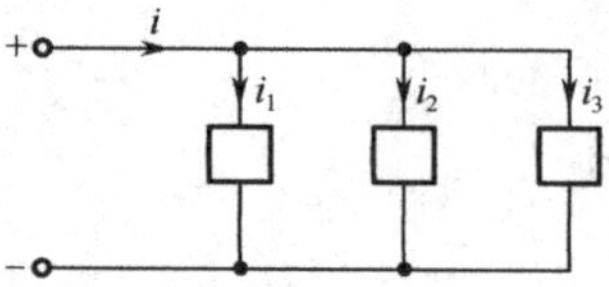

图 4.27　题 1 图

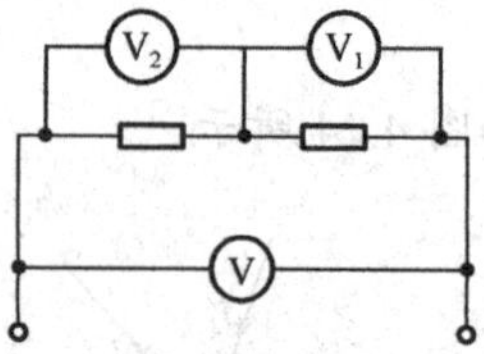

图 4.28　题 2 图

3．如图 4.27 所示，试判断下列表达式的正“√”，误“×”。

（1）$I=I_1+I_2+I_3$ ………………………（　　）

（2）$\dot{I}=\dot{I}_1+\dot{I}_2+\dot{I}_3$ ………………………（　　）

（3）$i=i_1+i_2+i_3$ ………………………（　　）

（4）$I_m=I_{m1}+I_{m2}+I_{m3}$ ………………………（　　）

4.4　单一元件的正弦交流电路

电阻、电感、电容是电路中的三大基本元件。在正弦稳态电路中，元件的电压、电流是同频率的正弦量，它们之间的关系既有大小关系，又有相位关系，掌握各元件上电压与电流的关系是分析正弦交流电路的基础。本节着重介绍这三个元件上电压与电流的相量关系及功率。

在本节讨论中，假设三种元件的电压、电流在关联参考方向下均为

$$u=U_m\sin(\omega t+\varphi_u)\qquad i=I_m\sin(\omega t+\varphi_i)$$

对应的相量分别为

$$\dot{U}=U\angle\varphi_u\qquad \dot{I}=I\angle\varphi_i$$

4.4.1　电阻元件

1. 伏安关系的相量形式

如图 4.29 所示表示正弦稳态下的电阻元件，其 u 与 i 的关系为

$$u=Ri$$

则
$$U_m \sin(\omega t+\varphi_u)=RI_m \sin(\omega t+\varphi_i)$$

由上式可得
$$U_m = RI_m \text{，即} U = RI$$
$$\varphi_u = \varphi_i$$

则对应的相量关系为
$$\dot{U} = RI\angle\varphi_i = \dot{I}R \tag{4.10}$$

式（4.10）就是电阻元件伏安关系的相量形式，也就是相量形式的欧姆定律。相量关系式既能表示电压与电流的有效值关系，又能表示其相位关系，可得出如下结论。

（1）u 与 i 的大小关系（有效值关系）为：$U = RI$。

（2）u 与 i 之间的相位关系为：$\varphi_u = \varphi_i$（同相）。

如图 4.30 所示给出了电阻元件的相量模型图及相量图。

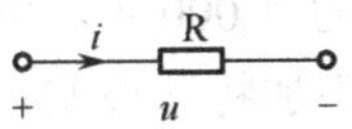

图 4.29　电阻元件

图 4.30　电阻元件的相量关系

2. 瞬时功率和有功功率

1）瞬时功率

在交流电路中，取关联方向时，任意瞬间电阻元件上的电压瞬时值与电流瞬时值的乘积叫作该元件吸收（或消耗）的瞬时功率，以小写字母 p 表示。
$$\begin{aligned} p = ui &= \sqrt{2}U\sin(\omega t+\varphi_u)\times\sqrt{2}I\sin(\omega t+\varphi_i) \\ &= 2UI\sin^2(\omega t+\varphi_u) = UI - UI\cos(2\omega t+2\varphi_u) \end{aligned} \tag{4.11}$$

u、i 和 p 的波形如图 4.31 所示。

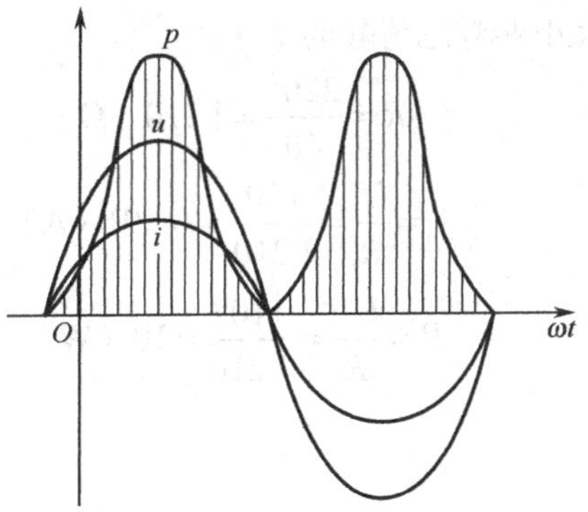

图 4.31　电阻元件上电流、电压与功率的曲线

可以看出，电阻元件的瞬时功率是时间的周期函数，且在任何时刻 $p\geqslant 0$，表明电阻元件在任一瞬间均从电源取用功率，是一个耗能元件。

2）有功功率（平均功率）

工程上都是计算瞬时功率的平均值，把它叫作平均功率，用大写字母 P 表示。周期性交流电路中的平均功率就是瞬时功率在一个周期内的平均值。

$$P=\frac{1}{T}\int_0^T p\mathrm{d}t$$

对电阻元件

$$P=\frac{1}{T}\int_0^T [UI-UI\cos(2\omega t+2\varphi_{\mathrm{u}})]\mathrm{d}t=UI \tag{4.12}$$

因为 $U=RI$，代入得

$$P=UI=I^2R=\frac{U^2}{R} \tag{4.13}$$

可见，采用有效值后，电阻元件平均功率的公式与直流时在形式上完全一样。

电阻元件功率是单位为瓦（W），工程上也常用千瓦（kW），$1\,\mathrm{kW}=10^3\,\mathrm{W}$。由于平均功率反映了元件实际消耗电能的情况，所以又称有功功率，习惯上常把“平均”或“有功”二字省略，简称功率。例如，灯泡的功率为 40 W，电炉的功率为 1 000 W，电阻的功率为 5 W 等都指的是平均功率。在正弦稳态电路中所说的功率，如不加特殊说明，均指平均功率或有功功率。

实例 4.13 一电阻 $R=100\,\Omega$，在 u、i 关联参考方向下，通过该电阻的电流为 $i=1.41\sin(\omega t-30°)\,\mathrm{A}$。求：电压 u 的有效值，并写出 u 的表达式。

解 电流 i 对应的相量 $\dot{I}=1\angle-30°\mathrm{A}$

而 $\dot{U}=R\dot{I}=100\times1\angle-30°=100\angle-30°$（V）

所以电压 u 的有效值为 $U=100\mathrm{V}$

u 的表达式为 $u=100\sqrt{2}\sin(\omega t-30°)\mathrm{V}$

实例 4.14 一个额定电压 220 V、额定功率 40 W 的灯泡，把它接在 $u=110\sqrt{2}\sin(314t)$ V 的电源上，求通过灯泡电流的大小和灯泡消耗的功率。

解 灯泡电阻 $R=\frac{220^2}{40}=1\,210$（Ω）

灯泡电流的大小 $I=\frac{U}{R}=\frac{110}{1\,210}=0.091$（A）

灯泡消耗的功率 $P=\frac{U^2}{R}=\frac{110^2}{1\,210}=10$（W）

4.4.2 电容元件

1. 伏安关系的相量形式

如图 4.32 所示正弦稳态下的电容元件，其 u 与 i 的关系为

$$i=C\frac{\mathrm{d}u}{\mathrm{d}t}$$

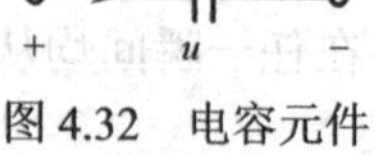

图 4.32 电容元件

由 $u = U_m \sin(\omega t + \varphi_u)$，$i = I_m \sin(\omega t + \varphi_i)$，可得

$$i = C\frac{du}{dt} = C\frac{dU_m \sin(\omega t + \varphi_u)}{dt}$$

$$= \omega C U_m \cos(\omega t + \varphi_u) = \omega C U_m \sin\left(\omega t + \varphi_u + \frac{\pi}{2}\right)$$

即
$$i = I_m \sin(\omega t + \varphi_i) = \omega C U_m \sin\left(\omega t + \varphi_u + \frac{\pi}{2}\right)$$

可以得到电压 u 和电流 i 的关系。

（1）大小关系。

$$I_m = U_m \omega C$$

即
$$I = U\omega C = \frac{U}{1/\omega C} = \frac{U}{X_C} \tag{4.14}$$

式（4.14）在形式上与欧姆定律相似，它表明了电容元件上电压与电流有效值之间的关系。

（2）相位关系。

$$\varphi_i = \varphi_u + \frac{\pi}{2} \tag{4.15}$$

说明电容元件上电流相位超前电压相位 90°。则对应的相量关系为

$$\dot{I} = I\angle\varphi_i = U\omega C\angle\left(\varphi_u + \frac{\pi}{2}\right) = U\omega C\angle\varphi_u\angle\frac{\pi}{2}$$

$$= j\omega C U\angle\varphi_u = j\omega C\dot{U} = j\frac{1}{X_C}\dot{U}$$

所以，电容元件伏安关系的相量形式为

$$\dot{U} = -jX_C\dot{I} = -j\frac{1}{\omega C}\dot{I} \tag{4.16}$$

式中，$X_C = \frac{1}{\omega C} = \frac{1}{2\pi f C}$ 称为容抗，单位为欧姆（Ω）；容抗的倒数 $B_C = \frac{1}{X_C} = \omega C$，叫容纳，单位为西门子（S）。

容抗是用来表示电容器在充放电过程中对电流的一种阻碍作用，在电压一定的条件下，容抗越大，电路电流越小。

容抗与频率 f 成反比，在一定的电压下，频率越高，容抗越小，电流越大。这是由于频率越高，电压变化越快，单位时间内移动的电荷就越多。有两种极端情况。

（1）当频率 f 趋近于 ∞ 时，$X_C = \frac{1}{2\pi f C}$ 趋近于 0，则 $U = IX_C$ 趋近于 0，即电容元件对极高频率电流有极大的导流作用，极限情况下，它相当于短路。在电子线路中，常用电容作为旁路高频电流之用。

（2）当频率 f 趋近于 0 时，X_C 趋近于 ∞，则 $I = \frac{U}{X_C}$ 趋近于 0，即对于直流电流，电感元件相当于开路。在电子线路中，常用电容元件作为隔断直流之用。

必须注意，容抗只是电容元件电压和电流有效值之比，而不是它们的瞬时值之比。

电容元件的相量图模型及电压和电流的相量图，如图 4.33 所示。

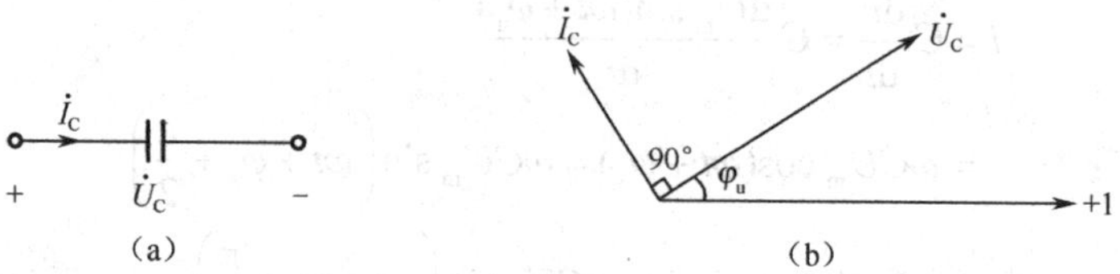

图 4.33　电容元件的相量模型及电压、电流的相量图

2. 瞬时功率、有功功率和无功功率

1）瞬时功率

对如图 4.32 所示电容元件，假设 $u = U_m \sin \omega t$，$i = I_m \sin\left(\omega t + \dfrac{\pi}{2}\right)$，电容元件吸收的瞬时功率为

$$\begin{aligned} p = ui &= U_m \sin \omega t \times I_m \sin\left(\omega t + \frac{\pi}{2}\right) \\ &= U_m I_m \sin \omega t \cos \omega t = UI \sin 2\omega t \end{aligned} \tag{4.17}$$

式（4.17）说明，电容元件的瞬时功率 p 也是随时间变化的正弦函数，其频率为电源频率的两倍，u、i 和 p 的波形如图 4.34 所示。和电感一样，电容元件的瞬时功率时而为正，时而为负，不断与外电路进行能量的交换。

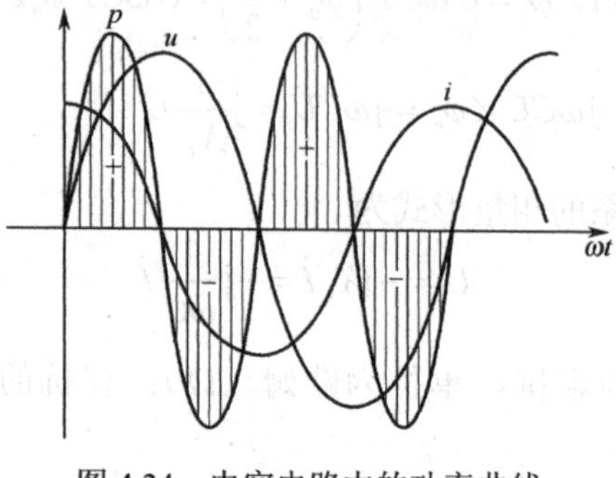

图 4.34　电容电路中的功率曲线

2）有功功率

电容元件吸收的有功功率为

$$P = \frac{1}{T}\int_0^T ui\mathrm{d}t = \frac{1}{T}\int_0^T UI \sin 2\omega t \mathrm{d}t = 0$$

有功功率为零，说明电容元件不消耗能量，是一个储能元件。

3）无功功率

电容元件瞬时功率的最大值表示电源与电容间能量交换的最大速率，叫作无功功率，以 Q_C 表示。

$$Q_C = UI = I^2 X_C = \frac{U^2}{X_C} \tag{4.18}$$

式中，Q_C 的单位为乏尔（var）。

实例 4.15　设有一电容 $C=10\ \mu\text{F}$，接在 $u=220\sqrt{2}\sin(1\,000t+30°)$ V 的交流电路上，假设电压与电流非关联。试求：（1）电容上的电流有效值；（2）写出电流 i 的表达式；（3）电容元件的无功功率。

解　（1）

$$I=\frac{U}{X_C}=U\omega C=220\times1\,000\times10\times10^{-6}=2.2\ \text{(A)}$$

（2）由于 u、i 非关联，则

$$\dot{I}=-\text{j}\frac{1}{X_C}\dot{U}\text{，}\angle\varphi_i=\angle\varphi_u-90°\ \text{（电流滞后电压 90°）}$$

得

$$i=2.2\sqrt{2}\sin(1\,000t+30°-90°)=2.2\sqrt{2}\sin(1\,000t-60°)\ \text{A}$$

（3）

$$Q_C=UI=220\times2.2=484\ \text{(var)}$$

4.4.3　电感元件

1. 伏安关系的相量形式

如图 4.35 所示，正弦稳态下的电感元件，其 u 与 i 的关系为

$$u=L\frac{\text{d}i}{\text{d}t}$$

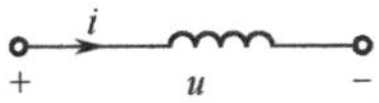

图 4.35　电感元件

将 $i=I_m\sin(\omega t+\varphi_i)$ 代入上式，得

$$u=L\frac{\text{d}I_m\sin(\omega t+\varphi_i)}{\text{d}t}=\omega LI_m\cos(\omega t+\varphi_i)=\omega LI_m\sin\left(\omega t+\varphi_i+\frac{\pi}{2}\right)$$

所以

$$u=U_m\sin(\omega t+\varphi_u)=\omega LI_m\sin\left(\omega t+\varphi_i+\frac{\pi}{2}\right)$$

可以得到电压 u 和电流 i 的关系如下。

（1）大小关系。

$$U_m=I_m\omega L$$

即

$$U=I\omega L=I2\pi fL=IX_L \tag{4.19}$$

式（4.19）在形式上与欧姆定律相似，它表明了电感元件上电压与电流有效值之间的关系。

（2）相位关系。

$$\varphi_u=\varphi_i+\frac{\pi}{2} \tag{4.20}$$

说明电感上电压较电流越前 90°，或者说电流滞后电压 90°。则对应的相量关系为

$$\begin{aligned}\dot{U}&=U\angle\varphi_u=I\omega L\angle\left(\varphi_i+\frac{\pi}{2}\right)=I\omega L\angle\varphi_i\angle\frac{\pi}{2}\\&=\text{j}\omega LI\angle\varphi_i=\text{j}\omega L\dot{I}=\text{j}X_L\dot{I}\end{aligned} \tag{4.21}$$

式（4.21）即为电感元件伏安关系的相量形式。

其中，$X_L=\omega L=2\pi fL$ 称为感抗，单位为欧姆（Ω）；感抗的倒数 $B_L=\dfrac{1}{X_L}=\dfrac{1}{\omega L}$，叫感

纳，单位为西门子（S）。

感抗 X_L 与电源频率（或角频率）成正比，在一定大小的电流通过时，频率越高，感抗越大，电压越大。这是因为电源频率越高，电流变化也就越快，产生的自感电动势也越大，通过同样的电流需要外加电压越大，也就是它对电流的阻碍作用大了，所以感抗就越大。因此在正弦稳态电路中，感抗体现了电感元件阻碍电流通过的作用。有两种极端情况。

（1）当频率 f 趋近于 ∞，$X_L=\omega L=2\pi fL$ 也趋近于 ∞，则 $I=\dfrac{U}{\omega L}$ 趋近于 0，即电感元件对极高频率电流有极强的抑制作用，极限情况下，它相当于开路。因此在电子线路中，常用电感线圈作为高频扼流圈。

（2）当频率 f 趋近于 0，X_L 也趋近于 0，则 $U=\omega LI$ 趋近于 0，即对于直流电流，电感元件相当于短路。

必须注意，感抗只是电感上电压和电流有效值之比，而不是它们的瞬时值之比。因为瞬时值之间存在的是导数关系而不是正比关系。同时感抗只对正弦电流有意义。

电感元件的相量图模型及电压和电流的相量图，如图 4.36 所示。

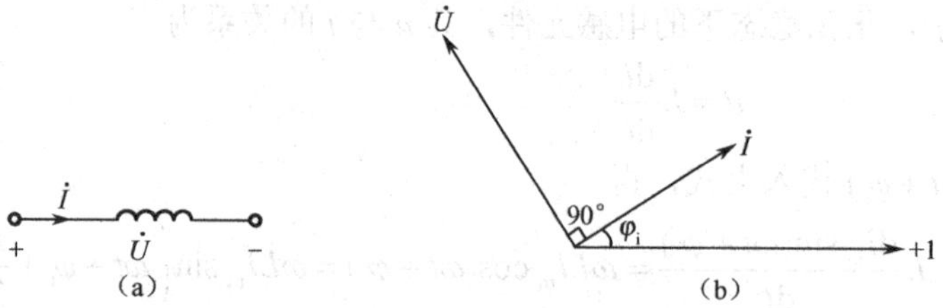

图 4.36　电感元件的相量模型及电压、电流的相量图

2. 瞬时功率、有功功率和无功功率

1）瞬时功率

对如图 4.35 所示电感元件，假设 $i=I_m\sin\omega t, u=U_m\sin\left(\omega t+\dfrac{\pi}{2}\right)$，电感元件吸收的瞬时功率

$$
\begin{aligned}
p=ui&=U_m\sin\left(\omega t+\frac{\pi}{2}\right)\times I_m\sin\omega t \\
&=U_mI_m\cos\omega t\sin\omega t=UI\sin 2\omega t
\end{aligned}
\tag{4.22}
$$

式（4.22）说明，电感元件的瞬时功率 p 也是随时间变化的正弦函数，其频率为电源频率的两倍，u、i 和 p 的波形如图 4.37 所示。可以看出，当 u、i 都为正或都为负时，p 为正值，此时电感元件吸收功率，将电能转换成磁场能量；当 u 为正、i 为负或 u 为负、i 为正时，p 为负值，此时电感元件发出功率，把磁场储存的能量归还给电源。p 正、负值交替出现，说明电感元件与外电路不断进行能量的交换。

2）有功功率

电感元件吸收的有功功率为

$$P=\frac{1}{T}\int_0^T ui\mathrm{d}t=\frac{1}{T}\int_0^T UI\sin 2\omega t\mathrm{d}t=0$$

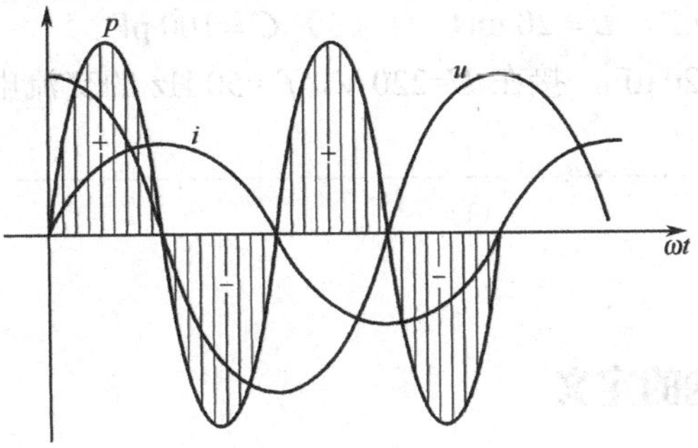

图 4.37　电感电路中的功率曲线

说明电感元件不消耗能量，是一个储能元件。

3）无功功率

电感元件瞬时功率的最大值叫作电感电路（即电感元件）的无功功率，以 Q_L 表示，用来衡量电源与电感元件间的能量交换的最大速率。

$$Q_L = UI = I^2 X_L = \frac{U^2}{X_L} \tag{4.23}$$

无功功率是相对于有功功率而言，它不是实际作功的功率，只是能量交换的最大速率。为了与有功功率区别，将无功功率的单位称为乏尔（var），简称乏。工程中有时还用千乏（kvar）。

$$1\,\text{kvar} = 10^3\ \text{var}$$

实例 4.16　在电压为 $u = 220\sqrt{2}\sin(2\,000\pi t + 135°)$ V 的电源上，接入电感 $L = 0.5$ H 的线圈（电阻忽略不计）。试求：（1）线圈的感抗；（2）关联方向下线圈的电流 i；（3）线圈的无功功率。

解　（1）　$X_L = \omega L = 2\,000 \times 3.14 \times 0.05 = 314$（Ω）

（2）电压对应的相量　$\dot{U} = 220\angle 135°$ V

所以　$$\dot{I} = \frac{\dot{U}}{\text{j}X_L} = \frac{220\angle 135°}{314\angle 90°} = 6.47\angle 45°\ \text{A}$$

得　$$i = 6.47\sqrt{2}\sin(2\,000\pi t + 45°)\ \text{A}$$

（3）　$Q_L = UI = 220 \times 6.47 = 1\,423$（var）

思考题 19

1. 在单个元件电路中，取关联方向时，下列表达式是否正确。

（1）$u = iR$　（2）$u = \omega L i$　（3）$u = L\dfrac{\text{d}i}{\text{d}t}$

（4）$U = IR$　（5）$\dot{U} = \dfrac{1}{\omega C}\dot{I}$　（6）$\dot{U} = \omega L \dot{I}$

（7）$\dot{I} = \text{j}\omega C \dot{U}$　（8）$\dot{U} = \text{j}X_L \dot{I}$　（9）$\dot{U}_m = R\dot{I}$

2. 一正弦电压源 $\dot{U}_S = 130\angle 90°$ V，$\omega = 100$ rad/s，若将该电压源分别加于下列各元件上，求各电流相量，并画出相量图。

（1）$R = 100\ \Omega$　（2）$L = 20\ \text{mH}$　（3）$C = 100\ \text{pF}$

3．设有一电容 $C = 20\ \mu\text{F}$，接在 U=220 V，f =50 Hz 的交流电路上。求：容抗、电路中的电流及无功功率。

4.5 阻抗与导纳

4.5.1 阻抗与导纳的定义

由前面可知三个基本元件 R、L、C 的电压与电流之间的相量关系为

$$\dot{U} = R\dot{I}\ ,\ \dot{U} = \mathrm{j}\omega L\dot{I}\ ,\ \dot{U} = \frac{\dot{I}}{\mathrm{j}\omega C} \tag{4.24}$$

将上述方程表示成电压相量与电流相量之比的形式，即

$$\frac{\dot{U}}{\dot{I}} = R\ ,\ \frac{\dot{U}}{\dot{I}} = \mathrm{j}\omega L\ ,\ \frac{\dot{U}}{\dot{I}} = \frac{1}{\mathrm{j}\omega C} \tag{4.25}$$

由以上三个表达式，即可得到任一元件欧姆定律的相量形式为

$$Z = \frac{\dot{U}}{\dot{I}} \quad \text{或}\ \dot{U} = Z\dot{I} \tag{4.26}$$

式中，Z 是一个与频率有关的量，称为复阻抗，简称阻抗。阻抗可视为阻值随频率变化的复数阻值。注意，相量和复数阻抗的概念只能用在正弦稳态电路中。

电路的阻抗是指电压相量 $\dot{U}$ 与电流相量 $\dot{I}$ 的比值，单位为欧姆（Ω）。

由式（4.25）可以得到电阻、电感和电容的阻抗分别为

$$Z_{\mathrm{R}} = R\ ,\ Z_{\mathrm{L}} = \mathrm{j}\omega L\ ,\ Z_{\mathrm{C}} = -\mathrm{j}\frac{1}{\omega C} \tag{4.27}$$

通常情况下，Z 是电阻、电感和电容所构成的网络的等效阻抗值，它表示电路对正弦电流的阻碍程度。阻抗不是一个实数，而是一个复数，它包含实部和虚部，可用代数形式表示为

$$Z = R + \mathrm{j}X \tag{4.28}$$

式中，R 为电阻，X 为电抗，单位均为欧姆。阻抗也可以表示为极坐标形式

$$Z = |Z|\angle\varphi \tag{4.29}$$

其中

$$|Z| = \sqrt{R^2 + X^2}\ ,\quad \varphi = \arctan\frac{X}{R}$$

阻抗的倒数称为导纳，用符号 Y 表示，单位为西门子（S）。

$$Y = \frac{\dot{I}}{\dot{U}} = \frac{1}{Z} \tag{4.30}$$

由式（4.25）可得到电阻、电感和电容的导纳分别为

$$Y_{\mathrm{R}} = \frac{1}{R},\quad Y_{\mathrm{L}} = \frac{1}{\mathrm{j}\omega L},\quad Y_{\mathrm{C}} = \mathrm{j}\omega C \tag{4.31}$$

应该注意，阻抗与导纳都是复数，但并不表示正弦量，故阻抗符号 Z 和导纳符号 Y 上面都不加小圆点“·”，以和代表正弦量的复数（相量）区别。

4.5.2　阻抗的串联

在如图 4.38（a）所示的多个阻抗（可以是单个电阻、电容、电感或多个元件的组合）串联电路中，有

$$\dot{U}=\dot{U}_1+\dot{U}_2+\cdots+\dot{U}_n=(Z_1+Z_2+\cdots+Z_n)\dot{I} \tag{4.32}$$

输入端的等效阻抗 Z 为

$$Z=\frac{\dot{U}}{\dot{I}}=Z_1+Z_2+\cdots+Z_n \tag{4.33}$$

式中，Z 为串联电路的等效阻抗，原电路可等效为如图 4.38（b）所示的电路。

多阻抗串联电路和直流电路纯电阻串联电路的分析方法类似，只要把电阻用相应的阻抗表示，把欧姆定律用相量式的欧姆定律表示即可。

当两个阻抗串联时，如图 4.39 所示，流过阻抗的电流为

$$I=\frac{U}{Z_1+Z_2}$$

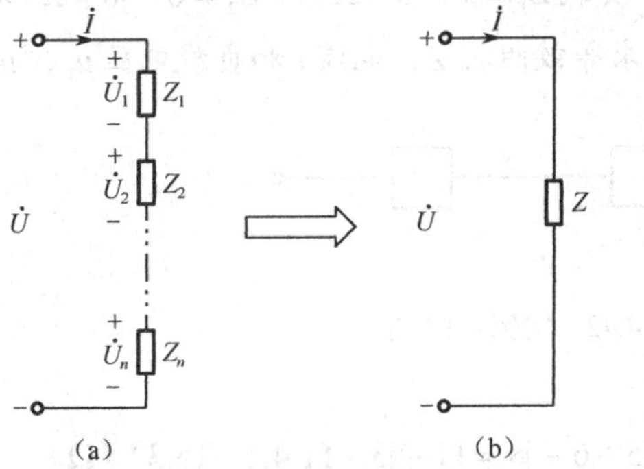

图 4.38　阻抗串联及其等效电路

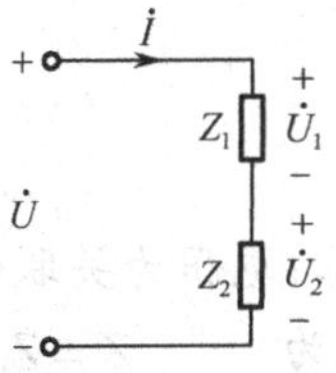

图 4.39　分压原理

由于 $U_1=IZ_1$，$U_2=IZ_2$，所以各阻抗两端的电压为

$$\dot{U}_1=\frac{Z_1}{Z_1+Z_2}\dot{U}\text{，}\dot{U}_2=\frac{Z_2}{Z_1+Z_2}\dot{U} \tag{4.34}$$

式（4.34）即为分压公式。

4.5.3　阻抗的并联

如图 4.40 所示为多个阻抗并联的电路，各阻抗两端电压相等，由 KCL 可得

$$\dot{I}=\dot{I}_1+\dot{I}_2+\cdots+\dot{I}_n=\dot{U}\left(\frac{1}{Z_1}+\frac{1}{Z_2}+\cdots+\frac{1}{Z_n}\right) \tag{4.35}$$

则等效阻抗为

$$\frac{1}{Z}=\frac{\dot{I}}{\dot{U}}=\frac{1}{Z_1}+\frac{1}{Z_2}+\cdots+\frac{1}{Z_n} \tag{4.36}$$

等效导纳为

$$Y=Y_1+Y_2+\cdots+Y_n \tag{4.37}$$

上式表明，并联导纳的等效导纳等于各导纳之和。

当两个阻抗并联时，如图 4.41 所示，其等效阻抗为

$$Z=\frac{Z_1Z_2}{Z_1+Z_2} \tag{4.38}$$

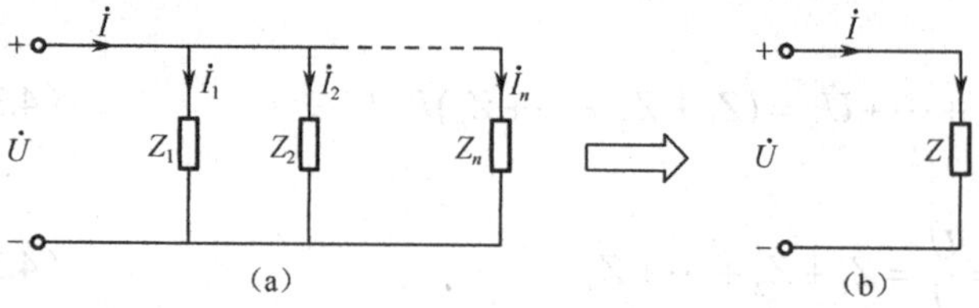

图 4.40　阻抗并联及其等效电路

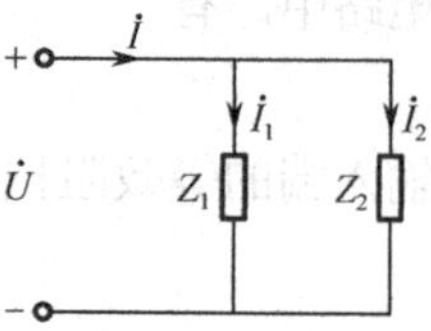

图 4.41　分流原理

由于$\dot{U}=\dot{I}Z=\dot{I}_1$，$Z_1=\dot{I}_2Z_2$，所以流过各阻抗的电流为

$$\dot{I}_1=\frac{Z_2}{Z_1+Z_2}\dot{I}\ ,\quad \dot{I}_2=\frac{Z_1}{Z_1+Z_2}\dot{I} \tag{4.39}$$

式（4.39）即为分流公式。

实例 4.17　如图 4.42 所示，设有两个负载$Z_1=5+\mathrm{j}5$（Ω）和$Z_2=6-\mathrm{j}8$（Ω）相串联，接在$u=220\sqrt{2}\sin(\omega t+30°)$ V 的电源上，试求等效阻抗 Z、电流i和负载电压u_1、u_2各为多少？

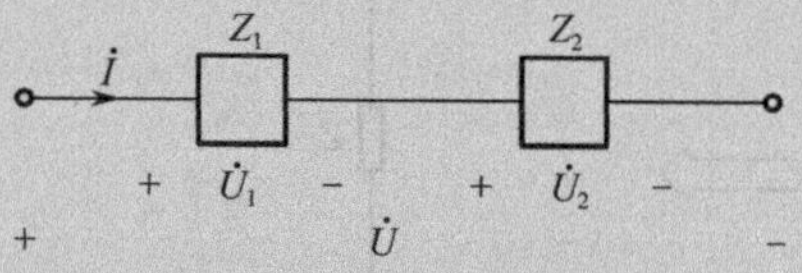

图 4.42　实例 4.17 图

解　选定电流、电压为关联的参考方向。

等效阻抗为　$Z=Z_1+Z_2=5+\mathrm{j}5+6-\mathrm{j}8=11-\mathrm{j}3=11.4\angle-15.3°$（Ω）

电源电压为　$\dot{U}=220\angle30°$ V

电流为　$\dot{I}=\dfrac{\dot{U}}{Z}=\dfrac{220\angle30°}{11.4\angle-15.3°}=19.3\angle45.3°$（A）

∴　$i=19.3\sqrt{2}\sin(\omega t+45.3°)$ A

则负载电压为　$\dot{U}_1=Z_1\cdot\dot{I}=7.07\angle45°\cdot19.3\angle45.3°$（V）

$$u_1=136.5\sqrt{2}\sin(\omega t+90.3°)\ \text{V}$$

$$\dot{U}_2=Z_2\cdot\dot{I}=10\angle-53.1°\cdot19.3\angle45.3°\ (\text{V})$$

$$u_2=193\sqrt{2}\sin(\omega t-7.8°)\ \text{V}$$

实例 4.18　如图 4.18 所示，设有两个负载$Z_1=30+\mathrm{j}40$（Ω）和$Z_2=8-\mathrm{j}6$（Ω）相并联，接在$u=220\sqrt{2}\sin\omega t$（V）的电源上，试求等效阻抗 Z、总电流$i$、负载电流$i_1$和$i_2$各为多少？

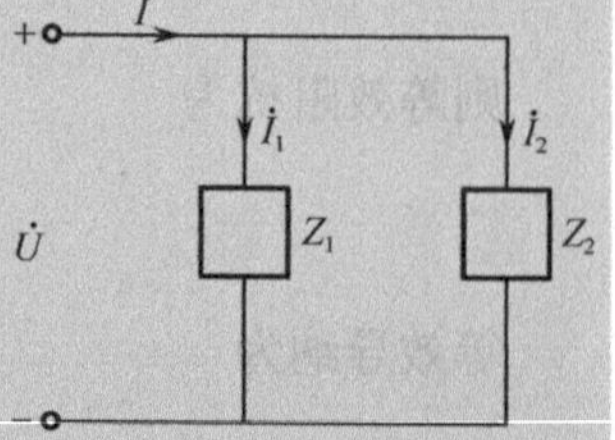

图 4.43　实例 4.18 图

解　选定电流、电压为关联的参考方向。

$Z_1=30+\mathrm{j}40=50\angle53.1°$（Ω），$Z_2=8-\mathrm{j}6=10\angle-36.9°$（Ω）

等效阻抗为　$Z=\dfrac{Z_1Z_2}{Z_1+Z_2}=\dfrac{50\angle53.1°\cdot10\angle-36.9°}{30+\mathrm{j}40+8-\mathrm{j}6}$

$=9.78\angle-25.6°(\Omega)$

电源电压为　　$\dot{U}=220\angle0°\ \text{V}$

总电流为　$\dot{I}=2.64-\text{j}3.52+17.6+\text{j}13.2=20.2+\text{j}9.68$

$=22.5\angle25.6°(\text{A})$

负载电流　$\dot{I}_1=\dfrac{\dot{U}}{Z_1}=\dfrac{220\angle0°}{50\angle53.1°}=4.4\angle-53.1°(\text{A})$

$\dot{I}_2=\dfrac{\dot{U}}{Z_2}=\dfrac{220\angle0°}{10\angle-36.9°}=22\angle36.9°(\text{A})$

所以　$i_1=4.4\sqrt{2}\sin(\omega t-53.1°)\ \text{A}$，$i_2=22\sqrt{2}\sin(\omega t+36.9°)\ \text{A}$

思考题 20

1．求如图 4.44 所示电路的总阻抗 Z_{ab}。

2．如图 4.45 所示，已知 $R_1=10\,\Omega$，$R_2=15\,\Omega$，$X_L=15\,\Omega$，$X_C=30\,\Omega$，$u=220\sqrt{2}\sin\omega t$（V），求总阻抗和电流 i_1、i_2、i_3。

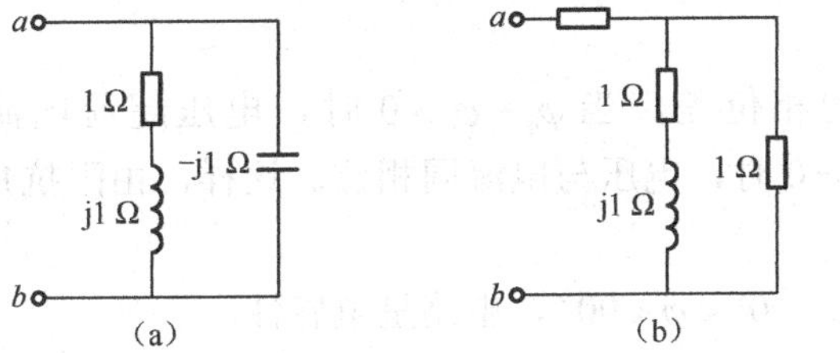

图 4.44　题 1 图

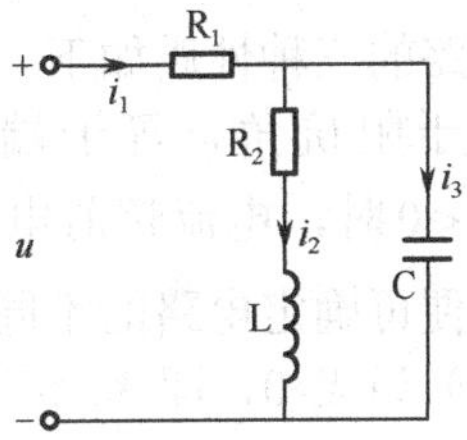

图 4.45　题 2 图

4.6　RLC 串联电路的相量分析

4.6.1　电压与电流的关系

如图 4.46 所示为电阻 R、电感 L 和电容 C 相串联的电路，各电压与电流的参考方向如图所示。

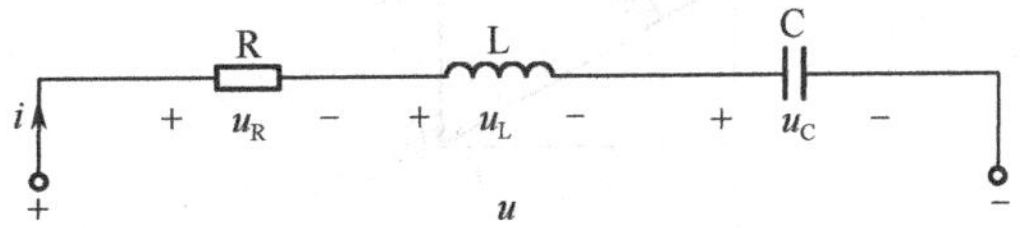

图 4.46　RLC 串联电路

电压与电流关系的相量形式为

$$\dot{U}=Z\dot{I}$$

其等效阻抗为

$$Z=Z_R+Z_L+Z_C=R+\text{j}\left(\omega L-\frac{1}{\omega C}\right) \tag{4.40}$$

$$=R+\text{j}(X_L-X_C)=R+\text{j}X$$

式中，$X = X_L - X_C$ 为电路的电抗，表征电路中所有储能元件对电流的阻碍作用。X 可为正，也可为负。

将阻抗 Z 表示成极坐标式 $$Z = |Z| \angle \varphi$$

其中 $$|Z| = \sqrt{R^2 + X^2}, \quad \varphi = \arctan\frac{X}{R}$$

$|Z|$ 是阻抗模，它反映了 RLC 串联电路对正弦电流的阻碍能力，它只与元件的参数和电源频率有关，而与电压、电流无关。φ 是阻抗的幅角，称为阻抗角。它就是在关联方向下端电压超前电流的角度。

由阻抗的定义得

$$Z = \frac{\dot{U}}{\dot{I}} = \frac{U\angle\varphi_u}{I\angle\varphi_i} = \frac{U}{I}\angle\varphi_u - \varphi_i = |Z|\angle\varphi \tag{4.41}$$

由式（4.41）可知，阻抗 Z 表示了电路的电压与电流之间的关系，既反映了有效值关系，又反映了相位关系。

有效值关系： $$U = I \cdot |Z|$$

相位关系： $$\varphi = \varphi_u - \varphi_i \text{（}u \text{ 比 } i \text{ 超前} \varphi \text{角）}$$

电路的三种性质如下。

由于阻抗角 φ 等于端电压与电流的相位差，当 $\varphi_u - \varphi_i > 0$ 时，电压超前电流；当 $\varphi_u - \varphi_i < 0$ 时，电流超前电压；当 $\varphi_u - \varphi_i = 0$ 时，电压与电流同相位。这样，由阻抗角值的正负，便可确定电路的不同性质。

（1）当 $X>0$，即 $X_L > X_C$ 时，$U_L > U_C$，$0^\circ < \varphi < 90^\circ$，电路呈电感性。

（2）当 $X<0$，即 $X_L < X_C$ 时，$U_L > U_C -90^\circ < \varphi < 0^\circ$，电路呈电容性。

（3）当 $X=0$，即 $X_L = X_C$ 时，$U_L = U_C$，$\varphi = 0$，电路呈电阻性。

以 $\dot{I}$ 为参考相量，$\dot{I} = I\angle 0^\circ$，对于三种情况分别画出各电压相量如图 4.47 所示，图中

$$\begin{aligned}\dot{U} &= \dot{U}_R + \dot{U}_L + \dot{U}_C = \dot{I}R + j\dot{I}(X_L - X_C) \\ &= \dot{I}R + j\dot{I}X = \dot{U}_R + j\dot{U}_X\end{aligned}$$

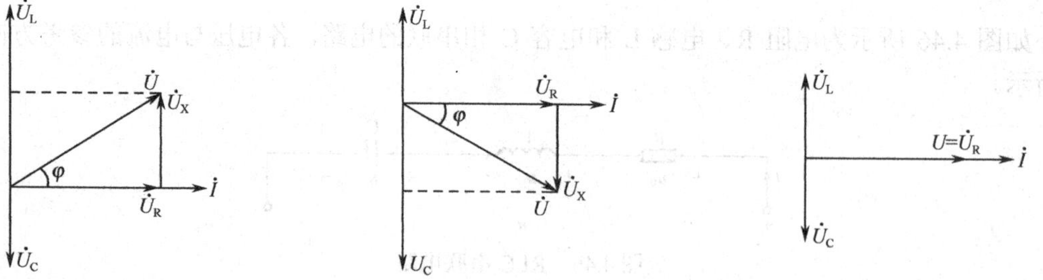

（a）$X>0$　　（b）$X<0$　　（c）$X=0$

图 4.47　RLC 串联电路三种情况的相量图

可见，各段电压相量构成一个直角三角形（图 4.47（c）是特例），称为电压三角形。而且三角形各边长均表示各段电压的有效值，它们的关系为

$$U = \sqrt{U_R^2 + (U_L - U_C)^2} = \sqrt{U_R^2 + U_X^2} \tag{4.42}$$

由于 $U = I \cdot |Z|$，$U_R = IR$，$U_X = IX$，所以 R、X、$|Z|$ 也构成一个直角三角形，称为

阻抗三角形，它与电压三角形为相似三角形。将图 4.47（a）和图 4.47（b）中的电压三角形三条边长分别除以电流有效值 I，即可得到阻抗三角形，如图 4.48 所示。由于阻抗三角形三个边代表的不是正弦量，所以画的是线段，而不是矢量。

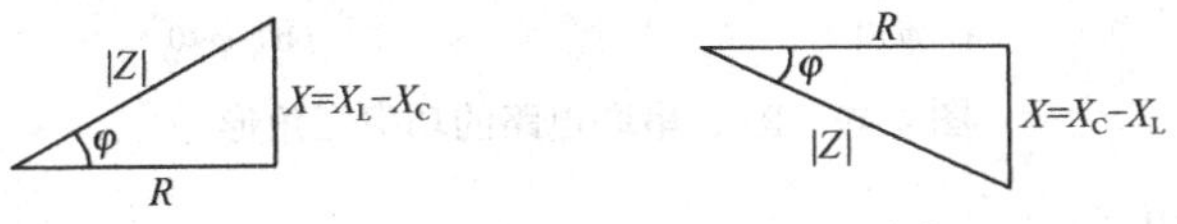

（a）　　　　　　　　　　　（b）

图 4.48　RLC 串联电路的阻抗三角形

从如图 4.48 所示的阻抗三角形中，可知电阻 R、电抗 X、阻抗模 $|Z|$ 与阻抗角 φ 之间的关系

$$|Z|=\sqrt{R^2+X^2}=\sqrt{R^2+(X_L-X_C)^2} \tag{4.43}$$

$$\varphi=\arctan\frac{X}{R}=\arctan\frac{X_L-X_C}{R} \tag{4.44}$$

4.6.2　功率

在 RLC 串联电路中，既有耗能元件又有储能元件。这样，电路中即有能量的消耗，又有能量的交换，即电路中既有有功功率也有无功功率。

1. 有功功率

电路的有功功率即为电阻 R 上的有功功率

$$P=P_R=U_R I \tag{4.45}$$

由电压三角形知

$$U_R=U\cos\varphi$$

所以

$$P=UI\cos\varphi=U_R I=I^2 R \tag{4.46}$$

2. 无功功率

电路中的电感元件和电容元件都可与外界交换能量。电路的无功功率即为电抗上的无功功率

$$Q=U_X\cdot I \tag{4.47}$$

由电压三角形知

$$U_X=U\sin\varphi$$

所以

$$Q=U_X I=UI\sin\varphi=I^2 X \tag{4.48}$$

式中

$$U_X=U_L-U_C$$

3. 视在功率与功率因数

电路中端电压的有效值 U 与电流的有效值 I 的乘积，既不是电路的有功功率，也不是电路的无功功率，称为电路的视在功率，用符号 S 表示，它的单位为伏安（V·A）。

$$S=U\cdot I \tag{4.49}$$

用视在功率表示交流设备的容量是比较方便的，通常所说变压器的容量，就是指它的视在功率。如 50 kV·A（千伏安）的变压器，100 kV·A 的变压器等。

把电压三角形的三个边同乘以 I，又能得到一个与电压三角形相似的三角形，它的三个边分别表示电路的有功功率 P、无功功率 Q 和视在功率 S，所以这个三角形叫作电路的功率三角形，如图 4.49 所示。

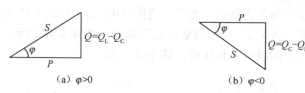

（a）$\varphi>0$　　　　（b）$\varphi<0$

图 4.49　RLC 串联电路的功率三角形

由功率三角形可知

$$P=S\cos\varphi，\ Q=S\sin\varphi$$

$$S=\sqrt{P^2+Q^2}，\ \varphi=\arctan\frac{Q}{P} \tag{4.50}$$

应该注意，功率 P、Q、S 都不是正弦量，所以不能用相量表示。

由于 $\cos\varphi\leqslant 1$，$P=S\cos\varphi$，$P\leqslant S$。也就是说，在一定大小的电压、电流下，负载获得的有功功率大小取决于 $\cos\varphi$，称 $\cos\varphi$ 的值为功率因数，φ 称为功率因数角。

对于灯泡、电炉等电阻性用电设备，由于 $\cos\varphi=1$，有功功率与视在功率相等，这类电器的容量也可以用有功功率的形式给出，如灯泡上标出的 60 W、100 W 字样。而对于变压器、发电机这类电气设备，由于功率因数与负载性质及运行方式有关，有功功率不是常数，因而往往只标出其容量（视在功率）。

本节分析的 RLC 串联电路是一个基本电路，对它的分析方法和计算要熟练掌握。其他如：RL 串联电路、RC 串联电路、电阻元件、电感元件、电容元件均可视为 RLC 串联电路的特例。

在 RLC 串联电路中　　$Z=R+\mathrm{j}X=R+\mathrm{j}(X_L-X_C)$

当 $X_C=0$ 时，$Z=R+\mathrm{j}X_L$，即为 RL 串联电路。

当 $X_L=0$ 时，$Z=R-\mathrm{j}X_C$，即为 RC 串联电路。

当 $X=0$ 时，$Z=R$，即为纯电阻电路。

当 $R=0$，$X_L=0$ 时，$Z=-\mathrm{j}X_C$，即为纯电容电路。

当 $R=0$，$X_C=0$ 时，$Z=\mathrm{j}X_L$，即为纯电感电路。

实例 4.19　已知电阻 $R=30\,\Omega$，电感 $L=382\,\mathrm{mH}$，电容 $C=40\,\mu\mathrm{F}$ 组成的串联电路，接于电源电压 $u=100\sqrt{2}\sin(314t+30^\circ)\,\mathrm{V}$ 的电源两端，试求 Z、$\dot{I}$、$\dot{U}_R$、$\dot{U}_L$、$\dot{U}_C$，画出相量图，并求出电路的 P、Q 和 S。

解

$$Z=R+\mathrm{j}(X_L-X_C)=30+\mathrm{j}\left(314\times0.382-\frac{10^6}{314\times40}\right)$$

$$=30+\mathrm{j}(120-80)=30+\mathrm{j}40=50\angle53.1(\Omega)$$

令

$$\dot{U}=100\angle30^\circ\,\mathrm{V}$$

则

$$\dot{I}=\frac{\dot{U}}{Z}=\frac{100\angle30^\circ}{50\angle53.1^\circ}=2\angle-23.1^\circ(\mathrm{A})$$

$$\dot{U}_R=R\times\dot{I}=30\times2\angle-23.1^\circ=60\angle-23.1^\circ(\mathrm{V})$$

$$\dot{U}_L=\mathrm{j}X_L\cdot\dot{I}=120\angle90^\circ\times2\angle-23.1^\circ=240\angle66.9^\circ(\mathrm{V})$$

$$\dot{U}_C=-\mathrm{j}X_C\cdot\dot{I}=80\angle-90^\circ\times2\angle-23.1^\circ=160\angle-113.1^\circ(\mathrm{V})$$

相量图如图 4.50 所示。

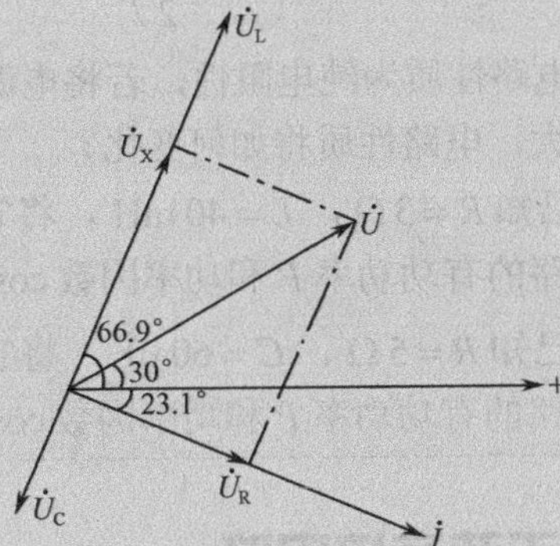

图 4.50　实例 4.19 图

$$P = UI\cos\varphi = 100\times2\times\cos53.1^\circ = 120\,(\text{W})$$
$$Q = UI\sin\varphi = 100\times2\times\sin53.1^\circ = 160\,(\text{var})$$
$$S = UI = 100\times2 = 200\,(\text{V}\cdot\text{A})$$

实例 4.20　如图 4.51（a）所示 RC 串联电路中，设已知输入电压频率 f=800 Hz，C=0.046 μF。需要输出电压滞后于输入电压 30°，求电阻 R。

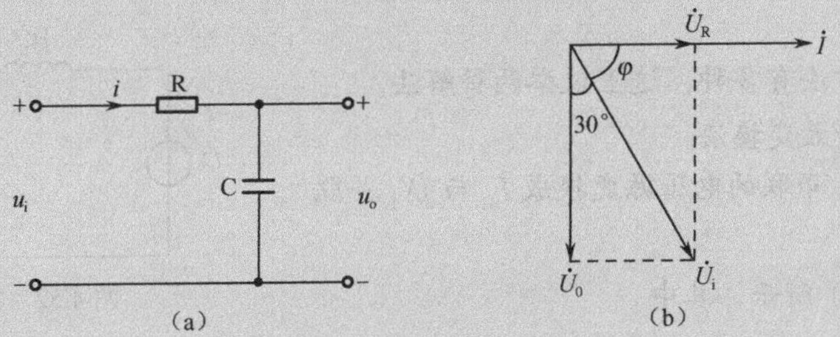

图 4.51　实例 4.20 图

解　选定 i、u_R、u_0 的参考方向一致，如图 4.51（a）所示。

以电流为参考相量，作出电流与电压的相量图，如图 4.51（b）所示。

已知输出电压 $\dot{U}_0$（即 $\dot{U}_C$）滞后于输入电压 $\dot{U}_i$ 30°，如图 4.51（b）所示，则电压 $\dot{U}_i$ 与电流 $\dot{I}$ 的相位差为 $\varphi = -60^\circ$。

而
$$X_C = \frac{1}{\omega C} = \frac{1}{2\times3.14\times800\times0.046\times10^{-6}} = 4\,327\,(\Omega)$$

因为
$$\tan\varphi = \frac{-X_C}{R}$$

所以
$$R = \frac{-X_C}{\tan\varphi} = \frac{-4\,327}{\tan(-60^\circ)} = 2\,498\,(\Omega)$$

思考题 21

1．判断下列电路的性质。

（1）$\dot{U} = 5\angle30^\circ\,\text{V}$，$\dot{I} = 2\angle-30^\circ\,\text{A}$　　（2）$\varphi = -45^\circ$　　（3）$Y = 10\angle60^\circ\,\text{s}$

（4）$u=10\sqrt{2}\sin\left(\omega t+\dfrac{\pi}{2}\right)\text{V}$，$i=5\sqrt{2}\sin\left(\omega t-\dfrac{\pi}{2}\right)\text{A}$　（5）$Z=(5-\text{j}3)\Omega$

2．在 RLC 串联电路中，电路性质为纯电阻性，若将电源频率升高，电路性质是否改变？如何改变？若将电阻 R 增大，电路性质将如何变化？

3．在 RL 串联电路中，已知 $R=3\,\Omega$，$L=40\text{ mH}$，将它们接在电压为 $u=110\sqrt{2}\sin(100t+30°)\text{ V}$ 的电源上，求电路的有功功率 P 和功率因数 $\cos\varphi$。

4．在 RC 串联电路中，已知 $R=5\,\Omega$，$C=60\,\mu\text{F}$，将它们接在电压为 $u=100\sqrt{2}\sin(314t+60°)\text{ V}$ 的电源上，求电路的有功功率 P 和功率因数 $\cos\varphi$。

4.7 用相量法分析复杂正弦交流电路

前面已经介绍过相量形式的欧姆定律与基尔霍夫定律，与直流电路中的这两个定律在形式上完全相同，只不过直流电路中各量都是实数，而交流电路中各量是复数。因此，把直流电路中的电阻换为复阻抗，电导换为复导纳，所有正弦量均用相量表示，那么分析直流电路时所采用的各种网络分析方法、原理和定理都完全适用于线性正弦交流电路。

实例 4.21 如图 4.52 所示电路，已知：$\dot{U}_\text{S}=50\angle0°\text{ V}$，$\dot{I}_\text{S}=10\angle30°\text{ A}$，$X_\text{L}=5\,\Omega$，$X_\text{C}=3\,\Omega$，求 $\dot{U}$。

解 求解本例的方法有多种，这里仅举两种解法。

解法一：电源的等效变换法。

先将 $\dot{U}_\text{S}$ 与 $\text{j}X_\text{L}$ 串联的电压源变换成 $\dot{I}_\text{S1}$ 与 $\text{j}X_\text{L}$ 并联的电流源。

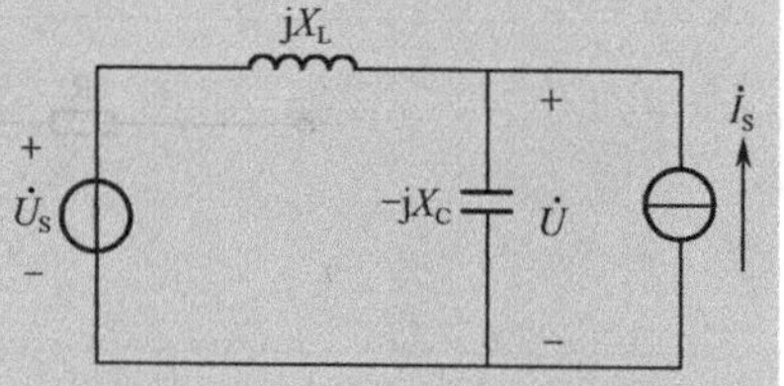

图 4.52　实例 4.21 图

如图 4.53（a）所示，其中

$$\dot{I}_\text{S1}=\frac{\dot{U}_\text{S}}{\text{j}X_\text{L}}=\frac{50\angle0°}{\text{j}5}=10\angle-90°\text{（A）}$$

再将电流源 $\dot{I}_\text{S}$ 和 $\dot{I}_\text{S1}$ 并联，得到电流源 $\dot{I}_\text{S2}$，如图 4.53（b）所示。

$$\begin{aligned}\dot{I}_\text{S2}&=\dot{I}_\text{S1}+\dot{I}_\text{S}=10\angle-90°+10\angle30°\\&=-\text{j}10+8.66+\text{j}5=8.66-\text{j}5=10\angle-30°\text{（A）}\end{aligned}$$

计算等效导纳　$Y=Y_\text{L}+Y_\text{C}=-\text{j}\dfrac{1}{X_\text{L}}+\text{j}\dfrac{1}{X_\text{C}}=-\text{j}\dfrac{1}{5}+\text{j}\dfrac{1}{3}=\text{j}\dfrac{2}{15}\text{（S）}$

所以　$\dot{U}=\dfrac{\dot{I}_\text{S2}}{Y}=\dfrac{10\angle-30°}{\text{j}\dfrac{2}{15}}=75\angle-120°\text{（V）}$

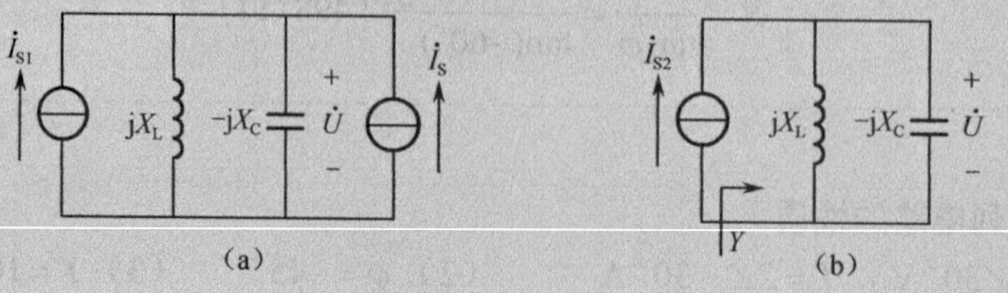

（a）　（b）

图 4.53　电路变换

解法二：叠加定理。

电压 $\dot{U}$ 是 $\dot{U}_S$ 单独作用时的电压 $\dot{U}'$（如图 4.54（a）所示）和 $\dot{I}_S$ 单独作用时的电压 $\dot{U}''$（如图 4.54（b）所示）之和。

图 4.54（a）中
$$\dot{U}'=\frac{-jX_C}{jX_L-jX_C}\dot{U}_S=\frac{-j3}{j5-j3}\times 50=-75\text{（V）}$$

图 4.54（b）中
$$\dot{U}''=\frac{\dot{I}_S}{Y}=\frac{10\angle 30^\circ}{-j\frac{1}{5}+j\frac{1}{3}}=\frac{10\angle 30^\circ}{j\frac{2}{15}}=75\angle -60^\circ\text{（V）}$$

所以
$$\dot{U}=\dot{U}'+\dot{U}''=-75+75\angle -60^\circ=-75+37.5-j64.9=75\angle -120^\circ\text{（V）}$$

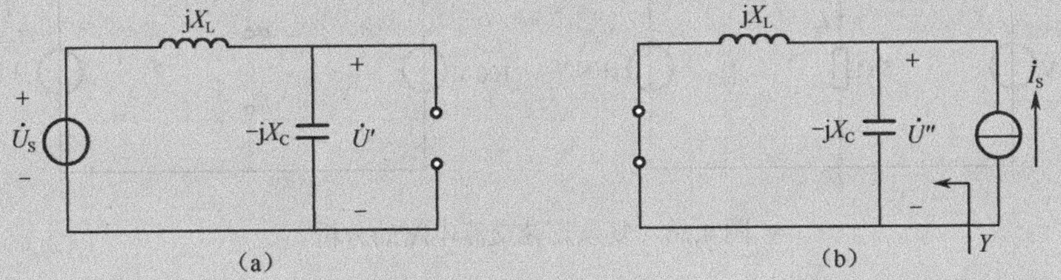

图 4.54　叠加定理方法

实例 4.22　如图 4.55 所示电路，已知 $\dot{U}_{S1}=100\text{ V}$，$\dot{U}_{S2}=j100\text{ V}$，$R=5\,\Omega$，$X_L=5\,\Omega$，$X_C=2\,\Omega$，用节点电压法求各支路电流。

解　设支路电流 $\dot{I}_1$、$\dot{I}_2$ 和 $\dot{I}_3$ 的参考方向如图 4.55 所示，并以 b 点为参考点，其中

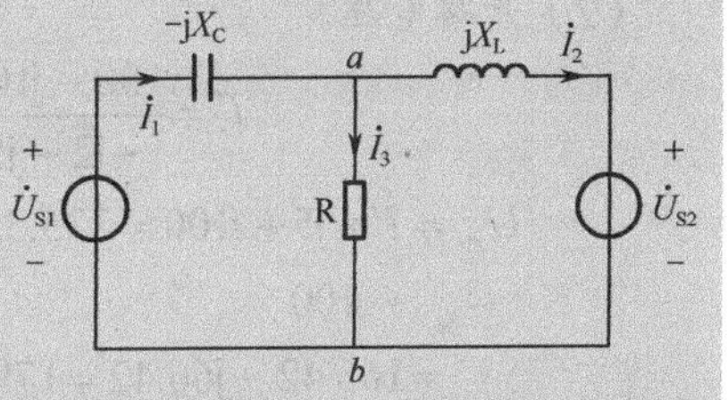

图 4.55　实例 4.22 图

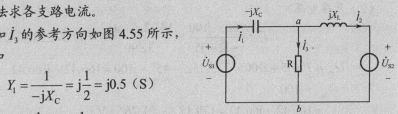

$$Y_1=\frac{1}{-jX_C}=j\frac{1}{2}=j0.5\text{（S）}$$

$$Y_2=\frac{1}{jX_L}=-j\frac{1}{5}=-j0.2\text{（S）}$$

$$Y_3=\frac{1}{R}=\frac{1}{5}=0.2\text{（S）}$$

$$\dot{U}_{ab}=\frac{\dot{U}_{S1}Y_1+\dot{U}_{S2}Y_2}{Y_1+Y_2+Y_3}=\frac{100\times j0.5+j100\times(-j0.2)}{j0.5-j0.2+0.2}=\frac{20+j50}{0.2+j0.3}$$
$$=\frac{53.85\angle 68.2^\circ}{0.36\angle 56.3^\circ}=149.58\angle 11.9^\circ=146.37+j30.84\text{（V）}$$

因为
$$\dot{U}_{ab}=-\dot{I}_1\times(-jX_C)+\dot{U}_{S1}$$
$$\dot{U}_{ab}=\dot{I}_2\times jX_L+\dot{U}_{S2}\qquad \dot{U}_{ab}=\dot{I}_3\times R$$

所以各支路电流为
$$\dot{I}_1=\frac{\dot{U}_{S1}-\dot{U}_{ab}}{-jX_C}=\frac{100-(146.37+j30.84)}{2\angle -90^\circ}=\frac{-46.37-j30.84}{2\angle -90^\circ}$$
$$=\frac{55.69\angle -146.37^\circ}{2\angle -90^\circ}=27.845\angle -56.37^\circ\text{（A）}$$

$$\dot{I}_2=\frac{\dot{U}_{ab}-\dot{U}_{S2}}{jX_{L:}}=\frac{146.37+j30.84-j100}{5\angle 90^\circ}=\frac{146.37-j69.16}{5\angle 90^\circ}$$

$$=\frac{161.89\angle -25.29^\circ}{5\angle 90^\circ}=32.378\angle -115.29^\circ\text{（A）}$$

$$\dot{I}_3=\frac{\dot{U}_{ab}}{R}=\frac{149.58\angle 11.9^\circ}{5}=29.92\angle 11.9^\circ\text{（A）}$$

实例 4.23 用戴维南定理求图 4.56 中的电流 $\dot{I}_3$。

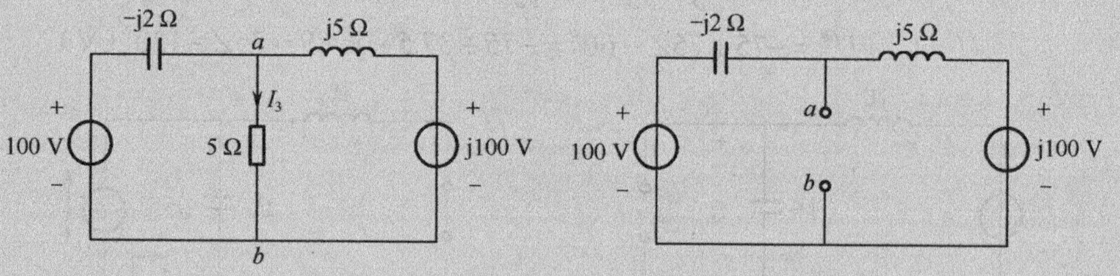

图 4.56 复杂正弦交流电路的分析

解 （1）入端阻抗。

$$Z_i=\frac{-j2\times j5}{-j2+j5}=\frac{10}{j3}=-j\frac{10}{3}\text{（Ω）}$$

（2）开路电压。

$$I'=\frac{100-j100}{-j2+j5}=\frac{141.2\angle -45^\circ}{3\angle 90^\circ}=47.07\angle 135^\circ\text{（A）}$$

$$U_{ab}=I'\times j5+j100=235.35\angle -45^\circ+j100=166.42-j166.42$$
$$+j100$$
$$=166.42-j66.42=179.18\angle -21.76^\circ\text{（V）}$$

（3）戴维南等效电路如图 4.57 所示。

$$\dot{I}_3=\frac{179.18\angle -21.76^\circ}{5-j\frac{10}{3}}=\frac{179.18\angle -21.76^\circ}{6\angle -33.69^\circ}$$
$$=29.86\angle 11.93^\circ\text{（A）}$$

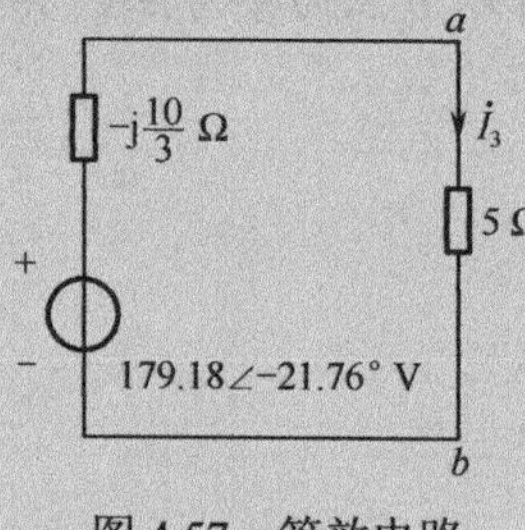

图 4.57 等效电路

思考题 22

写出如图 4.58 所示电路的节点电压方程组，并写出求解支路电流的表达式。

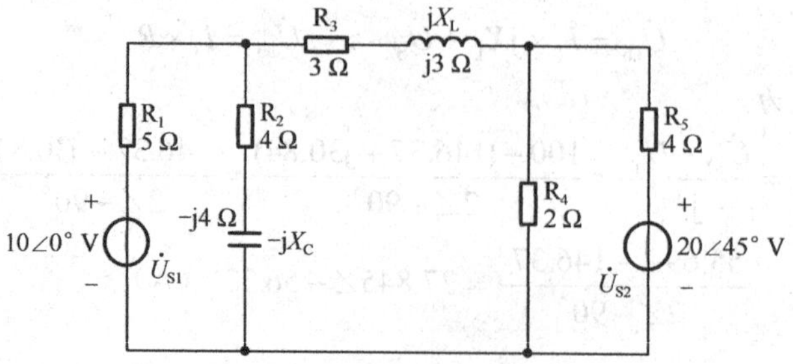

图 4.58 题图

4.8　功率因数的提高

4.8.1　提高功率的意义

在交流电力系统中，负载多为感性负载，如常用的感应电动机。接上电源时要建立磁场，所以它除了需要从电源取得有功功率外，还要由电源取得建立磁场的能量，并与电源做周期性的能量交换，在交流电路中，负载从电源接受的有功功率 $P = UI\cos\varphi$ ，显然与功率因数 $\lambda = \cos\varphi$ 有关，功率因数低会引起下列不良后果。

（1）负载的功率因数低，使电源设备的容量不能充分利用。因为电源设备（发电机、变压器等）是依照它的额定电压与额定电流设计的。例如，一台容量为 100 kV·A 的变压器，当负载的功率因数 $\lambda = 1$ 时，则此变压器就能输出 100 kW 的有功功率；当 $\lambda = 0.75$ 时，此变压器只能输出 75 kW 了，也就是说变压器的容量未能充分利用。

（2）在一定的电压下向负载输送一定的有功功率时，负载的功率因数越低，输电线路的电压降和功率损失越大。这是因为 $I = \dfrac{P}{U\cos\varphi}$ ，当 λ 减小时，I 必然增大，当 I 增大时，线路上的电压降 ΔU 也要增加，电源电压一定，ΔU 增加，负载的端电压将减少，这要影响负载的正常工作。从另一方面看，电流增加，线路中的功率损耗也要增加，从以上分析可知，提高功率因数对国民经济有着重要的意义。

常用的感应电动机在空载时的功率因数为 0.2～0.3，而在额定负载时为 0.83～0.85，不装电容器的日光灯，功率因数为 0.45～0.6。

4.8.2　提高功率因数的方法

提高电路负载功率因数的最简便的方法，是用电容器与感性负载并联，这样就可以使电感磁场能量与电容器的电场能量交换，从而减少电源与负载间能量的互换。

利用相量图，能看出电感性负载并联一个电容后，可以提高电路的功率因数。

由图 4.59（b）可以看出，感性负载未并联电容前，电流 $\dot{I}_1$ 滞后于电压 $\dot{U}$ 为 φ_1 角，此时，总电流 $\dot{I} = \dot{I}_1$ 也滞后于电压 $\dot{U}$ 为 φ_1 角，并联电容以后，$\dot{U}$ 一定，感性负载中 $\dot{I}_1$ 不变，电容支路中电流 $\dot{I}_C$ 超前 $\dot{U}$ 为 $\dfrac{\pi}{2}$，总电流 $\dot{I} = \dot{I}_1 + \dot{I}_C$ ，$\dot{I}$ 与 $\dot{U}$ 间相位差变小，所以 $\cos\varphi_2 > \cos\varphi_1$，这样就提高了电路的功率因数。

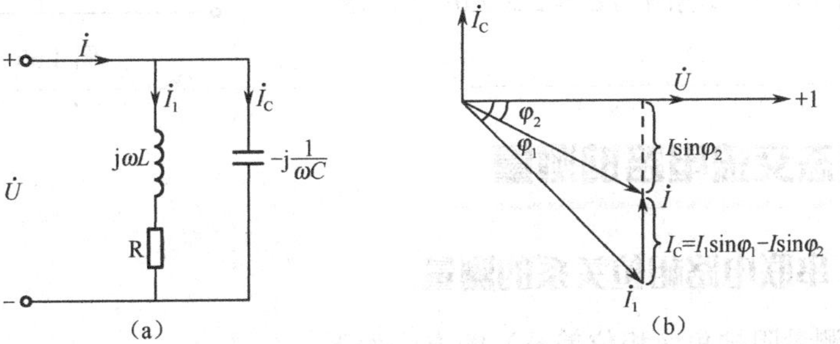

图 4.59　功率因数的提高

并联电容前：　　$P=UI_1\cos\varphi_1$　　$I_1=\dfrac{P}{U\cos\varphi_1}$

并联电容后：　　$P=UI\cos\varphi_2$　　$I=\dfrac{P}{U\cos\varphi_2}$

由图 4.59（b）可以看出

$$I_C=I_1\sin\varphi_1-I\sin\varphi_2=\frac{P}{U\cos\varphi_1}\cdot\sin\varphi_1-\frac{P}{U\cos\varphi_2}\cdot\sin\varphi_2$$

$$I_C=\frac{P}{U}(\tan\varphi_1-\tan\varphi_2)$$

又因为 $I_C=\dfrac{U}{X_C}=U\omega C$，代入上式得

$$U\omega C=\frac{P}{U}(\tan\varphi_1-\tan\varphi_2)$$

即

$$C=\frac{P}{\omega U^2}(\tan\varphi_1-\tan\varphi_2) \tag{4.51}$$

应用式（4.51），可以求出把功率因数从 $\cos\varphi_1$ 提高到 $\cos\varphi_2$ 所需的电容值。

实例 4.24　已知电动机的功率 P=10 kW，U=240 V，$\cos\varphi_1=0.6$，f=50 Hz，试求把电路功率因数提高到 0.9 时，与该电动机并联的电容为多大？

解　$\cos\varphi_1=0.6$　　$\varphi_1=53.1^\circ$　　$\tan\varphi_1=1.33$

$\cos\varphi_2=0.9$　　$\varphi_2=25.8^\circ$　　$\tan\varphi_2=0.484$

可知

$$\begin{aligned}C&=\frac{10\times10^3}{2\times3.14\times50\times240^2}(1.33-0.484)\\&=0.000\,553\times0.846\\&=468\times10^{-6}\,(\text{F})=468\,(\mu\text{F})\end{aligned}$$

思考题 23

1．教学楼有功率为 40 W，功率因数为 0.5 的日光灯 100 只，并联在 220 V、f=50 Hz 的电源上，求此时电路的总电流及功率因数。如果要把功率因数提高到 0.9，应并联多大的电容。

2．如图 4.60 所示二端网络 $\dot{U}=220\angle0^\circ$ V，求 $\dot{I}$ 和 $\cos\varphi$。

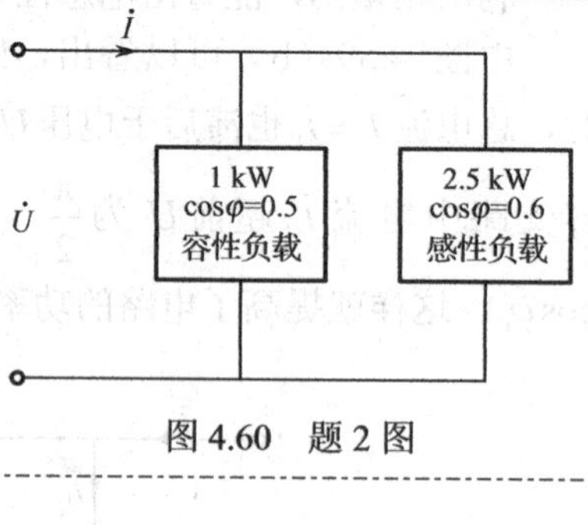

图 4.60　题 2 图

4.9　正弦稳态交流电路的测量

4.9.1　RL 串联电路相位关系的测量

采用示波器测量阻抗角（相位差 φ）的方法如下。

（1）按图 4.61 接线，将欲测量相位差的两个信号（总电压信号和电阻电压信号）分别接到双踪示波器 CH1 和 CH2 两个输入端。调节示波器有关旋钮，使示波器屏幕出现两条大小适中、图像稳定的波形。

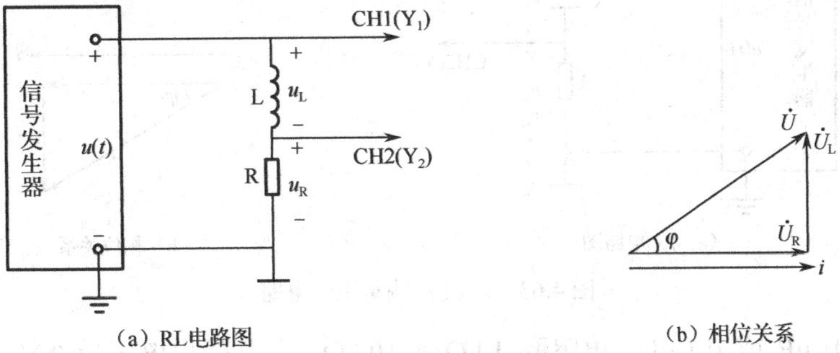

图 4.61　示波器测量 RL 电路

（2）在示波器荧光屏上获得正弦波水平方向一个周期所占的格数（n），相位差所占的格数（m），如图 4.62 所示，则实际的相位差为

$$\varphi = \frac{m}{n} \times 360^\circ \tag{4.52}$$

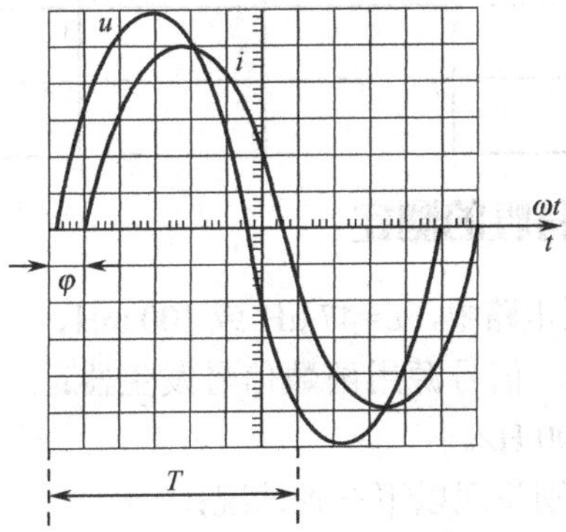

图 4.62　示波器信号

（3）电感取 47 mH 或 47 μH，电阻取 100 Ω，信号输出电压为 2 V，频率如表 4.3 所示，将获得的数据记入表中。

表 4.3　结果记录（1）

频率 f (kHz)	80	130	200	250	400
n（格）					
m（格）					
φ（度）					

4.9.2　RC 串联电路相位关系的测量

按图 4.63 接线，步骤同上。同时在示波器上可观察到 CH1（总电压）滞后 CH2（电阻电压）波形。

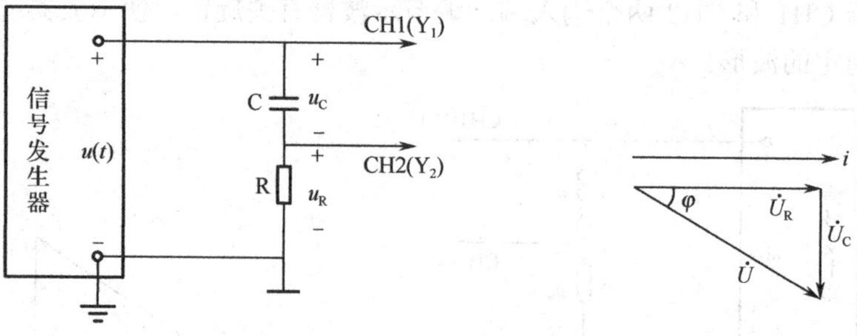

（a）RC电路图　　（b）相位关系

图 4.63　示波器测量 RC 电路

电容取 0.01 μF 或 0.1 μF，电阻取 1 kΩ或 10 kΩ，信号输出电压为 2 V，频率如表 4.4 所示，将获得的数据记入表中。

表 4.4　结果记录（2）

频率 *f*（Hz）	500	700	1 k	1.5 k	2 k
n（格）					
m（格）					
φ（度）					

4.9.3　RLC 串联电路特性的测定

在如图 4.64 所示 RLC 串联电路中，L=47 μH 或 100 mH、C=0.33 μF 或 10 μF、R=1 kΩ。信号源用函数信号发生器：电压 $V_{P\text{-}P}$=12 V；频率 50～1 500 Hz。

调节电源频率，使电路分别呈现以下三种情况：

（1）$X_L > X_C$时，RLC 电路呈感性电路；

（2）$X_L < X_C$时，RLC 电路呈容性电路；

（3）$X_L = X_C$时，RLC 电路呈电阻性电路。

此时交流毫伏表分别测量U_L和U_C，同时用双踪示波器观察波形，并将测量数据和波形图记入表 4.5 中。

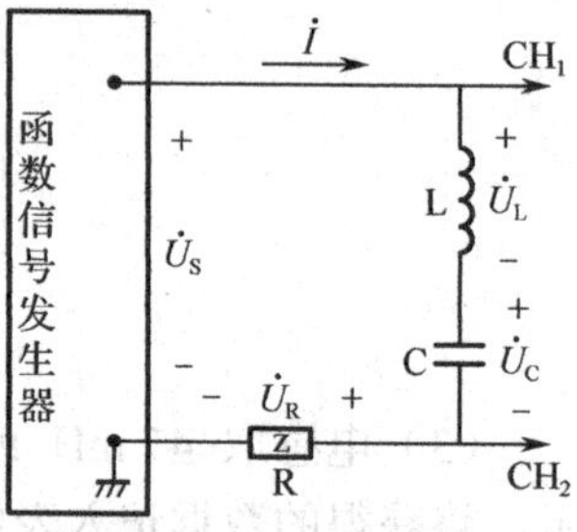

图 4.64　RLC 电路图

表 4.5　结果记录（3）

三 种 性 质	*f*（kHz）	U_C（V）	U_L（V）	波 形 图
$X_L > X_C$				
$X_L < X_C$				
$X_L = X_C$				

本章小结

1. 正弦量

（1）正弦量的三要素。

振幅值——瞬时值中的最大值，如 U_m、I_m、E_m 等。

角频率——每秒正弦量经历的电角度，$\omega=2\pi f$。

初相——计时起点（t=0 时）的角 φ。

（2）正弦量的三种表示法。

三角函数表示法（解析式），如 $i=I_m\sin(\omega t+\varphi_i)$。

正弦曲线表示法即波形图。

相量表示法，如 $\dot{U}$ 、$\dot{I}$ 等。

（3）超前与滞后。

一个正弦量比另一个正弦量早到达零值或振幅值时，称前者比后者超前，或后者比前者滞后。

（4）正弦量的有效值 $I=0.707I_m$，$U=0.707U_m$。

2. 正弦交流电路中元件的规律与互联规律

（1）电阻元件上电压与电流的相量关系为

$$\dot{U}_R = R\dot{I}_R$$

电感元件上电压与电流的相量关系为

$$\dot{U}_L = jX_L\dot{I}_L$$

电容元件上电压与电流的相量关系为

$$\dot{U}_C = -jX_C\dot{I}_C$$

（2）R、L、C 元件之比较（见表 4.6）。

表 4.6　R、L、C 元件之比较

时　域		时域（相量形式）	
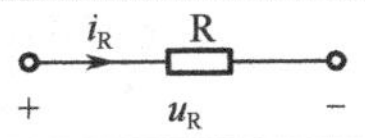	$u_R = Ri_R$	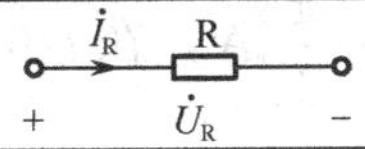	$\dot{U}_R = R\dot{I}_R$
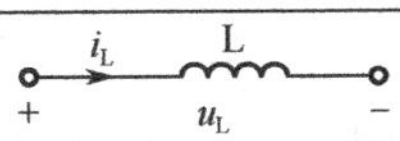	$u_L = L\dfrac{di_L}{dt}$	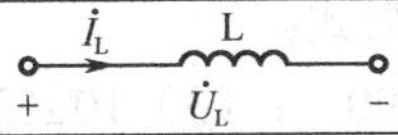	$\dot{U}_L = j\omega L\dot{I}_L$
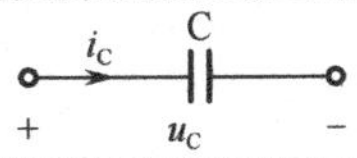	$u_C = \dfrac{1}{C}\int i_C dt$	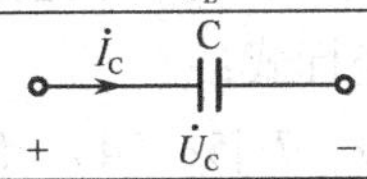	$\dot{U}_C = \dfrac{1}{j\omega C}\dot{I}_C$

（3）相量形式的基尔霍夫定律。

KCL：$\sum\dot{I}=0$　　　　KVL：$\sum\dot{U}=0$

3. 用相量法分析 RLC 串联电路

复阻抗

$$Z = R + \mathrm{j}X = R + \mathrm{j}(X_\mathrm{L} - X_\mathrm{C}) = R + \mathrm{j}\left(\omega L - \frac{1}{\omega C}\right)$$

$$Z = |Z|\angle\varphi$$

模（阻抗） $|Z| = \sqrt{R^2 + X^2}$

幅角（阻抗角） $\varphi = \arctan\dfrac{X}{R}$

电压与电流关系 $\dot{U} = \dot{I}Z$

有功功率 $P = UI\cos\varphi = I^2R$

无功功率 $Q = UI\sin\varphi = I^2X$

视在功率 $S=UI$

4. 功率因数的提高

通常提高功率因数的方法是在感性负载两端并联电容器。

并联电容器的电容量为

$$C = \frac{P}{\omega U^2}(\tan\varphi_1 - \tan\varphi_2)$$

习题 4

4.1 已知一正弦电流 $i = 10\sin\left(314t + \dfrac{\pi}{3}\right)$A，试写出其振幅值、角频率、频率和周期。

4.2 按照已选定的参考方向，电流 $i = 3\sin\left(314t - \dfrac{\pi}{6}\right)$A，如果把参考方向选定成相反的方向，则电流的解析式应如何写。

4.3 已知 $u_\mathrm{A} = 311\sin(3140t)$ V，$u_\mathrm{B} = 311\sin\left(3140t + \dfrac{2\pi}{3}\right)$V，试求出各正弦量的振幅值、有效值、初相、角频率、周期及两个正弦量 u_A 与 u_B 之间的相位差。

4.4 已知 $u = 141\sqrt{2}\sin\omega t$（V），$i = 2\sin(\omega t - 30°)$ A，求电压和电流的平均值及有效值。

4.5 设电流 $i = I_\mathrm{m}\sin\left(\omega t + \dfrac{\pi}{3}\right)$A，在 t=0 时，求电流有效值。

4.6 将下列复数写成代数式：

（1）8∠90°；（2）6∠−90°；（3）10∠30°；（4）110∠−60°。

4.7 将下列复数写出极坐标式：

（1）9−j4；（2）2+j5；（3）−7−j5；（4）−5+j6。

4.8 已知 A_1=3+j4，A_2=6+j5，求 A_1+A_2；A_1-A_2；$A_1\times A_2$；$A_1\div A_2$。

4.9 已知 B_1=8∠−60°，B_2=5∠0°，求 B_1+B_2；B_1-B_2；$B_1\times B_2$；$B_1\div B_2$。

4.10 求下列各题中 Z_1+Z_2 及 $\dfrac{Z_1Z_2}{Z_1+Z_2}$

（1）Z_1=8∠−30° Ω，Z_2=6∠30° Ω；

（2）$Z_1=6\angle 0°\ \Omega$，$Z_2=3\angle 90°\ \Omega$。

4.11　写出下列各正弦量的对应相量。

（1）$u=100\sqrt{2}\sin(\omega t+25°)$ V；

（2）$i_1=10\sqrt{2}\sin(\omega t+90°)$ A；

（3）$i_2=7.07\sin(\omega t)$ A。

4.12　写出下列各相量的对应正弦量（f=100 Hz）。

（1）$\dot{I}_1=(5-\mathrm{j}4)$ A；　（2）$\dot{I}_2=-\mathrm{j}3$ A；

（3）$\dot{U}_1=100\angle -60°$ V；　（4）$\dot{U}_2=220\angle -120°$ V；

4.13　求下列各组正弦量之和。

（1）$u_1=110\sqrt{2}\sin(\omega t)$ V；$u_2=220\sqrt{2}\sin(\omega t+30°)$ V

（2）$i_1=10\sin(3140t+30°)$ A；$i_2=8\sin(3140t-45°)$ A

4.14　有一 220 V、10 kW 的电炉，接在 220 V 的交流电源上，试求通过电炉的电流和正常工作时的电阻。

4.15　已知在 100 Ω的电阻上通过的电流$i_2=5\sin(314t+30°)$ A，试求电阻两端电压的有效值，写出电压解析式并算出该电阻消耗的功率。

4.16　已知一线圈通过 50 Hz 的电流时，其感抗为 10 Ω，试问电源频率为 10 kHz，其感抗为多少？

4.17　具有 80 mH 电感的电路上，外施电压$u=170\sin(300t)$ V，选定 u、i 参考方向一致时，写出电流的解析式，并作出电流和电压的相量图。

4.18　已知一线圈在 50 Hz、50 V 电路中的电流为 1 A，在 100 Hz、50 V 时电流为 0.8 A，求线圈的电阻和电感各为多少？

4.19　把一个 50 μF 的电容接在 f=50 Hz、电压为 220 V 的电源上，试求通过电容的电流及无功功率。

4.20　两个同频率正弦电压u_1、u_2的有效值各为 40 V、30 V。问：（1）什么情况下u_1+u_2的有效值为 70 V；（2）什么情况下u_1+u_2的有效值为 10 V；（3）什么情况下u_1+u_2的有效值为 50 V。

4.21　电阻 R=30 Ω，电感 L=6 mH 的串联电路接到$u=220\sqrt{2}\sin(314t+45°)$ A 的电源上，试求 i、P、Q 及 S。

4.22　电阻 R=40 Ω，电容 C=30 μF 的串联电路接到$u=100\sin(300t)$ V 的电源上，试求$\dot{I}$，并画出相量图。

4.23　如题图 4.1 所示电路中，已知$u_\mathrm{i}=\sqrt{2}\sin(2\,360\pi t)$ V，R=5.1 kΩ，C=0.01 μF，试求：

（1）输出电压u_o；

（2）输出电压比输入电压超前的相位差；

（3）如果电源频率增高，那么输出电压比输入电压超前的相位差增大还是减小。

4.24　如题图 4.2 所示 RLC 串联电路中，已知 R=8 Ω，L=0.07 H，C=122 μF，$\dot{U}=120\angle 0°$ V，f=50 Hz。试求电路中电流$\dot{I}$，电压$\dot{U}_\mathrm{R}$、$\dot{U}_\mathrm{L}$和$\dot{U}_\mathrm{C}$，并画出相量图。

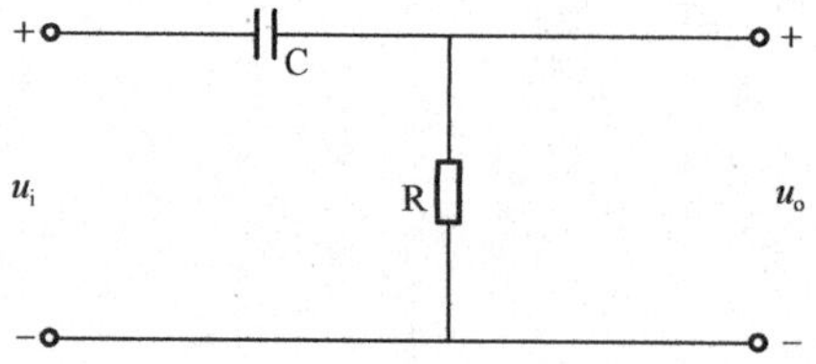

题图 4.1

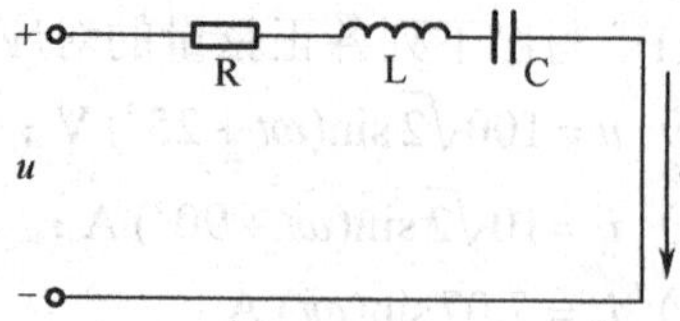

题图 4.2

4.25 在 RLC 串联电路中，已知 R=10 Ω，X_L=15 Ω，X_C=5 Ω，电源电压 $u=10\sqrt{2}\sin(314t+30°)$V，求此时电路的复阻抗 Z，电流 $\dot{I}$，电压 $\dot{U}_R$、$\dot{U}_L$ 和 $\dot{U}_C$，并画出相量图。

4.26 如题图 4.3 所示电路中，已知 $\dot{U}=50\angle 45°$ V，$\dot{I}=2.5\angle -15°$ A，$Z_1=(5-j8)\,\Omega$，求 Z_2。

4.27 电路如题图 4.4 所示，已知 $\dot{U}=8\angle 0°$ V，$Z_1=(1-j0.5)\,\Omega$，$Z_2=(1+j)\,\Omega$，$Z_3=(3-j)\,\Omega$。

求：（1）输入阻抗 Z_i；（2）求 $\dot{I}_1$。

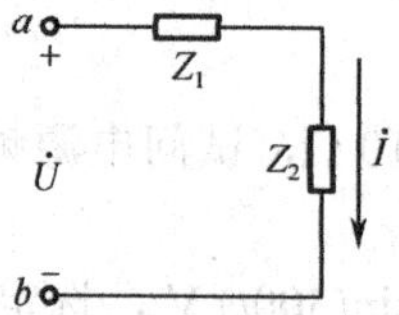

题图 4.3

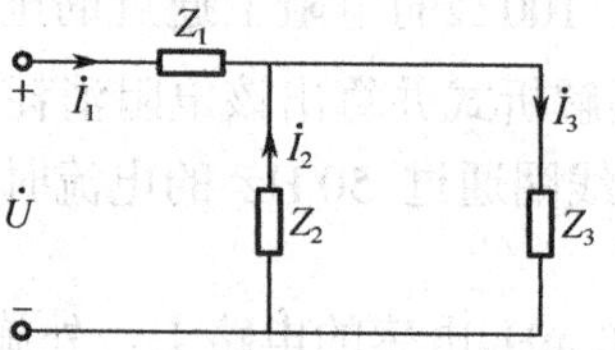

题图 4.4

4.28 某厂取用功率为150 kW，功率因数 $\lambda=0.65$，负载呈感性，今需把电路功率因数提高到0.95，问应并联多大电容。已知电源电压为380 V，频率为 50 Hz。

第5章 三相电路

三相电路广泛应用的交流电几乎都是由三相发电机产生和三相线输送的。工程上把三个频率相同但初相位不同的正弦电源和三相负载按特定方式连接组成的电路称为三相电路。从电路理论角度看，三相电路不过是复杂的正弦稳态电路，可用前面所述的方法分析计算。但三相电路有它本身的特点，特别是对称三相电路，因而分析上也有相应的特点。

5.1 三相电路的基本概念

5.1.1 三相电源

如图 5.1 所示的是最简单的三相发电机原理图。在磁极 N、S 间放一圆柱铁芯，铁芯表面上对称安置了三个完全相同的线圈，叫作三相绕组。原理图中每相绕组只画了一匝。绕组 AX、BY、CZ 分别称为 A 相绕组、B 相绕组和 C 相绕组，铁芯和绕组合称为电枢。

每相绕组的端点 A、B、C 为绕组的起端，叫作“相头”；X、Y、Z 当作绕组的末端，叫作“相尾”。三个相头之间（或三个相尾之间）在空间上彼此相隔 120°。电枢表面的磁感应强度沿圆周为正弦分布，它的方向与圆柱表面垂直。

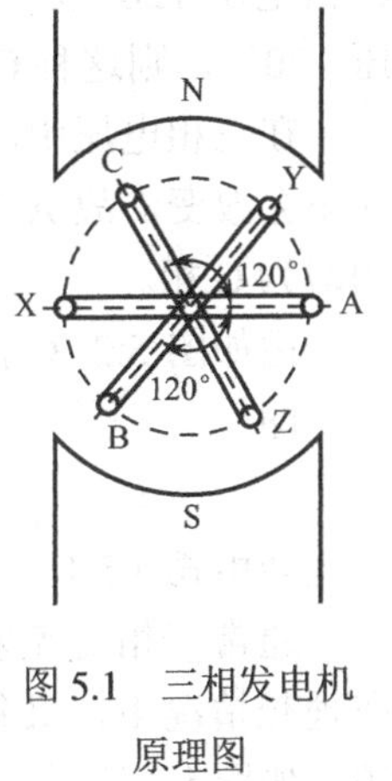

图 5.1　三相发电机原理图

在发电机的绕组内，我们规定每相电源的正极性分别标记为 A、B、C，负极性分别标记为 X、Y、Z。

当电枢逆时针方向等速旋转时，各绕组内感应出频率相同，振幅值相等而相位各相差 120° 的电动势（或电压源），这三个电动势称为对称三相电动势（或对称三相电源）。

以第一相绕组 AX 产生的电压 u_A 经过零值时为计时起点，则第二相绕组 BY 产生的电压 u_B 滞后于第一相电压 u_A $\frac{1}{3}$ 周期，第三相绕组 CZ 产生的电压 u_C 滞后于第一相电压 u_A $\frac{2}{3}$ 周期或超前 $\frac{1}{3}$ 周期，它们的解析式为

$$\begin{aligned} u_A &= U_m \sin\omega t \\ u_B &= U_m \sin(\omega t - 120^\circ) \\ u_C &= U_m \sin(\omega t + 120^\circ) \end{aligned} \tag{5.1}$$

相量式为

$$\begin{cases} \dot{U}_A = U\angle 0^\circ \\ \dot{U}_B = U\angle -120^\circ \\ \dot{U}_C = U\angle 120^\circ \end{cases} \tag{5.2}$$

三相电源的波形及相量图如图 5.2 所示。

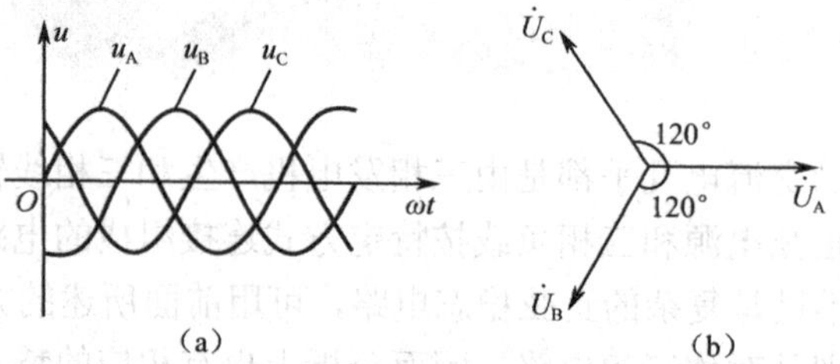

图 5.2　对称三相电源的波形及相量图

在波形图上，三相电压到达振幅值（或零值）的先后次序为相序。在图 5.2（a）中，相序为 A→B→C→A，称为顺序或正序。显然，A 相电压超前 B 相电压 120°，B 相电压超前 C 相电压 120°。与正序相反，若 C 相电压超前 B 相电压 120°，B 相电压超前 A 相电压 120°，则这种 C→B→A→C 的相序称为逆序或负序。本节只讨论顺序的情况。

在三相电压中，以哪相作为 A 相是可以任意指定的，由于发电机产生的三相电压的相序不会改变，故 A 相确定后，比 A 相滞后 120° 的一相即为 B 相，比 A 相超前 120° 的一相即为 C 相。

由如图 5.2 所示的波形图和相量图容易看出，对称三相电压的瞬时值和相量之和恒等于零，即

$$\dot{U}_A + \dot{U}_B + \dot{U}_C = 0 \tag{5.3}$$

这也能由式（5.1）和式（5.2）推出。

通常三相交流发电机产生的都是对称三相电源，在理想情况下，其每个绕组的电路模型都是一个电压源，如图 5.3 所示。本书后文若无特殊说明，则提到三相电源时均指对称三相电源。

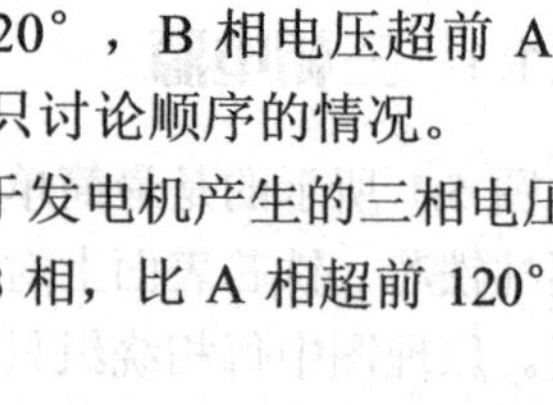

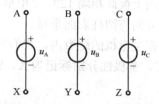

图 5.3　对称三相电源的电路模型

5.1.2　三相电源的连接

三相发电机每相绕组均是独立的，可分别接上负载成为互不相连的三相电路。但这种接法由于导线根数太多，实际上并不采用。

三相电源的三相绕组一般都按两种方式连接成一个整体向外供电。一种方式是星形（又叫 Y 形）连接，另一种方式是三角形（又叫△形）连接。对三相发电机来说，通常采用星形连接，但三相变压器常用三角形连接。

1. 三相电源的星形连接

将三相电压源的末端 X、Y、Z 连接在一起，从三个始端 A、B、C 引出三根导线至负载，这种接法叫三相电源的星形连接，如图 5.4 所示。

从三相始端 A、B、C 引出的三根线导线为端线（又叫火线）；公共端点 N 称为三相电源的中性点，简称中点（或零点）。从中性点引出的导线称为中线。当中性线接地时，中线又称地线或零线。这种接法称为三相四线制。

每根火线与中线之间可以提供一个电压，这个电压称为相电压，相电压有一组三个：$\dot{U}_A$、$\dot{U}_B$、$\dot{U}_C$，如图 5.5 所示。三个相电压分别为

$$\begin{cases}\dot{U}_A = U\angle 0^\circ \\ \dot{U}_B = U\angle -120^\circ \\ \dot{U}_C = U\angle 120^\circ\end{cases} \tag{5.4}$$

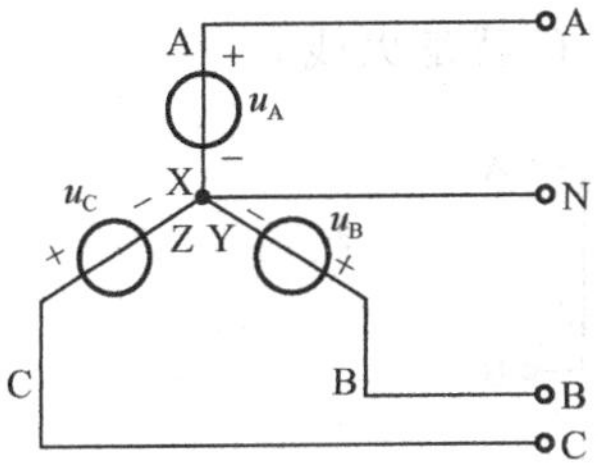

图 5.4　三相电源 Y 形连接

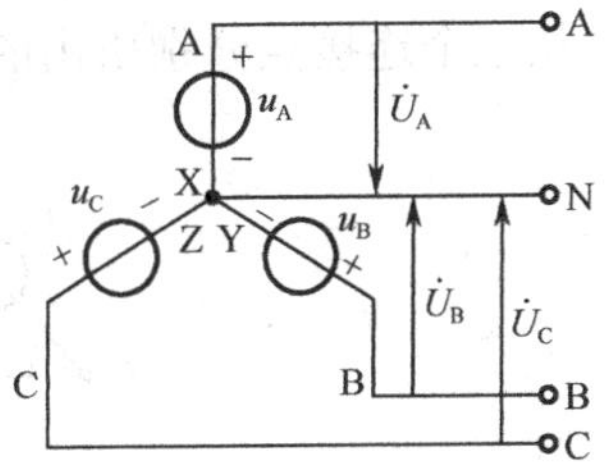

图 5.5　三相电源 Y 形连接的相电压

每根火线与火线之间也可以提供一个电压，这个电压称为线电压，线电压也是一组三个：$\dot{U}_{AB}$、$\dot{U}_{BC}$、$\dot{U}_{CA}$，如图 5.6 所示。

由图 5.6 可知，Y-Y 连接的三相电路中各线电压可表示为

$$\begin{cases}\dot{U}_{AB} = \dot{U}_A - \dot{U}_B \\ \dot{U}_{BC} = \dot{U}_B - \dot{U}_C \\ \dot{U}_{CA} = \dot{U}_C - \dot{U}_A\end{cases} \tag{5.5}$$

由此可画出对称三相电路的相电压与线电压的相量图，如图 5.7 所示。

由相量图不难得到，各线电压与对应的相电压的相量关系为

$$\begin{cases}\dot{U}_{AB} = \sqrt{3}\dot{U}_A\angle 30^\circ \\ \dot{U}_{BC} = \sqrt{3}\dot{U}_B\angle 30^\circ \\ \dot{U}_{CA} = \sqrt{3}\dot{U}_C\angle 30^\circ\end{cases} \tag{5.6}$$

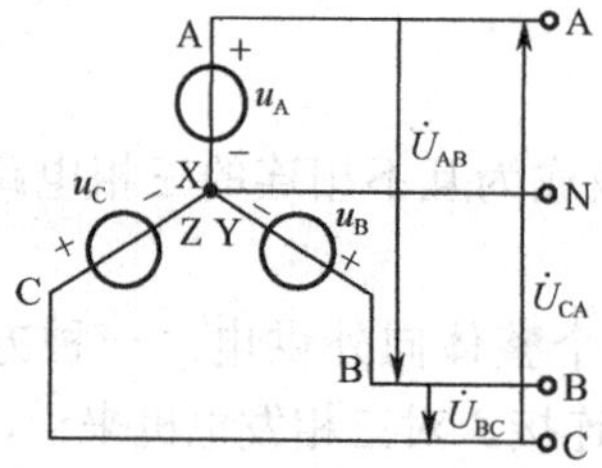

图 5.6　三相电源 Y 形连接的线电压图

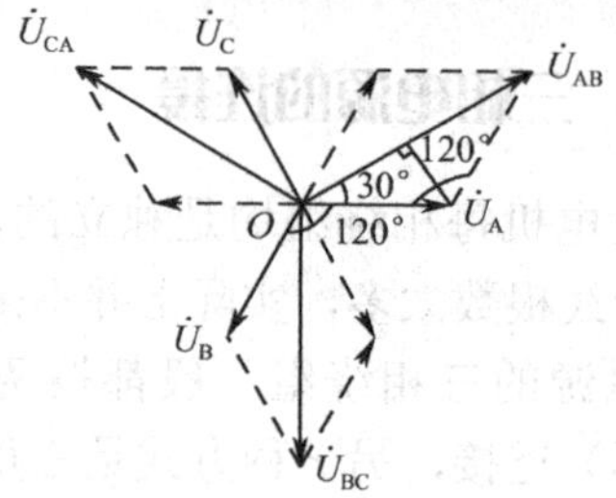

图 5.7　Y-Y 连接三相电压相量图

以上结果表明，Y-Y 连接的三相电路在相电压对称的情况下，线电压也是一组对称三相电压，而且线电压的有效值是相电压有效值的$\sqrt{3}$倍，即

$$U_L = \sqrt{3} U_P \qquad (5.7)$$

线电压在相位上超前其对应的相电压 30°，如 $\dot{U}_{AB}$ 超前于 $\dot{U}_A$ 30°，$\dot{U}_{BC}$ 超前于 $\dot{U}_B$ 30°，$\dot{U}_{CA}$ 超前于 $\dot{U}_C$ 30°。

平常如果讲电源电压为 220 V，即是指相电压；如果讲电源电压为 380 V，即是指线电压。由此可见，电源的星形连接可以给负载提供两种电压，这种连接在实际中获得了广泛的应用。

2. 三相电源的三角形连接

将三相电源的始端和末端依次连接在一起，即 A 与 Z，B 与 X，C 与 Y 连接成一个三角形回路，再从各端 A、B、C 引出三条端线，这种接法称为三相电源的三角形连接，如图 5.8 所示。从三个连接点分别引出的三根端线 A、B、C 就是火线。

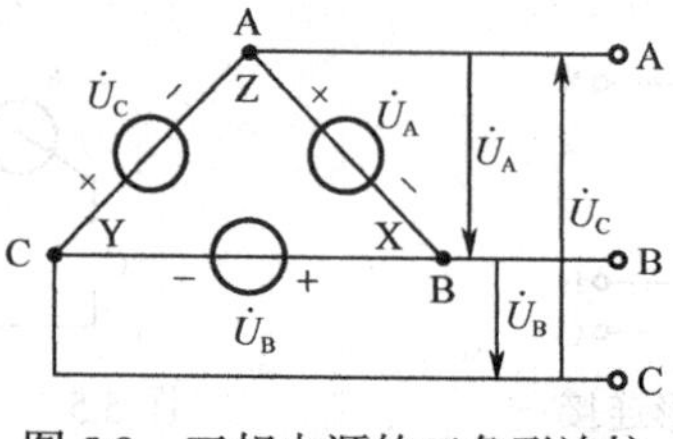

图 5.8　三相电源的三角形连接

三相电源的三角形连接的电源输出方式只能是火线与地线之间输出（或者是火线与火线之间），所以输出的电压只能是一组三个电压：$\dot{U}_{AB}$、$\dot{U}_{BC}$、$\dot{U}_{CA}$，如图 5.8 所示。

三个电压大小分别为

$$\begin{cases} \dot{U}_{AB} = \dot{U}_A = U\angle 0^\circ \\ \dot{U}_{BC} = \dot{U}_B = U\angle -120^\circ \\ \dot{U}_{CA} = \dot{U}_C = U\angle 120^\circ \end{cases} \qquad (5.8)$$

由于发电机每相绕组本身的阻抗较小，所以，当三相电源接成三角形时，其闭合回路内的阻抗并不大。通常，因回路 $\dot{U}_A + \dot{U}_B + \dot{U}_C = 0$，所以在负载断开时电源绕组内无电流。若回路内电压和不为零，即使外部没有负载，闭合回路内也仍有很大的电流，这将使绕组过热，甚至烧毁，所以三相电源一般不采用三角形连接。

5.1.3 三相负载及其连接

根据使用方法的不同，电力系统的负载可以分为两类。

一类是像电灯这样有两根出线的，叫作单相负载。如电风扇、收音机、电烙铁、单相电动机等都是单相负载。

另一类是像三相电动机这样的有三个接线端的负载，叫作三相负载。

在三相负载中，如果每相负载的阻抗均相等，即 $Z_A=Z_B=Z_C=Z$，则称为三相对称负载。如果各相负载不同，就是三相不对称负载。如三相电动机是三相对称负载，而三相照明电路中的负载一般是不对称的。三相负载也有星形连接和三角形连接两种基本接法。

1. 三相负载的星形连接

如图 5.9 所示为三相电源和三相负载均是星形连接的三相四线制电路，各电压和电流参考方向如图所示。每相负载两端的电压称为负载的相电压，用 $\dot{U}'_A$、$\dot{U}'_B$、$\dot{U}'_C$ 表示。显而易见，在 Y–Y 连接的三相电路中，负载相电压和对应的电源相电压相等，即

$$\dot{U}'_A=\dot{U}_A,\ \dot{U}'_B=\dot{U}_B,\ \dot{U}'_C=\dot{U}_C$$

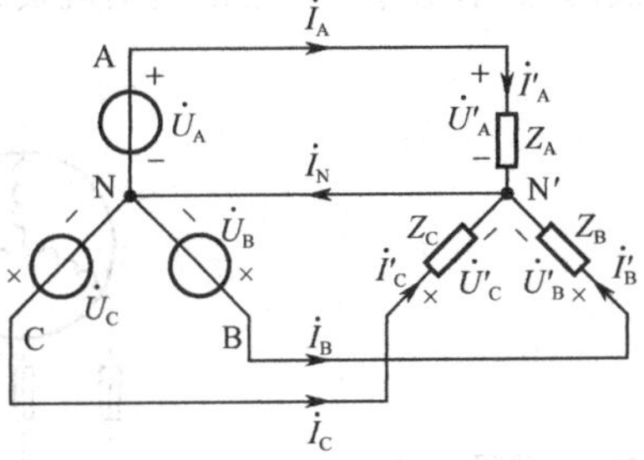

图 5.9 三相负载的星形连接

流过端线（火线）的电流 $\dot{I}_A$、$\dot{I}_B$、$\dot{I}_C$ 叫线电流，习惯规定其参考方向从电源指向负载。每相负载中的电流 $\dot{I}'_A$、$\dot{I}'_B$、$\dot{I}'_C$ 称为相电流，习惯取相电压与相电流为关联参考方向。流过中线的电流用 $\dot{I}_N$ 表示，习惯规定其参考方向从负载指向电源。由图 5.9 可知，星形连接负载各相的相电流与对应的各火线上电流相等，即

$$\dot{I}_A=\dot{I}'_A,\ \dot{I}_B=\dot{I}'_B,\ \dot{I}_C=\dot{I}'_C$$

由 KCL 可知

$$\dot{I}_A+\dot{I}_B+\dot{I}_C=\dot{I}_N$$

各相负载上的电流为

$$\dot{I}'_A=\frac{\dot{U}_A}{Z_A},\ \dot{I}'_B=\frac{\dot{U}_B}{Z_B},\ \dot{I}'_C=\frac{\dot{U}_C}{Z_C}$$

三相电路中相电压是对称的，如果三相负载也是对称的，则三相电流对称，因此线电流也对称，所以在三相对称电路中有

$$\dot{I}_A+\dot{I}_B+\dot{I}_C=\dot{I}_N=0$$

在三相对称星形连接负载中，中线电流为 0，说明 N 与 N′为等电位点，此时中线断开后将不会影响电路的工作状态。这样就形成了对称三相三线制电路，如图 5.10 所示。

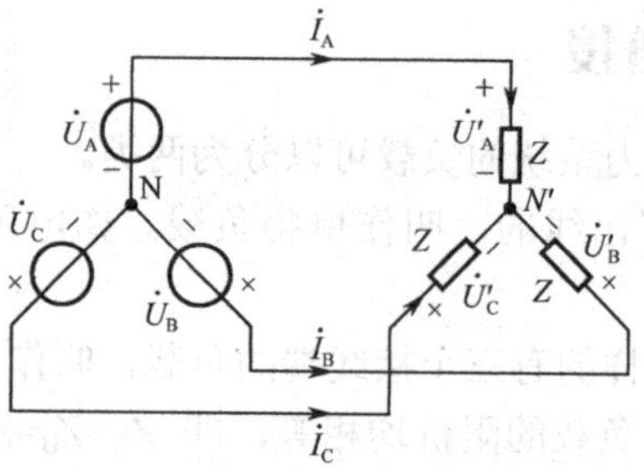

图 5.10　对称三相三线制电路

但是三相负载在大多数时候都是不对称的，最常见的是照明电路。由于不对称负载的各相电压都是对称的电压源电压，但其各相电流是不对称的，因此，中线电流不为 0。此时，若中线断路，则将出现不良后果。所以，在任何时候中线上都不能装熔丝（熔丝装在火线上），有时中线是用钢线做成的，并且为保证安全，还要把中线接地。

三相四线制除供电给三相负载外，还可供电给单相负载，故凡有照明、单相电动机和电扇等各种家用电器的场合，也就是说一般低压用电场所，大多采用三相四线制。如图 5.11 所示，电灯等单相负载为三相四线制，三相电动机负载为三相三线制，两者皆为星形连接。

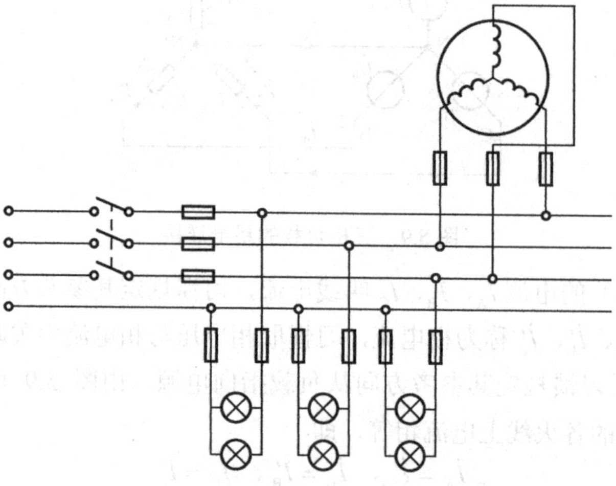

图 5.11　负载星形连接的供电线路

2. 三相负载的三角形连接

如图 5.12 所示，负载的三角形连接没有中点。对于三相电路的三角形负载而言，负载上流过的电流仍称为相电流，如 $\dot{I}_{AB}$、$\dot{I}_{BC}$、$\dot{I}_{CA}$；火线上流过的电流称为线电流，如 $\dot{I}_A$、$\dot{I}_B$、$\dot{I}_C$。显而易见，三角形连接的负载相电流与线电流不相等。

各负载的相电流大小为

$$\dot{I}_{AB}=\frac{\dot{U}_{AB}}{Z_{AB}}，\quad \dot{I}_{BC}=\frac{\dot{U}_{BC}}{Z_{BC}}，\quad \dot{I}_{CA}=\frac{\dot{U}_{CA}}{Z_{CA}} \tag{5.9}$$

对应的线电流为

$$\begin{cases} \dot{I}_{A} = \dot{I}_{AB} - \dot{I}_{CA} \\ \dot{I}_{B} = \dot{I}_{BC} - \dot{I}_{AB} \\ \dot{I}_{C} = \dot{I}_{CA} - \dot{I}_{BC} \end{cases} \tag{5.10}$$

如果负载对称，即 $Z_{AB} = Z_{BC} = Z_{CA}$，则负载的相电流也是对称的。由此可以作出对称负载的相量图，如图 5.13 所示。

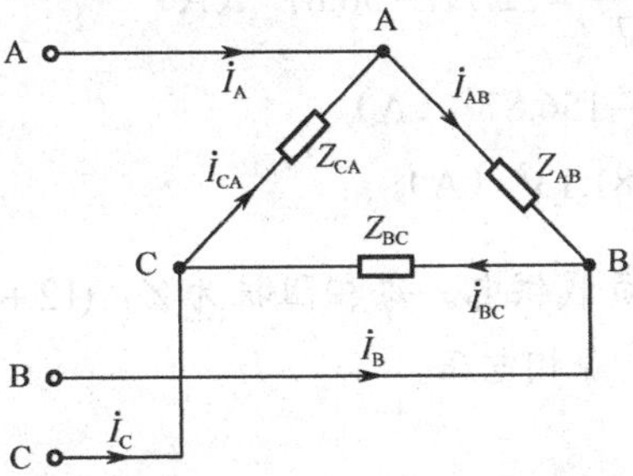

图 5.12　三相负载的三角形连接

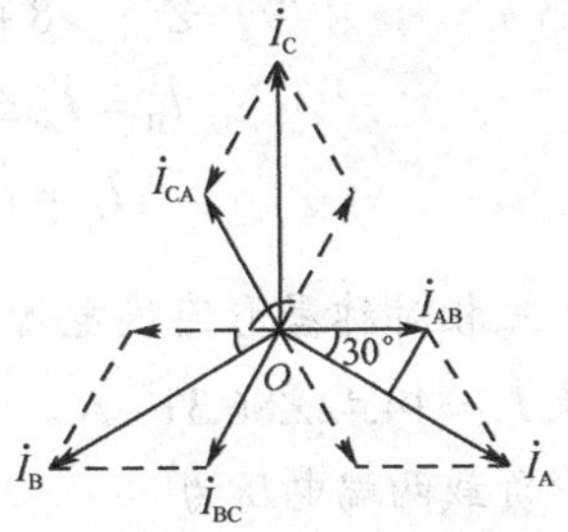

图 5.13　对称负载的相量图

由相量图不难得到，各线电流与对应的相电流的相量关系为

$$\begin{cases} \dot{I}_{A} = \sqrt{3}\dot{I}_{AB}\angle -30^\circ \\ \dot{I}_{B} = \sqrt{3}\dot{I}_{BC}\angle -30^\circ \\ \dot{I}_{C} = \sqrt{3}\dot{I}_{CA}\angle -30^\circ \end{cases} \tag{5.11}$$

以上结果表明，三角形连接的三相负载在相电流对称时，线电流也是一组对称的三相电流，而且线电流的有效值是相电流有效值的 $\sqrt{3}$ 倍，即

$$I_{L} = \sqrt{3}I_{P} \tag{5.12}$$

线电流在相位上滞后其对应的相电流 30°，如 $\dot{I}_{AB}$ 超前于 $\dot{I}_{A}$ 30°，$\dot{I}_{BC}$ 超前于 $\dot{I}_{B}$ 30°，$\dot{I}_{CA}$ 超前于 $\dot{I}_{C}$ 30°。

5.2　三相电路的计算

5.2.1　对称三相电路的计算

对称的三相电路计算时可任取其中一相（如 A 相），单独画出该相电路。如图 5.15 所示，对该相电路可用正弦稳态电路的分析方法进行计算，如果为对称负载，则其他两相的电流或电压可以根据 A 相计算结果由对称关系直接写出。

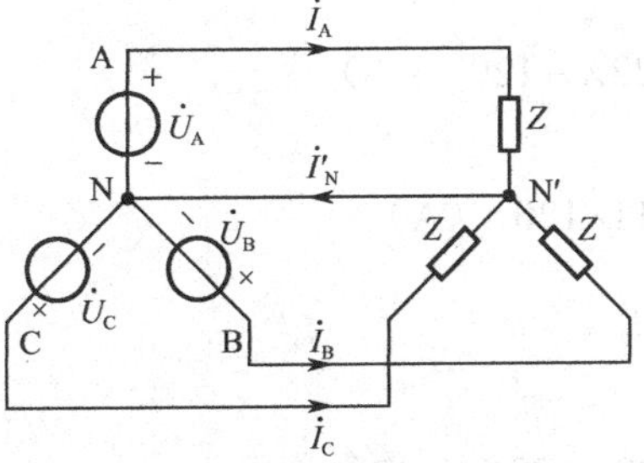

图 5.14　Y-Y 三相对称电路

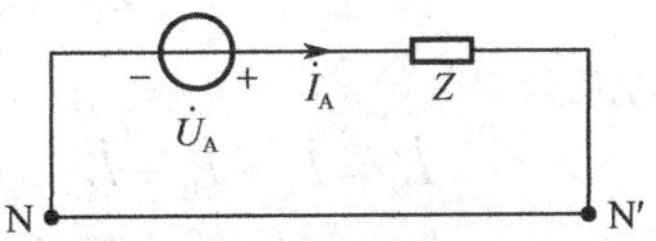

图 5.15　一相计算电路

实例 5.1 电源与负载均为星形连接，对称负载每相阻抗为 $Z=(8+\mathrm{j}6)\Omega$，线电压为 220 V。试求各相电流。

解 相电压为

$$\dot{U}_{\mathrm{A}}=\frac{220\angle 0^{\circ}}{\sqrt{3}}=127\angle 0^{\circ}\ (\mathrm{V})$$

相电流为

$$\dot{I}_{\mathrm{A}}=\frac{\dot{U}_{\mathrm{A}}}{Z}=\frac{127\angle 0^{\circ}}{8+\mathrm{j}6}=\frac{127\angle 0^{\circ}}{10\angle 36.87^{\circ}}=12.7\angle -36.87^{\circ}\ (\mathrm{A})$$

$$\dot{I}_{\mathrm{B}}=\dot{I}_{\mathrm{A}}\angle -120^{\circ}=12.7\angle -156.87^{\circ}\ (\mathrm{A})$$

$$\dot{I}_{\mathrm{C}}=\dot{I}_{\mathrm{A}}\angle 120^{\circ}=12.7\angle 81.13^{\circ}\ (\mathrm{A})$$

实例 5.2 三相对称星形连接电源向对称三角形负载供电。每相阻抗为 $Z=(12+\mathrm{j}8)\,\Omega$。若负载相电流 $\dot{I}_{\mathrm{A}}=14.42\angle 86.31^{\circ}$ A，试求线电流及电源相电压。

解 三角形负载两端电压为

$$\dot{U}_{\mathrm{AB}}=Z\dot{I}_{\mathrm{A}}=(12+\mathrm{j}8)\times 14.42\angle 86.31^{\circ}$$

$$=(14.42\angle 33.69^{\circ})\times(14.42\angle 86.31^{\circ})=208\angle 120^{\circ}\ (\mathrm{V})$$

线电流为

$$I_{\mathrm{L}}=\sqrt{3}\times 14.42=25\ (\mathrm{A})$$

电源相电压为

$$U_{\mathrm{P}}=\frac{208}{\sqrt{3}}=120\ (\mathrm{V})$$

5.2.2 不对称三相电路的计算

不对称的三相电路一般电源都是对称的，所谓的不对称是针对负载而言不对称，在实际应用的三相电路中，不对称电路是最常见的。不对称的三相负载计算时必须各相独立计算。

实例 5.3 在 Y-Y 连接的三相电路中，电源电压对称，相电压为 220 V，负载 $Z_{\mathrm{A}}=5\,\Omega$，$Z_{\mathrm{B}}=10\,\Omega$，$Z_{\mathrm{C}}=20\,\Omega$。试求负载相电压、相电流和中线电流。

解 忽略中线上的阻抗，负载相电压等于电源相电压。设 $\dot{U}_{\mathrm{A}}=220\angle 0^{\circ}$ V，则

$$\dot{U}_{\mathrm{B}}=220\angle -120^{\circ}\ \mathrm{V}$$

$$\dot{U}_{\mathrm{C}}=220\angle 120^{\circ}\ \mathrm{V}$$

各相负载电流为

$$\dot{I}_{\mathrm{A}}=\frac{\dot{U}_{\mathrm{A}}}{Z_{\mathrm{A}}}=\frac{220\angle 0^{\circ}}{5}=44\angle 0^{\circ}\ (\mathrm{A})$$

$$\dot{I}_{\mathrm{B}}=\frac{\dot{U}_{\mathrm{B}}}{Z_{\mathrm{B}}}=\frac{220\angle -120^{\circ}}{10}=22\angle -120^{\circ}\ (\mathrm{A})$$

$$\dot{I}_{\mathrm{C}}=\frac{\dot{U}_{\mathrm{C}}}{Z_{\mathrm{C}}}=\frac{220\angle 120^{\circ}}{20}=11\angle 120^{\circ}\ (\mathrm{A})$$

中线电流为

$$\dot{I}_{\mathrm{N}}=\dot{I}_{\mathrm{A}}+\dot{I}_{\mathrm{B}}+\dot{I}_{\mathrm{C}}$$

$$=44\angle 0^{\circ}+22\angle -120^{\circ}+11\angle 120^{\circ}=29.1\angle -19^{\circ}\ (\mathrm{A})$$

由此可知，在三相四线制中，如果负载不对称，当中线阻抗为零时，仍能保证负载各相电压对称而正常工作，但相电流不再对称，中线电流不为零。

实例 5.4　在实例 5.3 中，若中线断开，再计算各相负载的相电压和相电流。

解　中线断开时，如图 5.16 所示。由于负载不对称，中性点 N′ 和 N 点电位不同，即 $\dot{U}_{NN'} \neq 0$，用节点电压法可求得电压 $\dot{U}_{NN'}$。

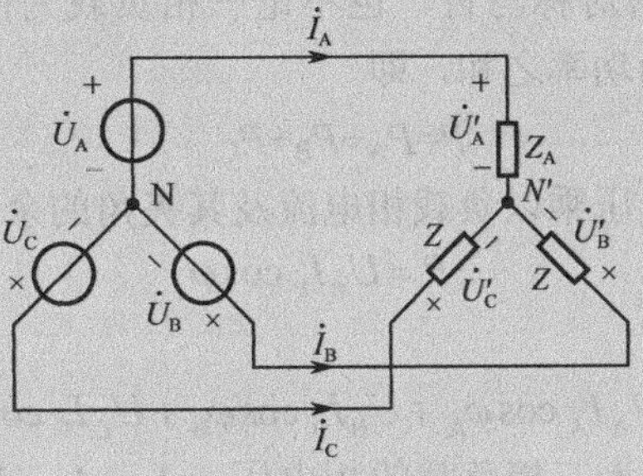

图 5.16　实例 5.4 图

$$\dot{U}_{NN'}=\frac{\dfrac{\dot{U}_A}{Z_A}+\dfrac{\dot{U}_B}{Z_B}+\dfrac{\dot{U}_C}{Z_C}}{\dfrac{1}{Z_A}+\dfrac{1}{Z_B}+\dfrac{1}{Z_C}}=\frac{44\angle 0^\circ+22\angle -120^\circ+11\angle 120^\circ}{\dfrac{1}{5}+\dfrac{1}{10}+\dfrac{1}{20}}=\frac{29.1\angle -19^\circ}{\dfrac{7}{20}}=83.14\angle -19^\circ\ \text{(V)}$$

各相负载电压为

$$\dot{U}_A=\dot{U}'_A-\dot{U}_{NN'}=220\angle 0^\circ-83.14\angle -19^\circ=146.48\angle 10.83^\circ\ \text{(V)}$$

$$\dot{U}_B=\dot{U}'_B-\dot{U}_{NN'}=220\angle -120^\circ-83.14\angle -19^\circ=249.58\angle -40.91^\circ\ \text{(V)}$$

$$\dot{U}_C=\dot{U}'_C-\dot{U}_{NN'}=220\angle 120^\circ-83.14\angle -19^\circ=219.85\angle 81.79^\circ\ \text{(V)}$$

各相负载电流为

$$\dot{I}_A=\frac{\dot{U}'_A}{Z_A}=\frac{146.48\angle 10.83^\circ}{5}=29.3\angle 10.83^\circ\ \text{(A)}$$

$$\dot{I}_B=\frac{\dot{U}'_B}{Z_B}=\frac{249.58\angle -40.91^\circ}{10}=25\angle -40.91^\circ\ \text{(A)}$$

$$\dot{I}_C=\frac{\dot{U}'_C}{Z_C}=\frac{219.85\angle 81.79^\circ}{20}=11\angle 81.79^\circ\ \text{(A)}$$

在实例 5.4 中，中线断开后造成负载端的电压严重不对称，使负载有的电压过高，有的又过低，从而导致负载不能正常工作。

为了使负载在不对称的情况下也能得到对称的相电压，理想的情况是接入阻抗为零的中性线，这就是工程中低压配电系统广泛采用三相四线制的原因之一。但实际上，导线总是有阻抗的，应该使各相负载尽量对称。中性线内不允许接熔丝和开关，因为一旦开关打开或熔丝烧断，就等于无中线，会导致负载无法正常工作。

5.3 三相电路的功率及其测量

5.3.1 三相电路的功率

1. 三相电路的有功功率

在三相电路中，不论电路对称与否，也不论三相负载为何种接法，三相电路的有功功率都等于各相负载吸收的有功功率之和，即

$$P=P_A+P_B+P_C \tag{5.13}$$

每相负载的功率等于相电压乘以负载相电流及其夹角的余弦，即

$$P=U_P I_P \cos\varphi$$

代入即得

$$P=U_A I_A \cos\varphi_A+U_B I_B \cos\varphi_B+U_C I_C \cos\varphi_C \tag{5.14}$$

式中，电压U_A、U_B、U_C分别为三相负载的相电压；I_A、I_B、I_C分别为三相负载的相电流；φ_A、φ_B、φ_C分别为三相负载的阻抗角或该负载所对应的相电压与相电流的夹角。

在对称三相电路中，各相电压、相电流都相等，功率因数也一样，即

$$P_A=P_B=P_C$$

所以，式（5.13）可写成

$$P=3U_P I_P \cos\varphi \tag{5.15}$$

考虑到负载为 Y 形连接时，有$U_L=\sqrt{3}U_P$，电流为$I_L=I_P$。负载为△形连接时，有$U_L=U_P$，电流为$I_L=\sqrt{3}I_P$。

所以式（5.15）又可表示为

$$P=\sqrt{3}\,U_L I_L \cos\varphi \tag{5.16}$$

实际工程中，式（5.16）比式（5.15）更常用，原因是一方面线电压、线电流易测量，另一方面电气设备铭牌上标明的额定电压和额定电流都是线电压和线电流。必须注意，尽管式中电压与电流都是相量，但φ角是每相负载的阻抗角，即仍为各相负载电压与电流的相位差。

2. 三相电路的无功功率

三相电路中负载的无功功率也等于各相无功功率之和，即

$$Q=Q_A+Q_B+Q_C$$

对称三相电路的无功功率为

$$Q=3U_P I_P \sin\varphi=\sqrt{3}U_L I_L \sin\varphi \tag{5.17}$$

3. 三相电路的视在功率

三相电路的视在功率为

$$S=\sqrt{P^2+Q^2}=3U_P I_P=\sqrt{3}U_L I_L \tag{5.18}$$

一般在不对称三相电路中，很少使用无功功率、视在功率和功率因数等概念。

实例 5.5 一台三相异步电动机每相的等效阻抗为 $Z=(30+\mathrm{j}20)\ \Omega$，绕组的额定相电压为 220 V，当电动机绕组接成三角形，并接于线电压为 220 V 的对称三相电源时，求其相电流、线电流和有功功率。

解 负载三角形连接时，负载的相电压等于电源线电压，即

$$U_P=U_L=220\ \text{V}$$

每相绕组的电流为 $$I_P=\frac{U_P}{|Z|}=\frac{220}{\sqrt{30^2+20^2}}=6.1\ (\text{A})$$

线电流为 $$I_L=\sqrt{3}I_P=10.6\ (\text{A})$$

阻抗角为 $$\varphi=\arctan\frac{20}{30}=33.7^\circ$$

功率因数为 $$\cos\varphi=0.83$$

有功功率为 $$P=3U_PI_P\cos\varphi=3\times220\times6.1\times0.83=3.3\ (\text{kW})$$

实例 5.6 对称 Y-Y 三相电路，线电压为 208 V，负载吸收的平均功率为 12 kW，$\lambda=0.8$（滞后）。试求负载每相的阻抗。

解 每相负载阻抗功率为 $$P=4\ \text{kW}$$

每相电压为

$$U_P=\frac{208}{\sqrt{3}}=120\ (\text{V})$$

每相负载中的电流为

$$I_P=\frac{P}{U_P\cos\varphi}=\frac{4\times10^3}{120\times0.8}=41.67\ (\text{A})$$

每相负载阻抗的模为

$$|Z|=\frac{U_P}{I_P}=\frac{120}{41.67}=2.88\ (\Omega)$$

阻抗角为 $$\varphi=\arccos0.8=36.87^\circ$$

故每相负载阻抗为

$$Z=|Z|\angle\varphi=2.88\angle36.87^\circ\ (\Omega)$$

5.3.2 三相电路功率的测量

1. 功率表

功率表（wattmeter）也叫瓦特计，是一种可以直接测量电功率的仪器。电功率包括有功功率、无功功率和视在功率。未作特殊说明时，功率表一般是指测量有功功率的仪表。如图 5.17 所示为电动系功率表和数字功率表实物图。

电动系功率表是常用的功率表，其测量结构主要由固定的电流线圈和可动的电压线圈组成，电流线圈与负载串联，反映负载的电流；电压线圈在表内串联电阻 R 后与负载并联，反映负载的电压。电流线圈产生的磁场与负载电流成正比，该磁场与电压线圈中的电流相互作用，使动圈产生力矩带动指针转动。在任一瞬间，转动力矩的大小总是与负载电流及电压瞬时值的乘积成正比，但由于转动部分有机械惯性存在，因此偏转角决定于力矩

的平均值，也就是电路的平均功率，即有功功率。单相电动系功率表的接线原理如图 5.18 所示。

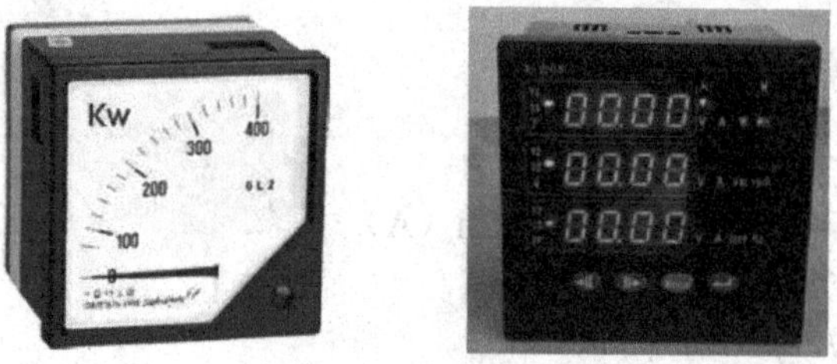

（a）电动系功率表　　（b）数字功率表

图 5.17　功率表

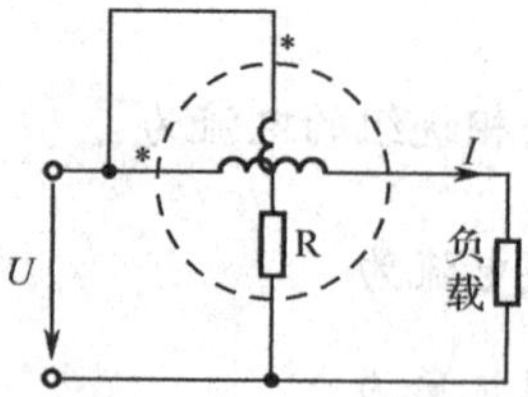

图 5.18　单相电动系功率表的接线原理

用功率表测量功率时，需使用 4 个接线柱，即两个电压线圈接线柱和两个电流线圈接线柱，电压线圈要并联接入被测电路，电流线圈要串联接入被测电路。为了使指针不反向偏转，通常两个线圈的始端都标有“*”或“·”符号，习惯上称之为“同名端”或“发电机端”，接线时必须将有相同符号的端钮接在同一根电源线上，否则功率表除反偏外，还有可能损坏。

功率表的电压量程和电流量程根据被测负载的电压和电流来确定，要大于被测电路的电压、电流值。只有保证电压线圈和电流线圈都不过载，测量的功率值才准确，功率表也不会被烧坏。

功率表与其他仪表不同，功率表的表盘上并不标明瓦特数，而只标明分格数，所以从表盘上并不能直接读出所测的功率值，而必须经过计算得到。当选用不同的电压、电流量程时，每分格所代表的瓦特数是不相同的。功率表实际测量的功率 P 应满足于下面的换算公式：

$$P=\frac{\text{电压量程}\times\text{电流量程}\times\cos\varphi}{\text{仪表满刻度格数}}\times\text{实测格数}$$

如采用 D26 型功率表，额定功率因数 $\cos\varphi=1$，表盘满刻度为 150。如电压量程选 300 V，电流量程选 1 A，则每格代表 $\frac{300\ \text{V}\times 1\ \text{A}}{150}=2\ \text{W}$，即实际被测功率值为实测的格数乘以 2 W。

当测量低功率因数电路的功率时，必须使用低功率因数表。因为对于低功率因数负载来说，即使功率很低，电流也可能会很高，很容易超过功率表的额定电流而造成仪表损坏。

2. 三相功率测量

三相电路中负载吸收的有功功率用功率表进行测量，其测量方法随三相电路的连接方式和负载是否对称而有所不同，一般可采用单瓦计法、两瓦计法和三瓦计法。

1）三相四线制功率的测量

在低压配电系统中，三相负载往往是不对称的，所以一般用三个单相功率表按如图 5.19 所示的连接方式进行测量，称为三瓦计法。用功率表分别测量 A、B、C 各相负载的

功率，然后叠加起来，即为三相电路的总功率，有

$$P=P_A+P_B+P_C$$

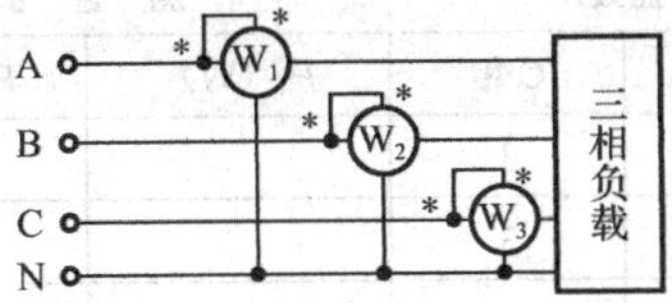

图 5.19 三相四线制功率的测量

如果三相负载对称，则每相负载消耗功率相同，这时只需用一只功率表测量任一相的功率，将其示值乘以 3 即为三相电路的总功率，有

$$P=3P_A$$

用白炽灯做负载，按如图 5.19 所示接成星形，调节输出电压，使三相对称电源的线电压为 220 V，测量负载功率，计算总功率并将实验数据填入表 5.1 中。

表 5.1 实验数据表

负载情况	各项负载（开灯盏数）			测量值			计算值 (W)
	A 相	B 相	C 相	P_A（W）	P_B（W）	P_C（W）	
Y 对称	3	3	3				
Y 不对称	1	2	3				

注：对称负载（每相三盏灯）；

不对称负载（A、B、C 相分别代表 1 盏灯、2 盏灯、3 盏灯）。

2）三相三线制功率的测量

三相三线电路不论其对称与否，均可采用两只功率表进行测量，俗称两瓦计法。如图 5.20 所示，两个功率表必须正确地与任意两相连接，应该注意的是，图中功率表的电流绕组测量的是线电流，而相应的电压绕组连接在该相线路与第三相线之间，测量的是线电压。

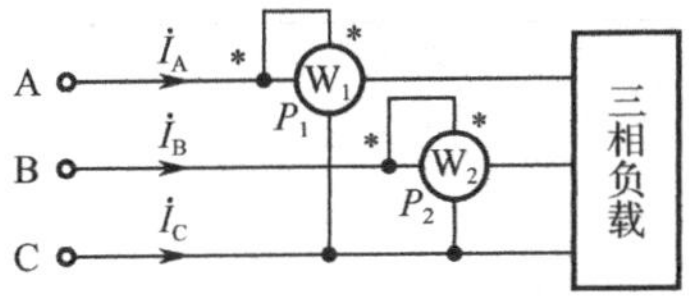

图 5.20 三相三线制功率的测量

若功率表 W_1 和 W_2 的读数分别为 P_1 和 P_2，三相负载消耗的总功率为两只功率表示值的代数和，即

$$P=P_1+P_2=U_{AC}I_A\cos\varphi_1+U_{BC}I_B\cos\varphi_2=P_A+P_B+P_C$$

利用功率的瞬时值表达式，不难推出上述结论。

当负载为对称的星形连接时，由于中线中无电流流过，所以也可用两瓦计法测量功率。但是两瓦计法不适用于不对称三相四线制电路。

用白炽灯做负载，按如图 5.20 所示接线，分别将三相灯负载接成 Y 形和△形，接通三相电源，调节输出线电压 220 V，测量负载功率，计算总功率并将实验数据填入表 5.2。

表 5.2　实验数据表

负载情况	各项负载（开灯盏数）			测量值		计算值
	A 相	B 相	C 相	P_1（W）	P_2（W）	（W）
Y 对称	3	3	3			
Y 不对称	1	2	3			
△对称	3	3	3			
△不对称	1	2	3			

注：对称负载（每相三盏灯）；

不对称负载（A、B、C 相分别代表 1 盏灯、2 盏灯、3 盏灯）。

思考题 24

1．在三相四线制电路中，负载在什么情况下可将中线断开变成三相三线制电路？相电压和线电压、相电流与线电流有什么关系？

2．对称负载三角形连接时，线电流与相电流之间有什么关系？

3．Y 形连接对称负载每相阻抗 $Z=(8+j6)\ \Omega$，线电压为 220 V。试求各相电流。

4．对称三相负载接成三角形，若一相电流 $\dot{I}_{AB}=5\angle30^\circ$ A，求 $\dot{I}_{BC}$、$\dot{I}_{CA}$ 及线电流 $\dot{I}_A$、$\dot{I}_B$、$\dot{I}_C$。

5．三相电动机的输出功率为 3.7 kW，效率为 80%，功率因数 $\lambda=0.8$，线电压为 220 V，求电流。

6．对称 Y-Y 三相电路，线电压为 208 V，线电流为 6 A，负载吸的功率为 1 800 W。试求每相阻抗。

7．一台三相变压器的电压为 6 600 V，电流为 40 A，功率因数为 0.9，求它的有功功率、无功功率和视在功率。

8．三相电动机接于 220 V 线电压上运行，输出功率为 3.7 kW，效率为 80%，功率因数 $\lambda=0.8$，求电流。

本章小结

1．三相电路的基本概念

（1）大小相等，频率相同，相位互差 120° 的三个正弦量称为对称三相正弦量，对称三相正弦量的相量总和为 0。

（2）三相负载 $Z_A=Z_B=Z_C=Z$，称为对称负载。

（3）电源对称、负载也对称的三相电路称为对称三相电路。

（4）流在端线上的电流叫线电流；流在负载上的电流叫负载的相电流；端线间的电压叫线电压；负载两端的电压叫负载的相电压。

2．三相负载及其连接

在负载星形连接的对称三相电路中，负载相电流对称，中线电流为零，中线阻抗对负载的工作状态没有影响，故中线可短路或开路，短路后称为三相四线制电路，开路后称为三相三线制电路。

对称三相负载 Y 形连接时，相电流等于线电流，相电压和线电压的关系满足

$$\dot{U}_{AB} = \sqrt{3}\dot{U}_A \angle 30^\circ$$
$$\dot{U}_{CB} = \sqrt{3}\dot{U}_B \angle 30^\circ$$
$$\dot{U}_{CA} = \sqrt{3}\dot{U}_C \angle 30^\circ$$

对称三相负载△形连接时，相电压等于线电压，相电流和线电流的关系满足

$$\begin{cases} \dot{I}_A = \sqrt{3}\dot{I}_{AB} \angle -30^\circ \\ \dot{I}_B = \sqrt{3}\dot{I}_{BC} \angle -30^\circ \\ \dot{I}_C = \sqrt{3}\dot{I}_{CA} \angle -30^\circ \end{cases}$$

3. 对称三相电流的功率

$$P = 3U_P I_P \cos\varphi = \sqrt{3}U_L I_L \cos\varphi$$
$$Q = 3U_P I_P \sin\varphi = \sqrt{3}U_P I_P \sin\varphi$$
$$S = \sqrt{P^2 + Q^2} = 3U_P I_P = \sqrt{3}U_L I_L$$

式中，φ角均为相电压与相电流的夹角，即对称负载的阻抗角。

习题 5

5.1　三相对称 Y 形连接电源向对称△形负载供电。每相阻抗 Z=(12+j8) Ω。若负载相电流 $\dot{I}_A = 14.42\angle 86.31^\circ$ A，试求线电流及电源相电压。

5.2　有一三相对称负载，其每相电阻 $R = 8\,\Omega$，感抗 $X_L = 6\,\Omega$。如果将负载连成 Y 形接于线电压 $U_1 = 380$ V 的三相电源上，试求相电压、相电流和线电流。

5.3　已知对称三相电路的星形负载 $Z = (78 + j59)\,\Omega$，端线阻抗 $Z_1 = (2 + j)\,\Omega$，线电压 $U_1 = 380$ V。求负载端的电流，线电压和相电压。

5.4　某三相电源接成 Y 形，每相额定电压为 220 V，投入运行后测得相电压分别为 220 V，而线电压 $U_{BC} = 380$ V，$U_{AB} = U_{CA} = 220$ V。试问这是什么原因造成的。

5.5　已知对称三相电路中的三角形负载从电源吸取的功率 P=11.43 kW，功率因数为 0.87（感性），线电压 U_L=380 V。试求负载端的相电流和线电流。

5.6　两组对称三相负载，一组为△形连接：P_1=10 kW，$\cos\varphi_1 = 0.8$（感性）；另一组为 Y 形连接：P_2=10 kW，$\cos\varphi_2 = 0.855$（感性），传输线阻抗为 $Z_L = (0.1 + j0.2)\,\Omega$，电源对称，且已知负载端的线电压为 380 V。试求：

（1）电源端的线电压和线电流；

（2）用两表法测量电源端的功率，画出接线电路图并求两个功率表的读数。

5.7　对称三相电路的线电压 $U_L = 220$ V，负载阻抗 $Z = (6 + j8)\Omega$。试求：

（1）负载为 Y 形连接时的线电流及吸收的总功率；

（2）负载为△形连接时的线电流、相电流及吸收的总功率；

（3）比较（1）、（2）的结果能得到什么结论？

5.8　已知一个三相四线制电路电源对称，相电压为$U_{\rm P}=220\ {\rm V}$，负载是额定电压为220 V 的白炽灯，其电阻分别为$R_{\rm A}=5\ \Omega$，$R_{\rm B}=10\ \Omega$，$R_{\rm C}=20\ \Omega$。试求下列两种情况下的各相负载电压和电流，并分析可能出现的异常现象：

（1）有中线，A 相负载开路；

（2）无中线，A 相负载短路。

5.9　在对称三相四线制电路中，已知线电压$\dot{U}_{\rm AB}=380\angle 0^\circ\ {\rm V}$，求$\dot{U}_{\rm BC}$、$\dot{U}_{\rm CA}$及相电压$\dot{U}_{\rm A}$、$\dot{U}_{\rm B}$、$\dot{U}_{\rm C}$。

5.10　一台三相电动机的总功率为 P=3.5 kW，线电压$U_{\rm L}=380\ {\rm V}$，线电流$I_{\rm L}=6\ {\rm A}$，求其功率因数 $\cos\varphi$和每相复阻抗。

第6章 磁路和变压器

前面几章已介绍了电路的基本理论，本章将研究磁路和变压器。在电子和电气工程中经常应用各种机电能量或机电信号转换设备（像电动机、变压器、电磁铁、电工测量仪表等），其本质是磁和电的相互作用和相互转换。因此研究磁和电的关系时，掌握磁路的基本规律具有重要意义。本章首先介绍磁场、磁路的概念、交流铁芯线圈电路的分析；然后介绍变压器的结构、工作原理；最后简单介绍自耦变压器仪用互感器等特殊变压器。

6.1 磁场的基本物理量

在电动机、变压器及各种铁磁元件中，常用磁性材料做成一定形状的铁芯，给绕在铁芯上的线圈通以较小的励磁电流，就会在铁芯中产生很强的磁场。铁芯的导磁率比周围空气或其他物质的导磁率高得多，磁通的绝大部分经过铁芯形成闭合通路，磁通的闭合路径称为磁路。常见的几种电气设备的磁路如图 6.1 所示。

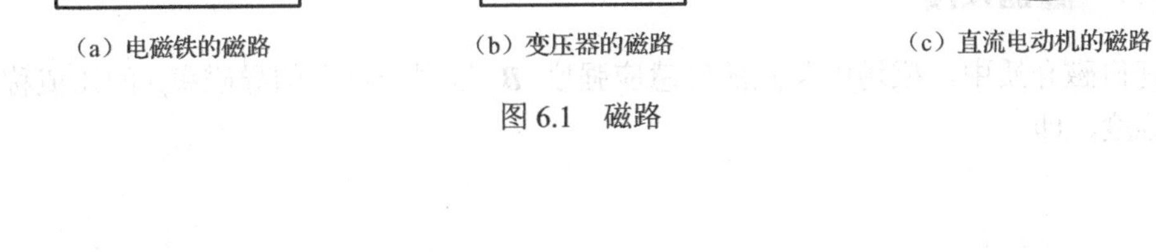

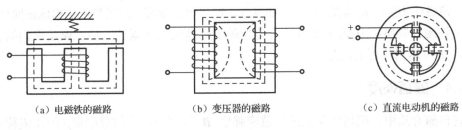

（a）电磁铁的磁路　（b）变压器的磁路　（c）直流电动机的磁路

图 6.1 磁路

磁路问题也是局限于一定路径内的磁场问题。磁场的特性可用下列几个基本物理量来表示。

6.1.1 磁感应强度

磁感应强度 **B** 是表示磁场内某点的磁场强弱和方向的物理量。它是一个矢量，其方向可用小磁针 N 极在磁场中某点的指向确定，磁针的指向就是磁场的方向。在磁场中某点放一长度为 l、电流为 I 并与磁场方向垂直的导体，如果导体所受的电磁力为 F，则该点磁感应强度的量值为

$$\boldsymbol{B}=\frac{F}{lI} \tag{6.1}$$

在国际单位制（SI）中，磁感应强度的单位为特斯拉（T）。

假如在某一区域内，各点的磁感应强度大小相等、方向相同，那么这部分磁场叫作均匀磁场。尽管这样的磁场现实中并不存在，但在理论分析上为了简化分析过程，常把部分磁场近似看作均匀磁场。

6.1.2 磁通

磁感应强度（如果是不均匀磁场，则取 **B** 的平均值）与垂直于磁场方向的面积之积，叫作穿过该面积的磁感应强度的通量，简称磁通，以字母$\varPhi$表示。

$$\varPhi=\boldsymbol{B}S \tag{6.2}$$

可见，**B** 也可以表示为与磁场方向垂直的单位面积上的磁通，又称磁通密度，简称磁密。在国际单位制（SI）中，磁通的单位是韦伯（Wb）。

6.1.3 导磁率

在磁场作用下能发生变化并反过来影响磁场的媒质叫作磁介质。磁场的分布不仅取决于电流的大小及载流导体的形状，而且与磁介质的性质有关。

导磁率μ表示物质的导磁性能，单位是亨/米（H/m）。真空的导磁率 $\mu_o=4\pi\times10^{-7}$ H/m 。

任一磁介质的导磁率μ与真空中的导磁率μ_o之比叫作相对导磁率，用μ_r表示，即

$$\mu_r=\mu/\mu_o \tag{6.3}$$

根据μ_r大小的不同，可将物质按磁性分成三类。

（1）顺磁性物质：μ_r略微大于 1，如空气、铝、铬、铂等。

（2）逆磁性物质：μ_r略微小于 1，如氢气、铜、水、金等。这类物质也称抗磁性材料。

（3）铁磁性物质：μ_r远大于 1，这类物质主要是铁族元素铁、钴、镍及它们的合金或化合物，μ_r可达到几百至几万。

6.1.4 磁场强度

在任何磁介质中，磁场中某点的磁感应强度 **B** 与同一点上的导磁率μ的比值称为该点的磁场强度，即

$$H = \frac{B}{\mu} \tag{6.4}$$

磁场强度只与产生磁场的电流及这些电流分布有关，而与磁介质的导磁率无关，单位是安/米（A/m）。它是为了简化计算而引入的辅助物理量。

通过磁场强度可确定磁场与电流之间的关系，即

$$\oint \boldsymbol{H}\mathrm{d}l = \sum I \tag{6.5}$$

$\oint \boldsymbol{H}\mathrm{d}l$ 是磁场强度矢量 $\boldsymbol{H}$ 沿任意闭合回线 l（常取磁通作为闭合回线）的线积分；$\sum I$ 是穿过该闭合回线所围面积的电流的代数和，即

$$\oint \boldsymbol{H}\mathrm{d}l = H_x l_x = H_x \times 2\pi x$$

$$\sum I = NI$$

所以有

$$H_x = \frac{NI}{2\pi x} = \frac{NI}{l_x} \tag{6.6}$$

式中，N 是线圈的匝数；l_x 是半径为 x 的圆周长；H_x 是半径 x 处的磁场强度。

6.2 铁磁材料的磁性能

铁磁材料主要指铁、钴、镍及其合金，它们具有以下磁性能。

6.2.1 高导磁性

铁磁材料的导磁率可达 $10^2 \sim 10^4$，由铁磁材料组成的磁路磁阻很小，在线圈中通入较小的电流即可获得较大的磁通。

磁场是由电流产生的，物质的分子电流也产生磁场，即每个分子相当于一个小磁体。铁磁材料内部由于分子间的某种特殊作用而形成许多被称为“磁畴”的小区域。在此小区域内，分子磁体排列整齐，显示磁性，但在没有外磁场的作用时，各个磁畴排列杂乱无序，磁场互相抵消，铁磁材料对外不显示磁性，如图 6.2（a）所示。在外磁场的作用下，这些磁畴将顺着外磁场的方向发生归顺性重新排列，显示出很强的磁性，形成了一个与外磁场同方向的附加磁化磁场，因而使铁磁材料内部的磁感应强度大大增加，如图 6.2（b）所示。这就是铁磁材料在外磁场作用下所发生的磁化现象。

铁磁材料的这一特性被广泛应用于各种电动机、电器中。例如，电动机、变压器的线圈中都装有铁芯，在铁芯线圈中通入较小的励磁电流便可获取较大的磁通。非磁性材料没有磁畴结构，不具有这种磁化的特性。

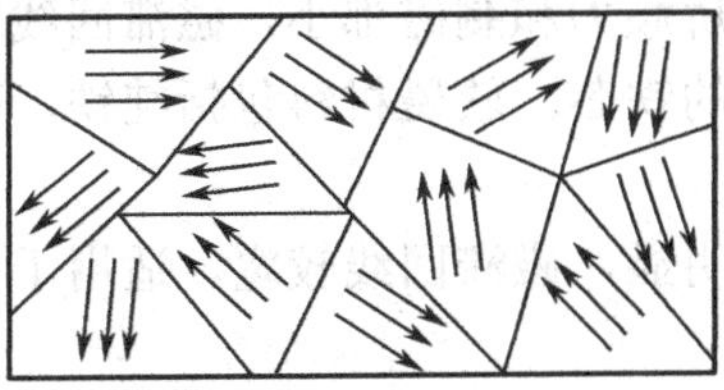

（a）磁化前

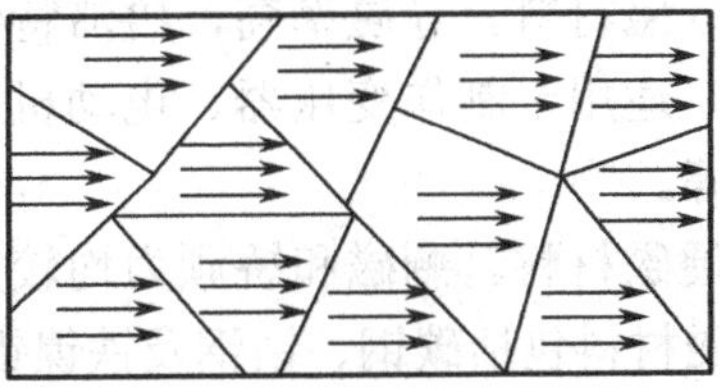

（b）磁化后

图 6.2 铁磁材料的磁化

6.2.2 磁饱和性

磁感应强度 $\boldsymbol{B}$ 不会随外磁场 $\boldsymbol{H}$ 的增强而无限增强，当外磁场 $\boldsymbol{H}$ 增大到一定值时，其内部所有的磁畴已基本上转向与外磁场方向一致，这时磁感应强度 $\boldsymbol{B}$ 不再继续增强，这就是铁磁材料的磁饱和性。

铁磁材料在磁化过程中，磁感应强度随外磁场强度的变化曲线称为磁化曲线，如图 6.3 所示。该曲线分为四段，Oa 段，$\boldsymbol{B}$ 增长缓慢；ab 段，$\boldsymbol{B}$ 与 $\boldsymbol{H}$ 基本成正比迅速增大；bc 段，$\boldsymbol{B}$ 的增长又减缓下来；c 点以后，$\boldsymbol{H}$ 再增大时，$\boldsymbol{B}$ 几乎不再增长，达到“饱和”。由磁化曲线可见，导磁率不是常数，当磁饱和后，μ 值大为减小，即导磁性能变差。

6.2.3 磁滞性

实际工作时，当铁芯线圈中通过交变电流时，$\boldsymbol{H}$ 的大小和方向都会改变，铁芯在交变磁场中反复磁化，磁感应强度 $\boldsymbol{B}$ 的变化总是滞后于磁场强度 $\boldsymbol{H}$ 的变化，这种现象称为铁磁材料的磁滞现象。

铁磁材料在交变外磁场作用下，$\boldsymbol{B}$-$\boldsymbol{H}$ 的变化关系曲线如图 6.4 所示，当磁场强度 $\boldsymbol{H}$ 由零增加到某值（$H=H_m$）后再减小时，磁感应强度 $\boldsymbol{B}$ 将不沿着原来的曲线返回，而是沿着位于其上部的另一条曲线返回减小。当 $H=0$ 时，$B=B_r$，B_r 称为剩磁感应强度（剩磁），说明磁性材料所获得的磁性还未完全消失。若要使 $B=0$，则应使铁磁材料反向磁化，即使磁场强度为 $-H_c$。H_c 称为矫顽磁力，它表示铁磁材料反抗退磁的能力。如图 6.4 所示的曲线表现了铁磁材料的磁滞性，称为磁滞回线。

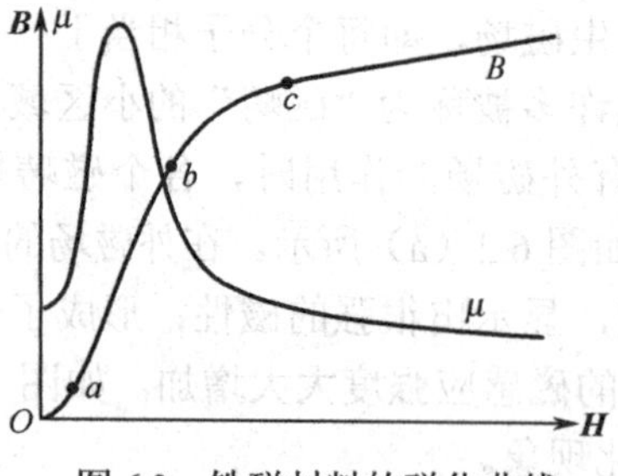

图 6.3 铁磁材料的磁化曲线

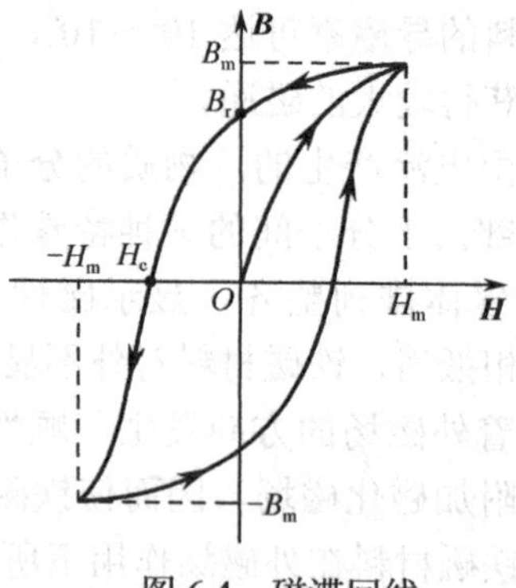

图 6.4 磁滞回线

不同种类磁性材料的磁滞回线的形状不同，按照磁滞回线的不同，磁性材料可分为软磁材料、硬磁材料（永磁材料）和矩磁材料。

（1）软磁材料。导磁率高，磁滞特性不明显，矫顽力和剩磁都小，磁滞回线较窄，磁滞损耗小，适用于制作变压器、电动机和各种电器的铁芯。软磁材料包括纯铁、硅钢片、坡莫合金等。

（2）硬磁材料。剩磁和矫顽力均较大，磁滞性明显，磁滞回线较宽。适用于制作永久磁铁。硬磁材料包括碳钢、钴钢及铁镍铝钴合金等。

（3）矩磁材料。磁滞回线近似于矩形，剩磁很大，但矫顽磁力较小，只要受较小的外磁场作用就能磁化到饱和，当外磁场去掉后，磁性仍保持，常用作计算机和控制系统中的记忆元件。矩磁材料包括镁锰铁氧体及某些铁镍合金等。

6.3 磁路基本定律

6.3.1 磁路欧姆定律

由铁磁材料制成的一个理想磁路（无漏磁）如图 6.5 所示，若线圈通过电流 I，则在铁芯中就会有磁通Φ通过。

因为 $\oint \boldsymbol{H}\mathrm{d}l = \sum I$

得出 $IN = Hl = \dfrac{B}{\mu}l = \dfrac{\Phi}{\mu S}l$

或

$$\Phi = \frac{NI}{\dfrac{l}{\mu S}} = \frac{F}{R_{\mathrm{m}}} \tag{6.7}$$

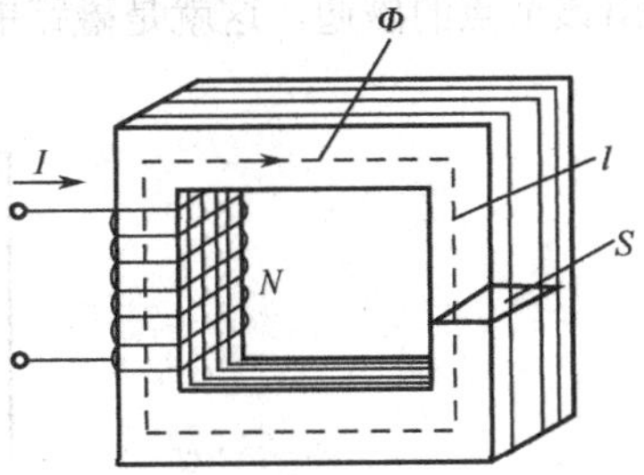

图 6.5　铁磁材料的理想磁路

式（6.7）在形式上与电路的欧姆定律相似，被称为磁路欧姆定律。

磁路中的磁通Φ对应于电路中的电流；磁动势 F=NI 反映通电线圈励磁能力的大小，对应于电路中的电动势；磁阻 R_{m} 对应于电路中的电阻，是表示磁路材料对磁通起阻碍作用的物理量，反映磁路导磁性能的强弱。对于铁磁材料，由于μ不是常数，故 R_{m} 也不是常数。因此，式（6.7）主要被用来定性分析磁路，一般不能直接用于磁路计算。

对于由不同材料或不同截面的几段磁路串联而成的磁路，如有空气隙的磁路，磁路的总磁阻为各段磁阻之和。由于铁芯的导磁率μ比空气的导磁率μ_0 大许多倍，故即使空气隙的长度 l_0很小，其磁阻 R_{m}仍会很大，从而使整个磁路的磁阻大大增加。若磁动势 F 不变，则磁路中空气隙越大，磁通Φ就越小；反之，如线圈的匝数 N 一定，要保持磁通Φ不变，则空气隙越大，所需的励磁电流 I 也越大。

实例 6.1　一均匀闭合铁芯线圈，匝数为 300，铁芯中的磁感应强度为 0.9 T，磁路的平均长度为 45 cm。试求：（1）铁芯材料为铸铁时线圈中的电流；（2）铁芯材料为硅钢片时线圈中的电流。

解　先从磁化曲线中查出磁场强度 $\boldsymbol{H}$ 的值，然后再计算电流。

（1）$H_1 = 9\,000\ \mathrm{A/m}$，$I_1 = \dfrac{H_1 l}{N} = \dfrac{9\,000\times 0.45}{300} = 13.5$（A）

（2）$H_2 = 260\ \mathrm{A/m}$，$I_2 = \dfrac{H_2 l}{N} = \dfrac{260\times 0.45}{300} = 0.39$（A）

可见，由于所用铁芯材料不同，要得到相同的磁感应强度，所需要的磁动势或励磁电流是不同的。因此，采用高导磁率的铁芯材料可使线圈的用铜量大为降低。

6.3.2 磁路基尔霍夫第一定律

我们知道，磁力线是闭合的空间矢量。即磁通总是连续的，这就是磁通连续性原理。

所谓磁路的基尔霍夫第一定律（磁路 KCL），是磁通连续性原理在磁路中的应用。

磁感应线总是闭合的环形曲线，因此，对任何一个有限的闭合曲面而言，穿出的磁通必然等于穿入的磁通。仿照基尔霍夫电流第一定律，规定穿入闭合曲面的磁通为正，穿出闭合曲面的磁通为负，则可以得出这一闭合曲面上穿出与穿入的磁通的代数和为零，即

$$\sum \Phi = 0 \tag{6.8}$$

如图 6.6 所示，可得

$$\Phi_1 - \Phi_2 - \Phi_3 = 0$$

如果我们把这一有限的闭合曲面看成一个广义的点，就有穿入任一节点的磁通等于穿出该节点的磁通，这就是磁路的基尔霍夫第一定律。

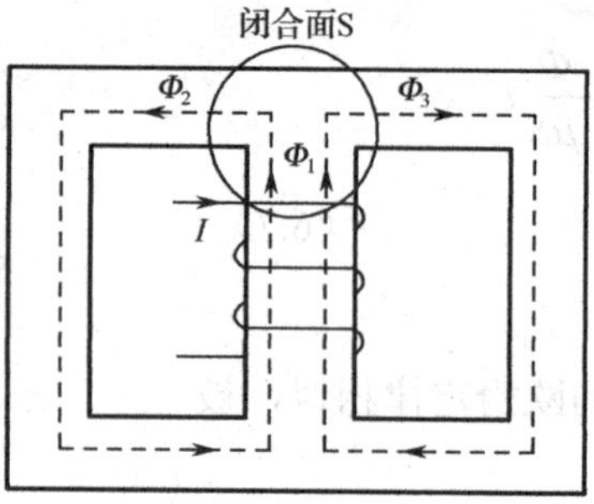

图 6.6　磁路示意图

6.3.3　磁路基尔霍夫第二定律

磁路是被束缚在铁芯中的磁场。在磁场中沿任一闭合回线的磁压降等于被闭合回线所包围的电流代数和，即

$$\sum Hl = \sum IN \tag{6.9}$$

式中各量的正负号规定如下：各段的 $\boldsymbol{H}$ 方向（即磁通方向）与绕行方向一致者，其磁压降为正；$\boldsymbol{H}$ 的方向与绕行方向相反者，其磁压降为负。通入线圈的电流方向与绕行方向符合右手螺旋定则时，其磁动势为正；不符合右手螺旋定则时，其磁动势为负。

在计算过程中，若磁路是均匀的，可利用 $F=IN=\boldsymbol{H}l$ 求出磁路的磁动势；若磁路由不同材料或不同长度和截面积的若干段组成，即磁路由磁阻不同的几段串联而成，则可利用式（6.9）求解。

6.4　交流铁芯线圈电路

6.4.1　电磁关系

如图 6.7 所示为一交流铁芯线圈电路，设线圈的电阻值为 R，主磁电动势为 e，漏感电动势为 e_σ，根据 KVL 定律可得铁芯线圈的电压方程为

$$u = iR - e - e_\sigma \tag{6.10}$$

由于线圈电阻上的压降 iR 和漏磁电动势 e_σ 都很小，与主磁电动势 e 比较均可忽略不

计，故式（6.10）又可写为

$$u=-e$$

设主磁通$\Phi=\Phi_m \sin\omega t$，由电磁感应定律，有

$$u=-e=N\frac{d\Phi}{dt}=N\frac{d\Phi_m \sin\omega t}{dt}$$

$$=N\Phi_m \sin(\omega t+90°)$$

令$U_m=N\Phi_m\omega$，则

$$u=U_m \sin(\omega t+90°) \tag{6.11}$$

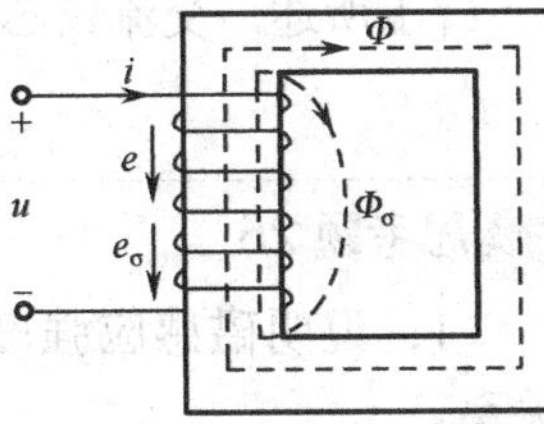

图6.7　交流铁芯线圈电路

由此可得出如下结论：

（1）线圈感应电压u与磁通Φ为同频率的正弦量。

（2）u与Φ的相位关系：超前Φ 90°。

（3）u与Φ大小关系为

$$U_m=N\Phi_m\omega=2\pi fN\Phi_m$$

或

$$U=\frac{1}{\sqrt{2}}2\pi fN\Phi_m=4.44fN\Phi_m \tag{6.12}$$

式中，U的单位为伏（V），f的单位为赫兹（Hz），Φ_m的单位为韦伯（Wb）。

式（6.12）表明，在忽略线圈电阻及漏磁通的条件下，当线圈匝数N、电源频率f及电源电压U一定时，主磁通的最大值Φ_m基本保持不变。这个结论对分析交流电动机、电器及变压器的工作原理十分重要。

6.4.2　功率损耗

交流铁芯线圈电路中，功率损耗由铜损和铁损两部分组成。线圈上损耗的功率ΔP_{Cu}称为铜损，由线圈导线发热产生；铁芯中损耗的功率ΔP_{Fe}称为铁损。铁损又包括磁滞损耗和涡流损耗两部分。

1. 磁滞损耗

在交变磁场中，铁磁材料要反复磁化，就产生了类似摩擦发热的能量损耗，我们称之为磁滞损耗，用ΔP_h表示。可以证明，交变磁化一周在铁芯的单位体积内所产生的磁滞损耗能量与磁滞回线所包围的面积成正比。磁滞损耗要引起铁芯发热，为了减小磁滞损耗，应采用磁滞回线窄小的软磁材料制造铁芯。硅钢就是变压器和电机中常用的铁芯材料，其磁滞损耗较小。

2. 涡流损耗

铁磁材料不仅有导磁能力，同时也有导电能力，因而在交变磁通的作用下铁芯内将产生感应电动势和感应电流，感应电流在垂直于磁通的铁芯平面内围绕磁力线呈旋涡状，如图6.8所示，故称为涡流。涡流使铁芯发热，其功率损耗称为涡流损耗，用ΔP_e表示。

为了减小涡流损耗，在顺磁场方向铁芯可由彼此绝缘的硅钢叠成，这样就可以限制涡流只能在较小的截面内流通。此

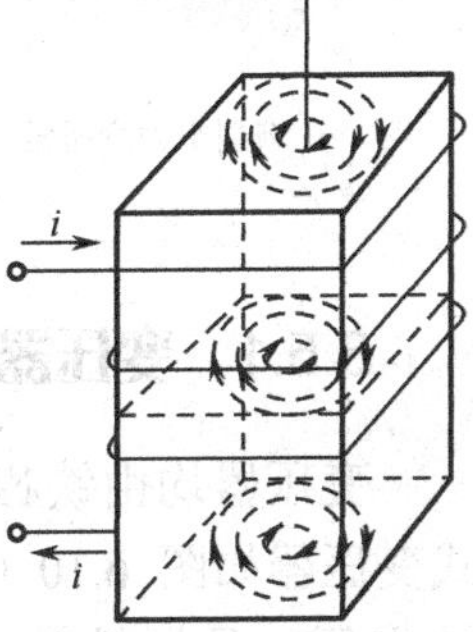

图6.8　铁芯中的涡流

外，通常所用的硅钢片中含有少量的硅，因而电阻率较大，这也可以使涡流减小。

综上所述，交流铁芯线圈工作时的功率损耗为

$$\Delta P = \Delta P_{\text{Cu}} + \Delta P_{\text{Fe}} = \Delta P_{\text{Cu}} + \Delta P_{\text{h}} + \Delta P_{\text{e}} \tag{6.13}$$

思考题 25

1. 说明磁感应强度、磁通、导磁率和磁场强度各物理量的物理意义及它们之间的关系。

2. 铁磁性物质为什么会有高的导磁性能？

3. 铁磁物质在磁化过程中有哪些特点？

4. 已知线圈电感，试用磁路欧姆定律说明线圈大小、形状和匝数相同时，有铁芯线圈和无铁芯线圈的电感哪个大。

6.5 变压器

变压器是根据电磁感应原理制成的一种电气设备，它具有变压、变流和变阻抗的作用，因而在各个工程领域获得广泛应用。

在电力系统中进行远距离输电时，线路损耗与电流的平方和线路电阻的乘积成正比。当输送的电功率一定时，电压越高，电流就越小，输电线路上的损耗就越小，这样不仅可以减小输电导线截面，节省材料，而且还可以减少功率损耗。因此，电力系统中均采用高电压进行电能的远距离输送，如 35 kV、110 kV、220 kV、330 kV 和 500 kV 等。

在电子线路中，变压器可以使负载获得适当电压等级的电源，还可用来传递信号和实现阻抗匹配。变压器的种类很多，按交流电的相数不同，分为单相变压器和三相变压器；按用途分为输配电用的电力变压器，调节电压用的自耦变压器，测量电路用的仪用互感器及电子设备中常用的电源变压器、耦合变压器、脉冲变压器等。常见变压器实物图如图 6.9 所示。

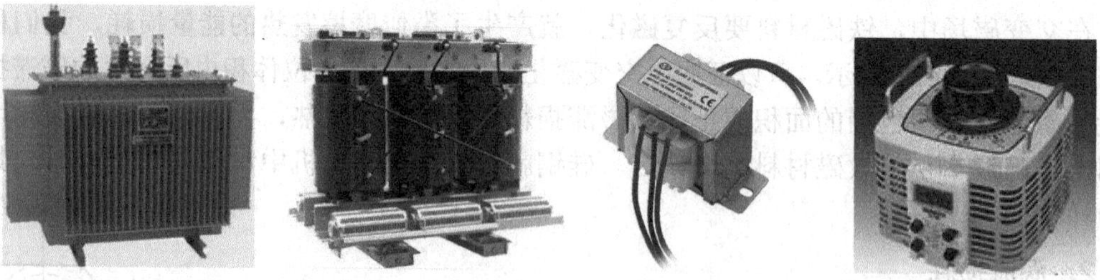

典型电力变压器　　三相电力变压器　　单相电源变压器　　单相自耦变压器

图 6.9　常见变压器实物图

6.5.1 变压器的结构

变压器均由铁芯和线圈组成。按线圈套装铁芯的情况不同，分为心式和壳式两种。心式变压器如图 6.10（a）所示，其绕组套在铁芯柱上，结构较简单，绕组的装配和绝缘都比较方便，且用铁量少，因此多用于容量较大的变压器，如电力变压器。壳式变压器如

图 6.10（b）所示，铁芯把绕组包围在中间，故不需要专门的变压器外壳，但它的制造工艺复杂，用铁量较多，常用于小容量的变压器中，如电子线路中的变压器多采用壳式结构。

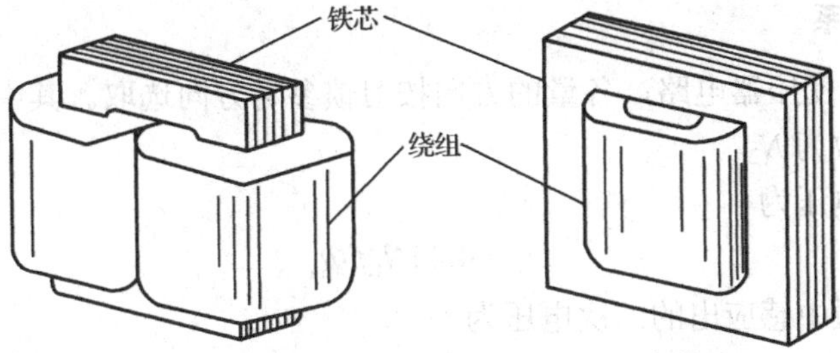

（a）　　　　（b）

图 6.10　变压器的结构形式

铁芯构成了变压器的磁路部分。变压器的铁芯大多用 0.35～0.5 mm 厚的硅钢片交错叠装而成，叠装之前，硅钢片上还需涂一层绝缘漆。交错叠装即将每层硅钢片的接缝错开，这样可以减小铁芯中的磁滞和涡流损耗。

绕组构成变压器的电路部分。绕组通常用绝缘的铜线或铝线绕制，其中与电源相连的绕组称为原绕组（又称一次侧或一次绕组）；与负载相连的绕组称为副绕组（又称二次侧或二次绕组）。一般小容量变压器的绕组用高强度漆包线绕制而成，大容量变压器可用绝缘扁铜线或铝线绕制。

6.5.2　变压器的原理和作用

分析变压器工作原理的基础是交流铁芯线圈，而交流铁芯线圈是一个非线性元件。如图 6.11 所示为变压器结构示意图和变压器的符号。可见，变压器的工作情况是比较复杂的，为了抓住主要矛盾，我们先忽略一些因素，建立理想变压器的电路模型，然后再讨论实际的变压器。

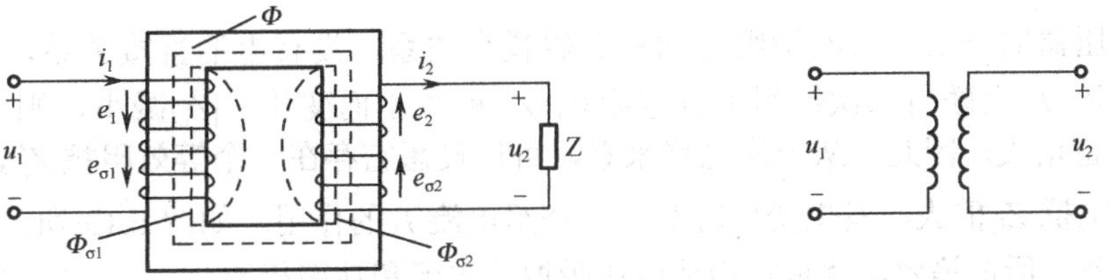

（a）变压器结构示意图　　　　（b）变压器的符号

图 6.11　变压器的示意图和符号

理想变压器在现实中并不存在，但由理想变压器模型导出的结论，不仅反映了实际变压器的主要特性，而且在工程应用中也比较接近实际情况。我们假定：

（1）变压器全部磁通都闭合在铁芯中，即没有漏磁通；

（2）一次、二次绕组的内阻为零，即没有铜损；

（3）铁芯中没有涡流和磁滞现象，即没有铁损；

（4）铁芯材料的导磁率趋近于无限大，产生磁通的磁化电流趋近于零，可以忽略不计。

满足上述条件的理想化变压器元件称为理想变压器。

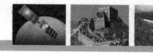

引入理想变压器的主要目的是导出它的 3 个变换关系：电压变换关系、电流变换关系和阻抗变换关系。

1. 电压变换关系

如图 6.12 所示变压器电路，各量的方向按习惯参考方向选取。其中一次绕组的匝数为 N_1，二次绕组的匝数为 N_2。

一次绕组的端电压为

$$U_1 = 4.44 N_1 f \Phi_m$$

磁通在二次绕组中感应出的二次电压为

$$U_2 = 4.44 N_2 f \Phi_m$$

由此可得

$$\frac{U_1}{U_2} = \frac{N_1}{N_2} = n \tag{6.14}$$

式中，n 称为变压器的电压比。当一次、二次绕组匝数不同时，变压器就可以把某一数值的交流电压变换为同频率的另一数值的电压，这就是变压器的电压变换作用。当 $n>1$ 时，$U_1>U_2$，称变压器为降压变压器；当 $n<1$ 时，$U_1<U_2$，称变压器为升压变压器。

2. 电流变换关系

由于理想变压器没有有功功率的损耗，又无磁化所需的无功功率，所以一次、二次绕组的有功功率相等，无功功率相等，视在功率也就相等，有

$$U_1 I_1 = U_2 I_2$$

即

$$\frac{I_1}{I_2} = \frac{U_2}{U_1} = \frac{N_2}{N_1} = \frac{1}{n} \tag{6.15}$$

由式（6.15）可知，变压器一次绕组和二次绕组的电流有效值之比等于它们的匝数比的倒数，即电压比的倒数，这就是变压器的电流变换作用。

3. 阻抗变换关系

虽然变压器的一次、二次绕组之间只有磁耦合关系，没有电的直接关系，但实际上一次绕组的电流 I_1 会随着二次绕组上负载阻抗 Z_L 的大小而变化，$|Z_L|$减小，则 $I_2=U_2/|Z_L|$增大，$I_1=I_2/n$ 也增大。因此，从一次电路来看，可以设想它存在一个等效阻抗 Z_L'，Z_L' 能反映二次侧负载阻抗 Z_L 的大小发生变化时对一次绕组电流 I_1 的作用。如图 6.13 所示为变压器的阻抗等效电路。所谓等效，就是它们从电源吸取的电流和功率相等。

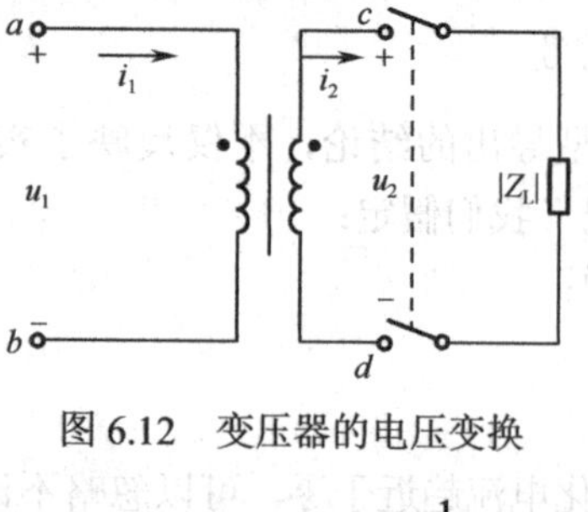

图 6.12　变压器的电压变换

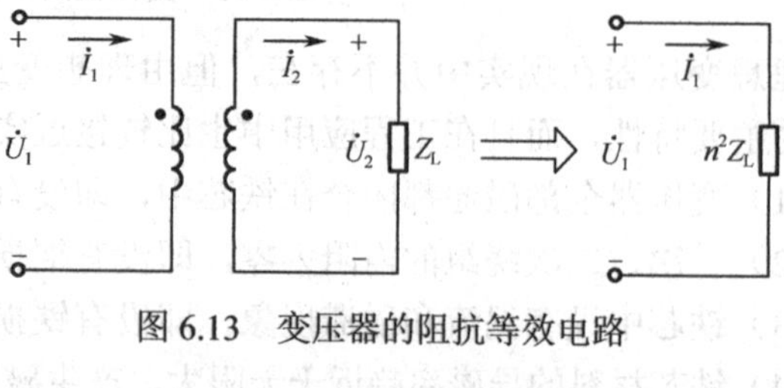

图 6.13　变压器的阻抗等效电路

已知：$U_1 = nU_2$，$I_1 = \frac{1}{n} I_2$，以一次绕组 a、b 端看进去的等效阻抗为

$$|Z_{ab}| = \frac{U_1}{I_1} = \frac{nU_2}{\frac{1}{n}I_2} = n^2 |Z_L| \qquad (6.16)$$

由式（6.16）看出：接在二次侧的负载阻抗$|Z_L|$反映到变压器一次侧的等效阻抗应乘以n^2，这就起到了阻抗变换的作用。

变压器的阻抗变换作用常应用于电子电路中。例如，收音机、扩音机中扬声器的阻抗一般为几欧或几十欧，而其功率输出级要求负载阻抗为几十欧或几百欧，这样才能使负载获得最大输出功率，这叫作阻抗匹配。实现阻抗匹配的方法就是在电子设备功率输出级和负载之间接入一个输出变压器，适当选择电压比以获得所需的阻抗。

实例 6.2　有一理想变压器，一次绕组接在 220 V 电压上，测得二次绕组的端电压为 22 V，如一次绕组的匝数为 2 100，求变压器的电压比和二次绕组的匝数。

解　已知 U_1=220 V，U_2=22 V，N_1=2 100 匝，所以

$$n = \frac{U_1}{U_2} = \frac{220}{22} = 10$$

又

$$\frac{N_1}{N_2} = n = 10$$

$$N_2 = \frac{N_1}{n} = \frac{2100}{10} = 210 \text{（匝）}$$

实例 6.3　已知一理想变压器，一次、二次绕组匝数 N_1=1 000，N_2=200，一次电流 I_1=2 A，二次电压 U_2=50 V，负载为纯电阻，求变压器的一次电压 U_1、二次电流 I_2 和负载功率 P_2。

解　匝数比　$n = \dfrac{N_1}{N_2} = \dfrac{1000}{200} = 5$

一次电压　$U_1 = nU_2 = 250 \text{（V）}$

二次电流　$I_2 = nI_1 = 10 \text{（A）}$

负载功率　$P_2 = U_2 I_2 = 500 \text{（W）}$

实例 6.4　某晶体管收音机输出变压器的一次绕组匝数 N_1=230，副绕组匝数 N_2=80。原来配有音圈阻抗为 8 Ω的电动扬声器，现在要改接 4 Ω的电动扬声器，问输出变压器二次绕组的匝数应如何变动？（一次绕组匝数不变）

解　设输出变压器二次绕组变动后的匝数为 N_2'。

当 R_L=8 Ω时　$Z_i = n^2 \times R_L = \left(\dfrac{230}{80}\right)^2 \times 8 = 66.1(\Omega)$

当 R_L'=4 Ω时　$Z_i' = n'^2 \times R_L' = \left(\dfrac{230}{N_2'}\right)^2 \times 4(\Omega)$

根据题意有 $Z_i = Z_i'$，即　$66.1 = \left(\dfrac{230}{N_2'}\right)^2 \times 4$

则　$N_2' = \sqrt{\dfrac{230^2 \times 4}{66.1}} = 56.6 \approx 57 \text{（匝）}$

6.5.3 变压器绕组的极性及测定

1. 同极性端

变压器绕组的极性是指变压器一次、二次绕组在同一磁通作用下所产生的感应电动势之间的相位关系。任何瞬间，两绕组中电动势极性相同的两个端钮称为同极性端（同名端），通常用“*”或“·”表示，如图 6.14 所示。

同极性端与绕组的绕向有关。对于一次、二次绕组的方向，当电流从 1、3 端流入时，它们所产生的磁通方向相同，因此 1、3 端是同名端，同理 2、4 端也是同名端，如图 6.14（a）所示。当电流从 1、4 端流入时，则 1、4 端是同名端，如图 6.14（b）所示。

有时为了给各种仪器设备提供所需的电源电压，电源变压器通常有多个二次绕组，可以从二次侧得到多个不同的电压，以满足给不同部件提供不同电压的需要。如图 6.15 所示为具有 3 个二次绕组的电源变压器。在这种多绕组变压器中，同一主磁通通过各个绕组，因此各绕组之间的电压比仍等于各匝数之比。

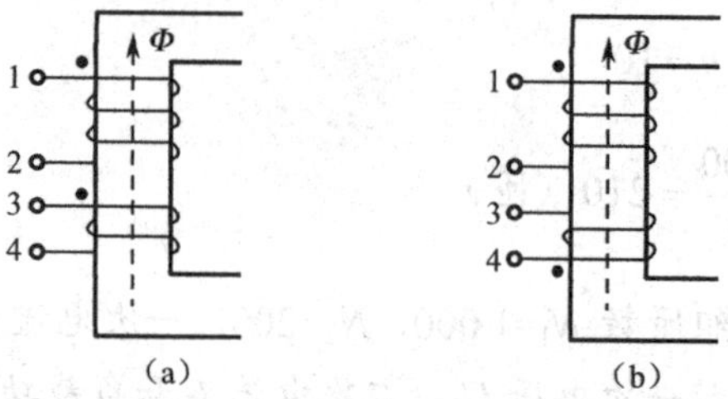

图 6.14 变压器绕组的极性

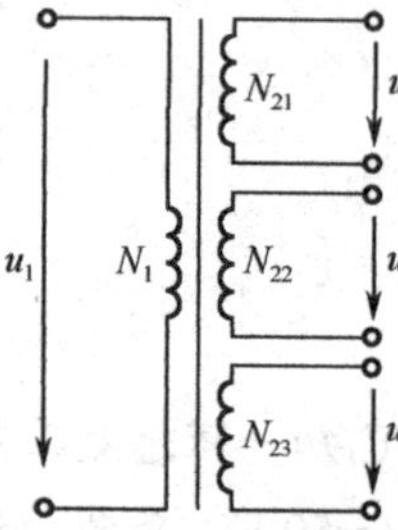

图 6.15 电源变压器

把变压器的二次绕组串联起来可以提高电压，并联起来可以增大电流，但连接时必须认清绕组的同极性端，否则不仅达不到预期目的，反而可能会烧坏变压器。

2. 变压器绕组极性的判别

1）交流法（电压表法）

如图 6.16 所示，首先将 2、4 端连接起来，在它的一次绕组 1、2 端上加适当的交流电压，二次绕组 3、4 端开路。用电压表分别测出一次电压 U_{12}、二次电压 U_{34} 和 1、3 端的电压 U_{13}。若 $U_{13}=U_{12}-U_{34}$，则 1、3 端是同名端；若 $U_{13}=U_{12}+U_{34}$，则 1、4 端是同名端。

2）直流法

如图 6.17 所示，接通开关 S，在通电瞬间，注意观察电流表指针的偏转方向，如果电流表正偏，则表示变压器接电池正极的 1 端和接电流表正极的 3 端为同名端；如果电流表

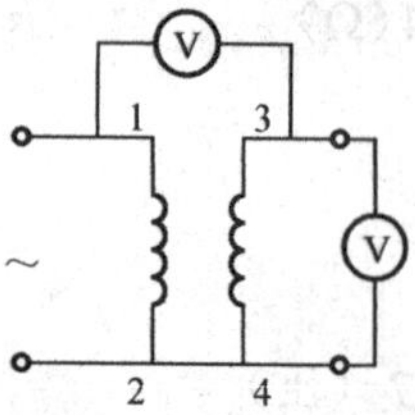

图 6.16 交流法测变压器绕组极性

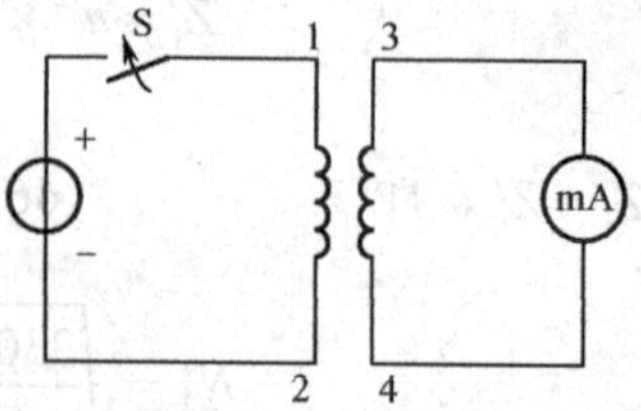

图 6.17 直流法测变压器绕组极性

反偏，则表示 1、4 端为同名端。采用这种方法，应将高压绕组接电池，以减少电能的消耗，而将低压绕组接电流表，以减少对电流表的冲击。

6.5.4 特殊变压器

下面简单介绍几种特殊用途的变压器。

1. 自耦变压器

把变压器的两个绕组合二为一，使低压绕组成为高压绕组的一部分，如图 6.18 所示，这个绕组的总匝数为 N_1，一次绕组接电源，绕组的一部分匝数为 N_2，作为二次绕组接负载，这样，一次、二次绕组不仅有磁的耦合，而且还有电的直接联系。

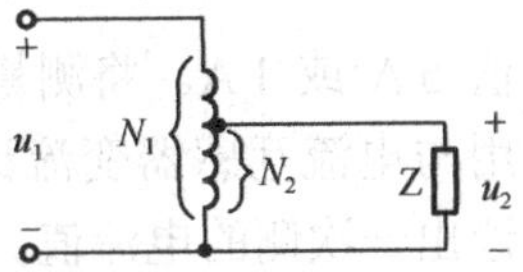

图 6.18　自耦变压器

自耦变压器的工作原理与普通双绕组变压器基本相同。由于同一主磁通穿过一次、二次绕组，所以一次、二次电压仍与它们的匝数成正比；一次、二次电流仍与它们的匝数成反比，即

$$\frac{U_1}{U_2}=\frac{N_1}{N_2}=n$$

$$\frac{I_1}{I_2}=\frac{N_2}{N_1}=\frac{1}{n}$$

自耦变压器的特点如下。

优点：额定容量相同时，自耦变压器与双绕组变压器相比，其单位容量所消耗的材料少、变压器的体积小、造价低，而且铜耗和铁耗都小，因而效率较高。

缺点：由于一次侧、二次侧共用一个绕组，因此当高压侧遭受过电压时，会波及低压侧，为避免危险，需在自耦变压器的一次侧、一次侧都装设避雷器。自耦变压器不能当作安全变压器来使用。

2. 仪用互感器

仪用互感器是在交流电路中专供电工测量和自动保护装置使用的变压器，它可以扩大测量装置的量程，使测量装置与高压电路隔离以保证安全，为高压电路的控制和保护设备提供所需的低电压、小电流，并可以使其后连接的测量仪表或其他测量电路结构简化。仪用互感器按用途不同可分为电压互感器和电流互感器两种。

1）电流互感器

电流互感器是将大电流变换成小电流的升压变压器。它主要用来扩大测量交流电流的量程，其结构原理图如图 6.19 所示。电流互感器的一次绕组线径较粗，匝数很少，与被测电路负载串联；二次绕组线径较细，匝数很多，与电流表或其他仪表及继电器的电流线圈串联。

根据变压器的工作原理，有

$$\frac{I_1}{I_2}=\frac{N_2}{N_1}=K_i \tag{6.17}$$

式中，K_i 称为电流互感器的电流比。通常，电流互感器二次绕组的额定电流都规定为标准

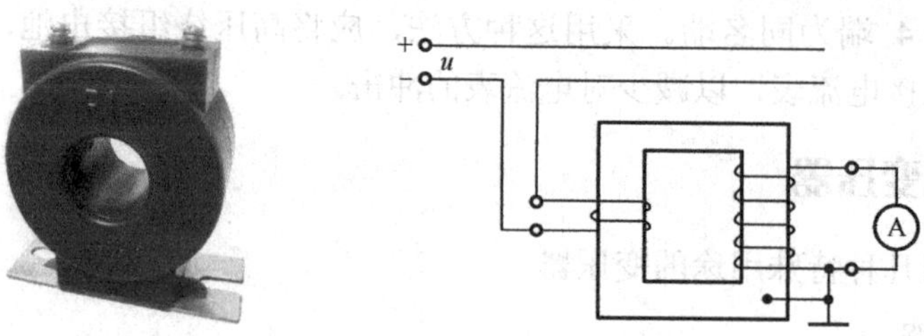

图 6.19　电流互感器外形和结构原理图

值 5 A 或 1 A。将测量仪表的读数乘以电流互感器的电流比，就可得到被测电流值。通常选用与电流互感器变流比相配合的专用电流表，其表盘按一次侧的电流值设计刻度，可直接读出一次侧的电流值。

在使用电流互感器时，二次侧电路是不允许断开的。这点和普通变压器不一样。因为它的一次绕组是与负载串联的，电流 I_1 不决定于电流 I_2，而决定于负载的大小。所以，当二次侧电路断开时，二次侧电流和磁动势立即消失，但是一次电流未变，结果造成铁芯内很大的磁通。这一方面使铁损增加，使铁芯发热而可能烧坏；另一方面又使二次绕组的感应电动势增高到危险的程度。所以，一般要将二次绕组的一端接地。

2）电压互感器

电压互感器是一台小容量的降压变压器，其结构原理图如图 6.20 所示。电压互感器的一次绕组匝数很多，并联于待测电路两端；二次绕组匝数较少，与电压表或其他仪表及继电器的电压线圈并联。

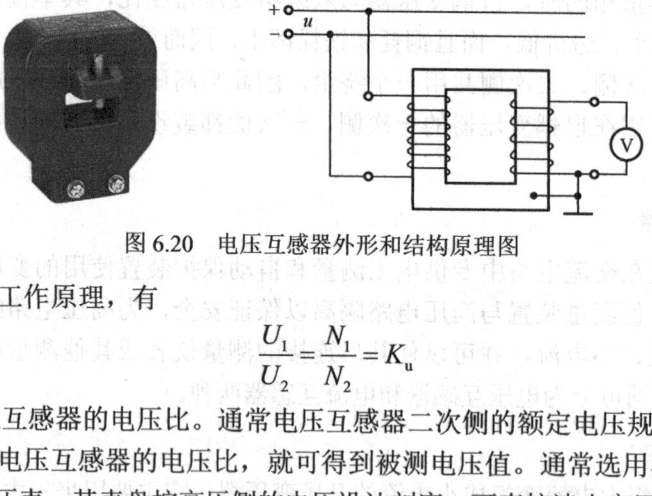

图 6.20　电压互感器外形和结构原理图

根据变压器的工作原理，有

$$\frac{U_1}{U_2}=\frac{N_1}{N_2}=K_u \qquad (6.18)$$

式中，K_u 称为电压互感器的电压比。通常电压互感器二次侧的额定电压规定为 100 V。将测量仪表的读数乘以电压互感器的电压比，就可得到被测电压值。通常选用与电压互感器电压比相配合的专用电压表，其表盘按高压侧的电压设计刻度，可直接读出高压侧的电压值。

在使用电压互感器时，二次侧电路不允许短路，否则会造成二次侧、一次侧出现大电流，烧坏互感器，故在高压侧应接入熔断器进行保护。为防止电压互感器高压绕组绝缘损坏，使低压侧出现高电压，电压互感器的铁芯、金属外壳和二次绕组的一端必须可靠接地。

思考题 26

1．某电源变压器（可看作理想变压器）如图 6.21 所示。已知一次电压有效值为 220 V，匝数为 600，为了满足二次电压有效值各为 6.3 V、275 V 和 5 V 的要求，一次侧各绕组的匝数应分别为多少？

2．一理想变压器一次、二次绕组的匝数各为 3 000 和 100，一次绕组的电流为 0.22 A，负载电阻为 10 Ω，试求一次绕组的电压和入端阻抗。

3．理想变压器的二次侧负载为 4 只并联的扬声器，设每只扬声器的电阻是 16 Ω，信号源的内阻 R_S 为 5 kΩ。为保证负载获得最大功率，该变压器的匝数比应为多少？

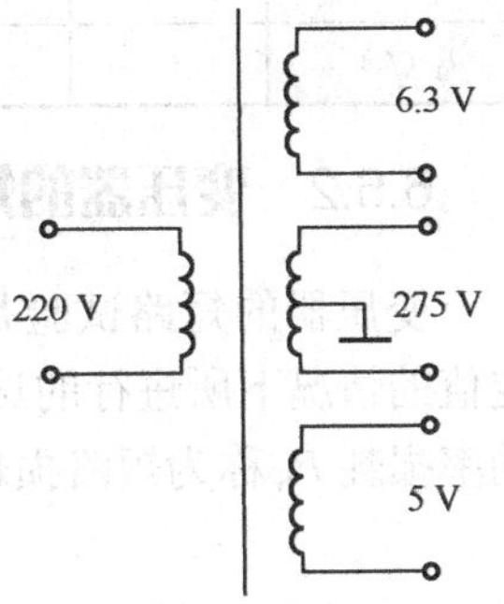

图 6.21　题 1 图

6.6　单相变压器的空载及短路试验

6.6.1　变压器的空载试验

变压器一次绕组接额定交流电压，而二次绕组开路的运行方式称空载运行。空载试验时通常将变压器高压侧开路，由低压侧通电进行测量，因变压器空载时功率因数很低，故测量功率时最好应用低功率因数表。

按图 6.22 接线，被测单相变压器二次绕组通过自耦调压器接在电源上，并按图所示接入电压表、电流表和低功率因数功率表，一次侧开路。

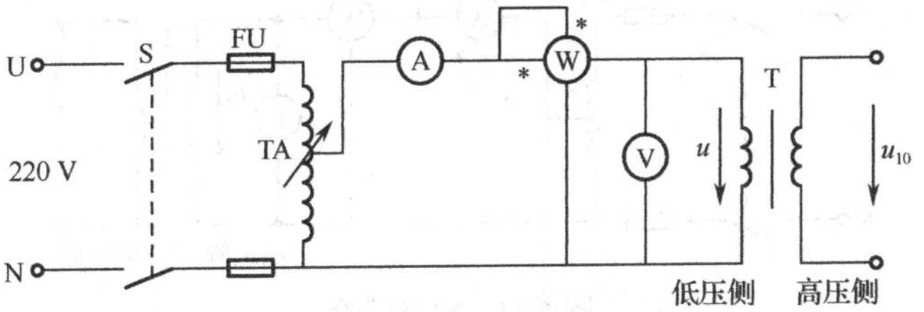

图 6.22　空载实验

（1）调节自耦调压器使输出电压 U 为低压侧额定值 U_{2N}，并测量高压侧电压 U_{10}、低压空载电流 I_0、空载损耗 P_0，计算电压比 K_0，填入表 6.1。

表 6.1　单相变压器空载试验数据

$U=U_{2N}$	U_{10}	$K_0=U_{10}/U$	I_0	P_0

（2）绘制单相变压器的空载特性曲线。调节自耦调压器将电压 U 升高到 $(1.1\sim1.2)U_{2N}$，读取电流表的读数。然后逐渐降低电压 U，直至 $U=0$ 为止。在此过程中测量 7～8 组数据，每次同时测量 I_0 的值，记录于表 6.2。

表 6.2　单相变压器空载特性曲线数据

U（V）									
I_0（A）									

6.6.2　变压器的短路试验

变压器的短路试验是将变压器二次侧短路，一次侧加较低的电压，在一次电流达到额定值的情况下所进行的试验。试验中一次侧所加电压 U_S 称为短路电压，短路试验所测得的功率损耗 P_S 称为短路损耗，即

$$P_S = I_{1S}^2 R_1 + I_{2S}^2 R_2 + P_{Fe}$$

式中，R_2 为变压器二次电阻。因为短路时电压很低，铁芯中的磁通密度与其额定磁通密度相比小得多，故短路试验时铁损是很小的，因为 $I_{1S} \approx I_{1N}$，$I_{2S} \approx I_{2N}$，所以可认为短路损耗就是变压器额定运行时的铜损耗，即

$$P_S = P_{Cu}$$

由变压器空载、短路试验测得的铁损和铜损，可以求得变压器额定运行时的效率为

$$\eta_N = \frac{P_{2N}}{P_{2N} + P_{Fe} + P_{Cu}} \times 100\%$$

式中，P_{2N} 为变压器额定运行时二次侧输出的有功功率。

用导线将二次侧短路，按图 6.23 接线。由于短路电压一般都很低，只有额定电压的百分之几，所以调压器一定要旋到零位才能闭合电源开关。然后逐渐增加电压，使短路电流达到高压侧额定电流值。测量此时的电压、电流和功率的数值，填入表 6.3。

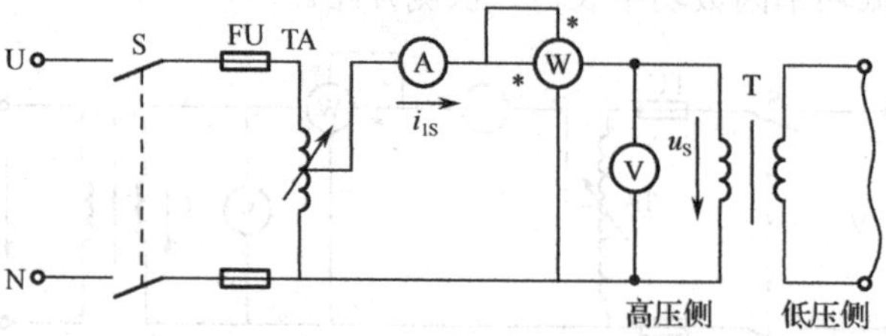

图 6.23　短路试验

表 6.3　单相变压器短路试验数据

测 量 项 目	U_S	I_{1S}	P_S
数　据			

注意：因变压器空载时功率因数很低（约为 0.2），所以测量功率时应选用低功率因数功率表；测量短路电压时，调压器一定要旋到零位才能闭合电源开关，然后逐渐增加电压。

思考题 27

1．如何用试验的方法测定变压器的铁耗和铜耗，根据空载和短路试验能否大致判断变压器的质量？

2．根据空载和短路试验数据如何计算变压器的输出特性？

本章小结

1. 磁路的基本物理量

（1）磁感应强度 $\boldsymbol{B}$ 是描述磁场中某点磁场强弱和方向的物理量，是矢量。磁感应强度的方向就是磁场的方向，即磁场中某点磁感应强度的方向就是在该点放置小磁针 N 极所指方向。

（2）某一面积为 S 的磁感应强度的通量称为磁通 Φ。

（3）为了便于确定磁场与产生该磁场的电流之间的关系，引入磁场强度 $\boldsymbol{H}$ 这个物理量，磁场强度与导磁率 μ 无关，它也是个矢量，方向为该点的磁感应强度的方向。

（4）导磁率是表示物质导磁性能的一个物理量。物质按其导磁性能大体上分为非铁磁性物质和磁性物质两大类。

2. 铁磁材料的主要性能是高导磁性、磁饱和性和磁滞性

3. 磁路欧姆定律

磁路中的磁通 Φ、磁动势 F 和磁阻 R_m 之间的关系由磁路的欧姆定律确定，即

$$\Phi = \frac{F}{R_m} = \frac{NI}{\dfrac{l}{\mu S}}$$

磁动势为 $F=NI$；磁阻为 $R_m = \dfrac{l}{\mu S}$。

4. 交流铁芯线圈电路

（1）线圈感应电压 u 与磁通 Φ 的关系式为

$$U \approx E = 4.44 fN\Phi_m$$

（2）交流铁芯线圈工作时的功率损耗为

$$\Delta P = \Delta P_{Cu} + \Delta P_{Fe} = \Delta P_{Cu} + \Delta P_h + \Delta P_e$$

5. 理想变压器

（1）理想变压器的条件。

① 变压器全部磁通都闭合在铁芯中，即没有漏磁通。

② 一次、二次绕组的内阻为零，即没有铜损。

③ 铁芯中没有涡流和磁滞现象，即没有铁损。

④ 铁芯材料的导磁率趋近于无限大，产生磁通的磁化电流趋近于零，可以忽略不计。

（2）理想变压器的主要性能。

电压变化关系：
$$\frac{U_1}{U_2} = \frac{N_1}{N_2} = n$$

电流变换关系：
$$\frac{I_1}{I_2} = \frac{U_2}{U_1} = \frac{N_2}{N_1} = \frac{1}{n}$$

阻抗变换关系：
$$Z_{ab}=\frac{\dot{U}_1}{\dot{I}_1}=\frac{n\dot{U}_2}{\frac{1}{n}\dot{I}_2}=n^2Z_L$$

6. 变压器的同名端

互感线圈中，某一线圈中的电流变化时产生的自感电压与其他线圈产生的互感电压的极性相同的端子叫作同名端。电流分别自同名端流入时，互感线圈中产生的磁通是相互增强的。

7. 其他类型变压器

变压器还包括自耦变压器、电压互感器、电流互感器等。

习题 6

6.1 有一均匀磁场，已知穿过磁极极面的磁通 $\Phi=3.84\times10^{-8}$ Wb，磁极的长与宽分别为 4 cm 与 8 cm，求磁极间的磁感应强度。

6.2 一个交流铁芯线圈接在 220 V、50 Hz 的工频电源上，线圈上的匝数为 733，铁芯截面积为 13 cm^2。求：（1）铁芯中的磁通和磁感应强度的最大值各是多少？（2）若所接电源频率为 100 Hz，其他量不变，求磁通和磁感应强度最大值各是多少？

6.3 有一交流铁芯线圈，接在 f=50 Hz 的正弦交流电源上，在铁芯中得到磁通的最大值为 $\Phi_m=2.25\times10^{-3}$ Wb。现在此铁芯上再绕一个线圈，其匝数为 200。当此线圈开路时，求其两端电压。

6.4 判断如题图 6.1 所示线圈的同名端。

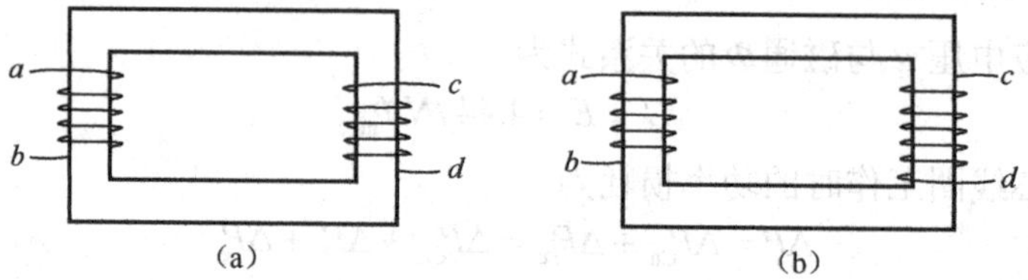

题图 6.1

6.5 一理想变压器匝数比为 40，一次电流为 0.1 A，负载电阻为 100 Ω，试求一次、二次级绕组的电压和负载获得的功率。

6.6 一理想变压器一次、二次绕组的匝数分别为 2 000 和 50，负载电阻 R_L=10 Ω，负载获得的功率为 160 W。试求一次绕组的电流 I_1 和电压 U_1。

6.7 某晶体管收音机原配有 4 Ω的扬声器负载，今改接 8 Ω的扬声器，已知输出变压器的一次、二次绕组匝数分别为 250 和 60，若一次绕组匝数不变，问二次绕组的匝数应如何变动，才能使阻抗重新匹配。

6.8 已知某收音机输出变压器的匝数 N_1=600，N_2=300，原接阻抗为 20 Ω的扬声器，现要改接成 5 Ω的扬声器，求变压器的匝数 N_2 应为多少？

6.9 已知某单相变压器的一次绕组电压为 4 000 V，二次绕组电压为 250 V，负载是一台 250 V、25 kW 的电阻炉，试求一次、二次绕组的电流各为多少？

第三部分　常用电动机及其控制电路

知识目标

★理解三相异步电动机和直流电动机的基本结构和工作原理；

★理解三相异步电动机和直流电动机的机械特性；

★掌握三相异步电动机和直流电动机的启动、反转和调速的基本方法；

★熟悉常用低压电器的结构、特性、工作原理及电路符号；

★掌握三相异步电动机的常用基本控制电路。

第7章 异步电动机

电机是一种能够将一种形式的能量（如大坝中的蓄水势能）转换为另一种形式的能量（电机的动能）的装置。按能量转换的方式，电机分为两大类，将其他形式的能量转换为电能的电机称为发电机；将电能转换为机械能的电机称为电动机。

电动机被广泛用于生产加工机械的拖动。按电源种类不同，可把电动机分为交流电动机和直流电动机。交流电动机又可分为异步电动机和同步电动机。异步电动机结构简单、运行可靠、价格便宜、运行效率高，是所有电动机中应用最广泛的一种。特别是三相异步电动机，广泛用于拖动各种生产机械，如机床、起重设备、水泵、传送带、粉碎机等。

本章主要介绍三相异步电动机的基本结构、工作原理和运行特性等。

7.1 三相异步电动机的基本结构

三相异步电动机又称三相感应电动机，俗称马达。三相异步电动机由定子和转子两个基本部分组成，其结构如图 7.1 所示。

7.1.1 定子

定子主要由机座、定子铁芯、定子绕组和端盖等组成。机座通常由铸铁或铸钢制成，用来支撑定子铁芯和固定端盖。定子铁芯是电动机磁路的一部分，它由互相绝缘的硅钢片叠成圆筒形，装在机座内壁上。在定子铁芯的内圆周表面均匀冲有槽孔，用以嵌放定子绕组。定子绕组用绝缘铜线或铝线绕制而成，对称三相定子绕组 U_1–U_2、V_1–V_2、W_1–W_2 按一定规律嵌放在槽中，其 6 个接线端都引到机座外的接线盒中，以便将其作星形或三角形连接，如图 7.2 和图 7.3 所示。

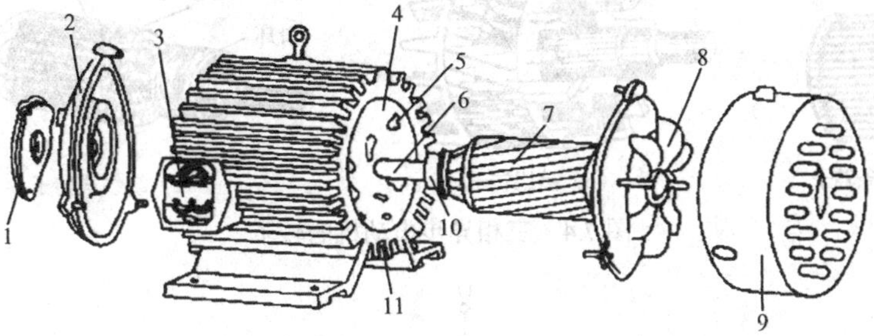

1—轴承盖；2—端盖；3—接线盒；4—定子铁芯；5—定子绕组；6—转轴；7—转子；8—风扇；9—罩壳；10—轴承；11—机座

图 7.1　三相异步电动机的结构

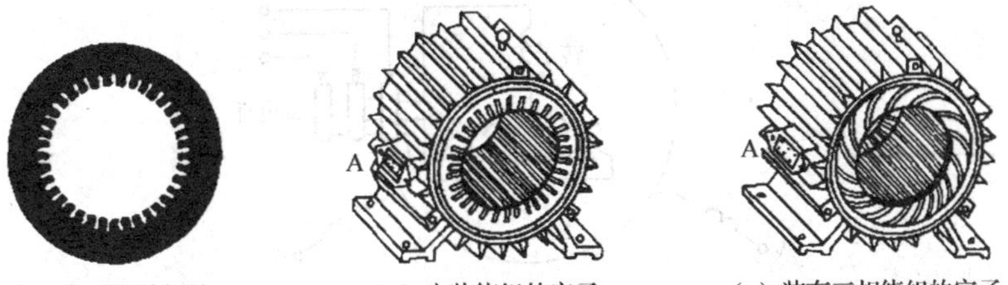

（a）定子的硅钢片　（b）未装绕组的定子　（c）装有三相绕组的定子

图 7.2　三相异步电动机的定子

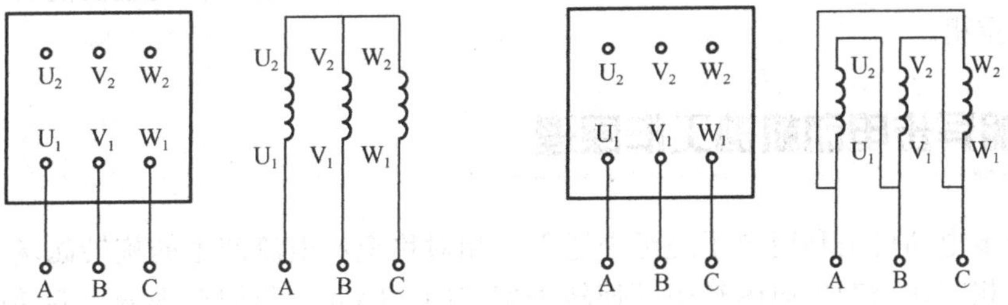

（a）星形连接　（b）三角形连接

图 7.3　三相定子绕组的连接方式

7.1.2　转子

转子是电动机的转动部分，由转子铁芯、转子绕组和转轴 3 个部分组成。转轴上压装着由 0.5 mm 硅钢片叠成的圆柱形转子铁芯。转子铁芯外表均匀分布的线槽中放置着转子绕组，转子绕组用来切割定子磁场，产生感应电动势和电流，并在旋转磁场的作用下受力而使转子转动。转子分鼠笼式转子和绕线式转子两种不同的类型。

鼠笼式转子绕组是由插入每个转子铁芯中的裸导条和两端的短路环（端环）连接起来而组成的一个鼠笼状的绕组，如图 7.4 所示。中、小型鼠笼式电动机的转子绕组一般都采用离心铸铝法，将熔化了的铝浇铸在槽内而成为一个整体，包括两端作为冷却用的风扇叶片也一起铸造而成。

绕线式转子绕组与定子绕组一样做成三相对称绕组，一般接成星形，其三根引出线分别接到转轴上的三相互相绝缘的铜制滑环上，通过电刷的滑动接触和外加变阻器相接，用以改善电动机的启动性能或调节电动机的转速，如图 7.5 所示。

（a）铜条转子　　（b）铸铝转子　　（c）绕线式转子

图 7.4　三相异步电动机的转子

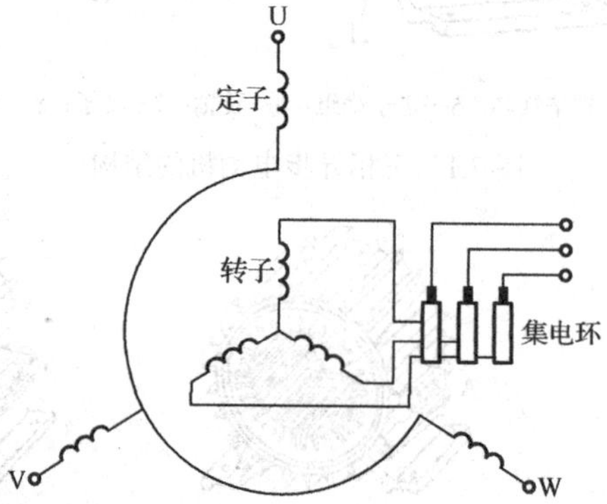

图 7.5　绕线式转子绕组接线示意图

绕线式异步电动机的结构复杂、价格较高，一般用于对启动和调速性能有较高要求的场所，如起重机。

7.2　三相异步电动机的工作原理

三相异步电动机是利用定子绕组中通入三相对称交流电流产生的旋转磁场与转子绕组的感应电流相互作用产生电磁转矩而使转子旋转的。因此，我们首先分析旋转磁场的产生和特点，然后再讨论转子的转动原理。

7.2.1　旋转磁场

1. 旋转磁场的产生

在静止的三相定子绕组中通入三相正弦交流电流，它将在电动机中产生旋转磁场。设有三组相同的绕组（每相一组，即 AX、BY、CZ），彼此在空间相隔 120° 放置在定子槽内，为了讨论方便，每相绕组用一匝线圈代替，如图 7.6（a）所示。三相绕组接成星形，把它的三个首端接到三相对称电源上，绕组中便通过了三相对称电流 i_A、i_B、i_C，其波形如图 7.6（b）所示。

$$i_A = I_m \sin \omega t$$
$$i_B = I_m \sin(\omega t - 120°)$$
$$i_C = I_m \sin(\omega t + 120°)$$

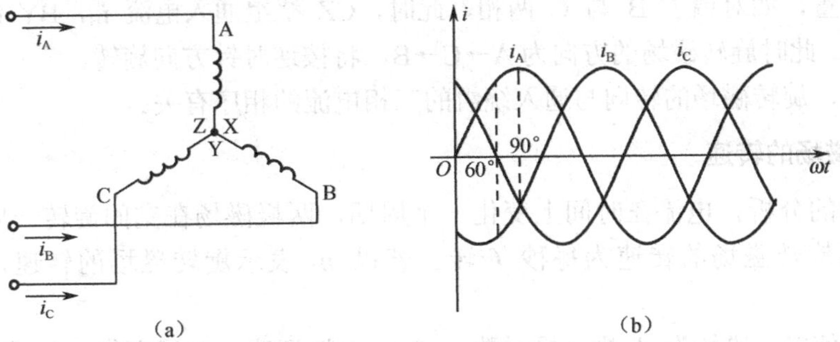

图 7.6　三相对称电流

由于交流电流的方向经常变化，为了确定某一瞬时电流在绕组中的流向，以便看出产生的磁场方向，假定：当电流为正时，电流由首端流进（用符号 ⊗ 表示流进）、末端流出（用符号⊙表示流出）。

各相绕组电流的参考正方向如图 7.7 所示。

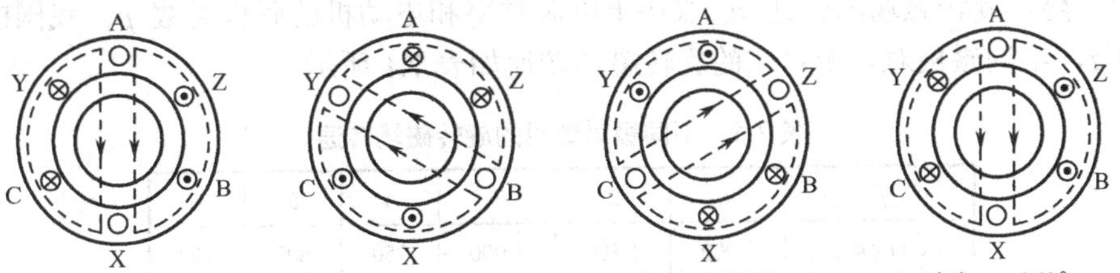

（a）ωt=0°　（b）ωt=120°　（c）ωt=240°　（d）ωt=360°

图 7.7　三相电流产生的旋转磁场（p=1）

现在选择几个瞬时来分析三相交变电流流经三相绕组时所产生的合成磁场。

当ωt=0 时，i_A=0，i_B<0，BY 绕组的电流 i_B 实际方向与参考方向相反，即末端流入（Y 标 ⊗），首端流出（B 标⊙）；i_C>0，CZ 绕组的电流实际方向与参考方向相同，即首端流入（C 标 ⊗），末端流出（Z 标⊙）。按右手螺旋定则可得到各个导体中电流所产生的合成磁场如图 7.7（a）所示，是一个具有两个磁极的磁场。电动机磁场的磁极数常用磁极对数 p 来表示，例如，上述两个磁极称为一对磁极，即 p=1。

当ωt=120° 时，i_B=0，i_A>0，i_C<0。此时的合成磁场方向沿顺时针方向在空间旋转了 120°，如图 7.7（b）所示。

同理可作出ωt=240° 和ωt=360° 时的合成磁场，如图 7.7（c）、（d）所示。可以看出，合成磁场的位置也分别按顺时针方向旋转了 240° 和 360°。由此可见，当正弦电流变化了一周（即 360°）时，磁场在空间也正好旋转一圈。当三相电流不断地随时间变化时，所产生的合成磁场在空间也不断地旋转，就形成了旋转磁场。

旋转磁场的磁极对数 p 与定子绕组的安排有关。通过适当的安排，也可产生两对、三对或更多磁极对数的旋转磁场。

2. 旋转磁场的转向

由图 7.7 可以看出，旋转磁场的旋转方向是由 A→B→C（顺时针方向），即与通入三相绕组的三相电流相序 i_A→i_B→i_C 是一致的。如果将同三相电源连接的三根导线中的任意两根的一端对调位置，如对调了 B 与 C 两相，此时，CZ 绕组通入电流 i_B，BY 绕组通入电流 i_C，可以发现，此时旋转磁场的方向为 A→C→B，将按逆时针方向旋转。

由此可见，旋转磁场的转向与通入绕组的三相电流的相序有关。

3. 旋转磁场的转速

根据上面的分析，电流在时间上变化一个周期，两极磁场在空间旋转一周，若电流的频率为 f，则旋转磁场的转速为每秒 f 转。若以 n_1 表示旋转磁场的转速，则可得 $n_1=60f$（r/min）。

如果设法使定子磁场为 4 极（极对数 $p=2$），可以证明，电流变化一个周期，合成磁场在空间旋转 180°，其转速为 $\frac{60f}{2}$（r/ min）。由此可以推广到 p 对磁极的异步电动机旋转磁场的转速为

$$n_1=\frac{60f}{p}\ \text{(r/ min)} \tag{7.1}$$

由此可得，旋转磁场的转速 n_o 取决于电源频率和电动机的磁极对数 p。我国的电源频率为 50 Hz，不同磁极对数所对应的旋转磁场转速如表 7.1 所示。

表 7.1 不同极对数时的旋转磁场转速

p	1	2	3	4	5	6
n_1（r/min）	3 000	1 500	1 000	750	600	500

7.2.2 三相异步电动机的转动原理

如图 7.8 所示，当三相定子绕组中通入三相交流电流时，它产生的旋转磁场以同步转速 n_o 按顺时针方向旋转，相当于磁场静止，转子导体朝逆时针方向切割磁力线，于是在转子导体中就会产生感应电动势，其方向可用右手定则来确定。由于转子导体闭合，所以在感应电动势的作用下将产生转子电流（图 7.8 中仅示出上、下两根导线中的电流）。通有电流的转子导体因处于磁场中，又会与磁场相互作用，根据左手定则，便可确定转子导体受电磁力 F 作用的方向。电磁力 F 对转轴形成的电磁转矩 T，其方向与旋转磁场的方向一致，于是转子就顺着旋转磁场的方向转动起来。

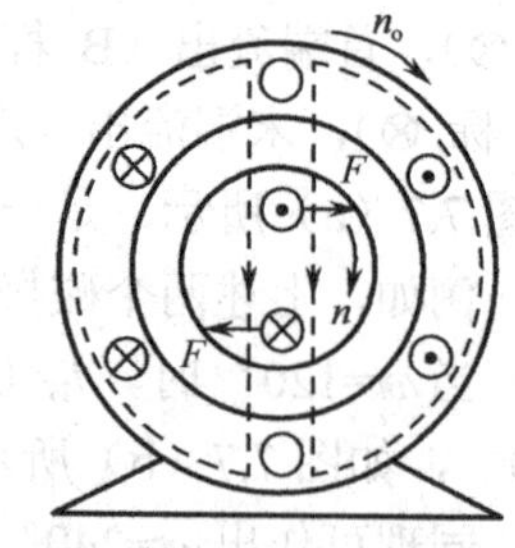

图 7.8 转子转动的原理图

由以上分析可知，异步电动机转子转动的方向与旋转磁场的方向一致，但转速 n 不可能与旋转磁场的转速 n_1 相等，因为产生电磁转矩需要转子中存在感应电动势和感应电流。如果转子转速与旋转磁场转速相等，两者之间就没有相对运动，磁力线就不切割转子导体，则转子电动势、转子电流及电磁转矩都不存在，转子也就不可能继续以 n_1 的转速转动。所以，转子转速与旋转磁场转速之间必须有差别，即 $n<n_1$。这就是“异步”电动机名称的由来。另外，又因为转子电流是由电磁感应产生的，所以异步电动机也称为“感应”电动机。

同步转速 n_1 与转子转速 n 之差称为转速差，转速差与同步转速的比值称为转差率，用 s 表示，即

$$s = \frac{n_1 - n}{n_1} \tag{7.2}$$

转差率是分析异步电动机运行情况的一个重要参数。例如，启动时，n=0，s=1，转差率最大；稳定运行时 n 接近 n_1，s 很小，额定运行时 s 为 0.01～0.08，空载时 s 为 0.005 以下；若转子的转速等于同步转速，即 n=n_0，则 s=0，这种情况称为理想空载状态，在电动机实际运行中是不存在的。

由上述分析还可知道，异步电动机的转动方向总是与旋转磁场的转向一致，如果旋转磁场反转，则转子也随着反转。因此，若要改变三相异步电动机的旋转方向，只需把定子绕组与三相电源连接的三根导线任意对调两根，改变旋转磁场的转向便可。

实例 7.1　一台三相异步电动机的额定转速 $n_N = 1460\ \mathrm{r/min}$，电源频率 $f = 50\ \mathrm{Hz}$，求该电动机的同步转速、磁极对数和额定运行时的转差率。

解　由于电动机的额定转速小于且接近于同步转速，对照表 7.1 可知，与 1 460 r/min 最接近的同步转速为 $n_1 = 1500\ \mathrm{r/min}$，与此相对应的磁极对数为 $p = 2$，是 4 极电动机。

额定运行时的转差率为

$$s = \frac{n_1 - n_N}{n_1} = \frac{1500 - 1460}{1500} \times 100\% = 2.67\%$$

思考题 28

1．什么是三相电源的相序？三相异步电动机有无相序？

2．试用图示分析法画出两极三相异步电动机通入三相交流电在 ωt=60° 和 ωt=150° 时的旋转磁场。

7.3　三相异步电动机的转矩和机械特性

电磁转矩 T（简称转矩）是三相异步电动机的重要物理量之一，机械特性 n=f(T)是异步电动机的主要运行特性。这些在电动机进行分析计算时是很重要的。

7.3.1　三相异步电动机的转矩

异步电动机的转矩 T 是由旋转磁场的每极磁通 Φ 与转子电流 I_2 相互作用而产生的。电磁转矩的大小与转子绕组中的电流 I_2 及旋转磁场的强弱有关。经理论证明，电磁转矩的表达式为

$$T = K_T \Phi I_2 \cos\varphi_2 \tag{7.3}$$

式（7.3）中，K_T 为与电动机结构有关的常数；φ_2 为转子电流滞后于转子感应电动势的相位角。

或

$$T = K\frac{sR_2U_1^2}{R_2^2 + (sX_{20})^2} \tag{7.4}$$

式中，K 为常数；U_1 为定子绕组的相电压；R_2 为电动机转子电阻；X_{20} 为转子静止时的感抗。

由式（7.4）可知，转矩 T 与定子每相电压 U_1 的平方成正比，所以当电源电压有所变动

时，对转矩的影响很大。此外，转矩 T 还受转子电阻 R_2 的影响。

7.3.2 三相异步电动机的机械特性

在一定的电源电压 U_1 和转子电阻 R_2 下，三相异步电动机的转矩 T 与转差率 s 之间的关系曲线 $T=f(s)$ 或转速 n 与转矩 T 的关系曲线 $n=f(T)$，称为电动机的机械特性曲线，它可根据式（7.3）得出，如图 7.9 所示。

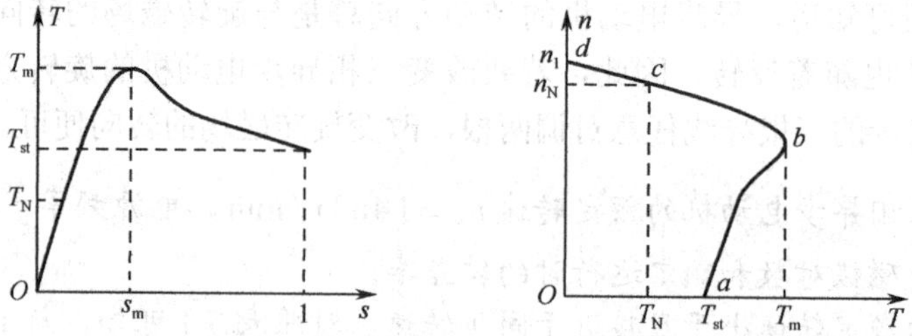

（a）$T=f(s)$曲线　　（b）$n=f(T)$曲线

图 7.9　三相异步电动机的机械特性

为了正确使用异步电动机，应注意 $n=f(T)$曲线上的两个区域和三个重要转矩。

1. 稳定区和不稳定区

在电动机启动时，只要启动转矩大于负载转矩，电动机便转动起来，电磁转矩 T 的变化沿曲线 ab 段运行。在 ab 段转矩随着转速的上升而一直增大，所以转子一直被加速，使电动机很快越过 ab 段而进入 bd 段。在 bd 段转矩 T 随着转速上升而下降，当转速上升为某一定值时，电磁转矩 T 与负载转矩相等，此时转速不再上升，稳定运行在 bd 段。所以，ab 段为不稳定区，bd 段为稳定区。

异步电动机一般都工作在稳定区。在这区域里，负载转矩变化时，异步电动机的转速变化不大，一般仅为 2%～8%，这样的机械特性称为硬特性。这种硬特性很适宜金属切削机床等加工场合。

2. 三个重要转矩

1）额定转矩 T_N

额定转矩是异步电动机带额定负载时，在额定电压下以额定转速运行，输出额定功率时转轴上的输出转矩。

$$T_N = 9\,550\frac{P_N}{n_N} \tag{7.5}$$

式中，额定功率 P_N 的单位是 kW，额定转速 n_N 的单位是 r/min，额定转矩 T_N 的单位是 N·m。

异步电动机的额定工作点通常大约在机械特性稳定区的中部。为了避免电动机出现过热现象，一般不允许电动机在超过额定转矩的情况下长期运行，但允许短期过载运行。

2）最大转矩 T_m

最大转矩 T_m 又称为临界转矩，是电动机能够提供的最大电磁转矩，故电动机运行中的机械负载不可超过最大转矩，否则电动机的转速将越来越低，很快造成堵转，导致电动机电流过大，时间一长会使电动机过热，甚至烧毁。因此，异步电动机在运行时应注意避免出现堵转，一旦出现堵转应立即切断电源，并卸掉过重的负载。

最大转矩 T_m 与额定转矩 T_N 之比称为电动机的过载系数λ，即

$$\lambda=\frac{T_m}{T_N} \tag{7.6}$$

一般三相异步电动机的过载系数为 1.8～2.2。

最大转矩的转差率为 s_m，叫作临界转差率，如图 7.9（a）所示。s_m 可由 $\frac{dT}{ds}=0$ 求得，即

$$s_m=\frac{R_2}{X_{20}} \tag{7.7}$$

将式（7.7）代入式（7.4），得

$$T_m=K\frac{U_1^2}{2X_{20}} \tag{7.8}$$

可见，最大转矩 T_m 与电源电压 U_1 的平方成正比，与转子电阻 R_2 无关。临界转差率 s_m 与转子电阻 R_2 成正比。改变电动机的电源电压 U_1 和转子电阻 R_2 的大小，便可使电动机机械特性发生变化。

在拖动系统中选用电动机时，必须考虑可能出现的最大负载转矩，而后根据所选电动机的过载系数算出电动机的最大转矩，它必须大于最大负载转矩。否则当负载出现最大过载转矩时，电动机会出现停转现象，造成电动机电流骤增，使电动机严重过热而烧毁。

3）启动转矩 T_{st}

T_{st} 为电动机启动初始瞬间的转矩，即 $n=0$，$s=1$ 时的转矩。如果启动转矩小于负载转矩，则电动机不能启动，与堵转同况。当启动转矩大于负载转矩时，电动机沿着机械特性曲线很快进入稳定运行状态。

为确保电动机能够带额定负载启动，必须满足：$T_{st}>T_N$，一般的三相异步电动机有 $T_{st}/T_N=1$～2.2。

实例 7.2　已知三相异步电动机的额定功率为 11 kW，额定转速为 2 930 r/min，过载系数为 2.2。求电动机的额定转矩和最大转矩。

解　根据式（7.5）可得

$$T_N=9\,550\times\frac{11}{2\,930}=35.85\,(\mathrm{N\cdot m})$$

根据式（7.6）可得

$$T_m=2.2\times 35.85=78.87\,(\mathrm{N\cdot m})$$

思考题 29

1．降低定子绕组端电压，增大转子绕组电阻时，电动机的机械特性如何变化？

2．为什么三相异步电动机不在最大转矩 T_m 处或接近最大转矩处运行？

3．某三相异步电动机额定转速为 1 460 r/min。当负载转矩为额定转矩的一半时，电

动机的转速为多少？

7.4 三相异步电动机的启动和调速

异步电动机与电源接通以后，如果电动机的启动转矩大于负载转矩，则转子从静止开始转动，转速逐渐升高至稳定运行，这个过程称为启动。一般中、小型异步电动机启动过程的时间很短，通常是几秒至几十秒。

三相异步电动机启动时，由于旋转磁场相对静止的转子导体的速度很大，因此转子电路中的感应电动势和由此产生的转子电流 I_2 很大。通过计算与测定，转子电流通常可达到其额定值的 5～8 倍，定子电流也相应增加为其额定值的 4～7 倍。例如，Y112M－4 型三相异步电动机的额定电流为 8.8 A，启动电流与额定电流之比为 7，因此启动电流为 8.8 A×7=61.6 A。

电动机不是频繁启动时，启动电流对电机本身影响不大。因为启动电流虽大，但启动时间很短，从绕组发热角度考虑没有问题。但对于频繁启动的电动机，启动电流大，会使定子绕组发热，造成绕组绝缘老化，缩短电动机的使用寿命。对于大型的异步电动机，若启动电流太大，启动时间太长，会使电网电压波动太大，而影响接在电网上的其他设备的正常运行。

异步电动机在启动时，虽然转子电流很大，但转子回路漏感抗 X_{20} 很大，转子的功率因数 $\cos\varphi_2$ 是很低的，所以启动转矩实际上是不大的。

由此可见，异步电动机启动时的主要问题是启动电流大和启动转矩小。为此，必须限制其启动电流和获得适当的启动转矩，对不同类型和不同容量的电动机应采取不同的启动方法。

7.4.1 三相异步电动机的全压启动

全压启动又称直接启动，利用闸刀开关或接触器将电动机的定子绕组直接接到具有额定电压的电源上，如图 7.10 所示。

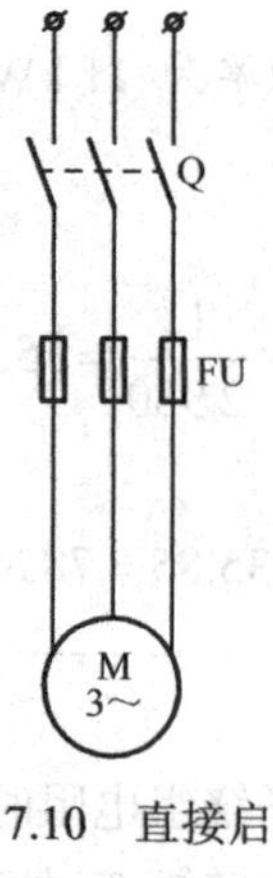

图 7.10 直接启动

直接启动方法的主要优点是操作简便，启动迅速，不需要专用的启动设备。缺点是启动电流较大，将使线路电压下降，影响负载的正常工作。这种启动方法主要适用于 10 kW 以下的小容量电动机。

7.4.2 三相异步电动机的减压启动

如果鼠笼式异步电动机的额定功率超过了允许直接启动的范围，则应采用减压启动。所谓减压启动，是借助启动设备将电源电压适当降低后加在定子绕组上进行启动，待电动机转速升高到接近稳定时，再使电压恢复到额定值，转入正常运行。由于降低了启动电压，启动电流随之减小。鼠笼式电动机减压启动常用下面的两种方法。

1. 星形-三角形（Y-△）换接启动

Y-△换接启动是在启动时将定子绕组连接成星形，通电后电动机运转，当转速升高到接近额定转速时再换接成三角形。这种启动方式只适用于正常运行时定子绕组是三角形连接，且每相绕组都有两个引出端子的电动机。

根据三相交流电路的理论，用 Y-△换接启动可以使电动机的启动电流降低到全压启动时的$\frac{1}{3}$。但要注意的是，由于电动机的启动转矩与电压的平方成正比，所以，用 Y-△换接启动时，电动机的启动转矩也是直接启动时的$\frac{1}{3}$。这种启动方法使启动转矩减小很多，故只适用于空载或轻载启动。

Y-△换接启动可采用 Y-△启动器来实现换接，接线图如图 7.11 所示。为了使鼠笼式电动机在启动时具有较高的启动转矩，应该考虑采用高启动转矩的电动机，这种电动机的启动转矩值约为其额定转矩的 1.6～1.8 倍。

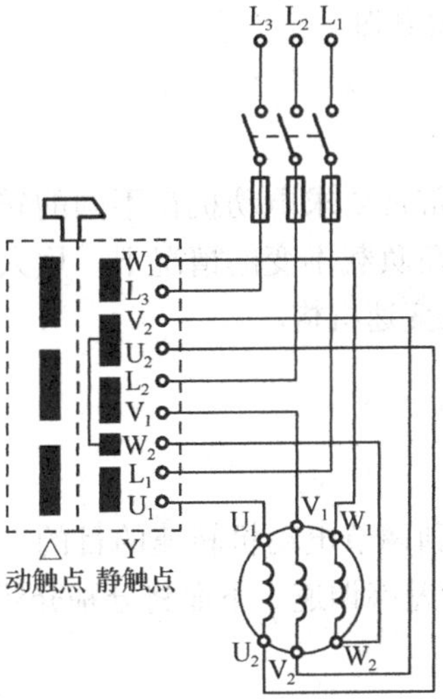

图 7.11 Y-△换接启动接线图

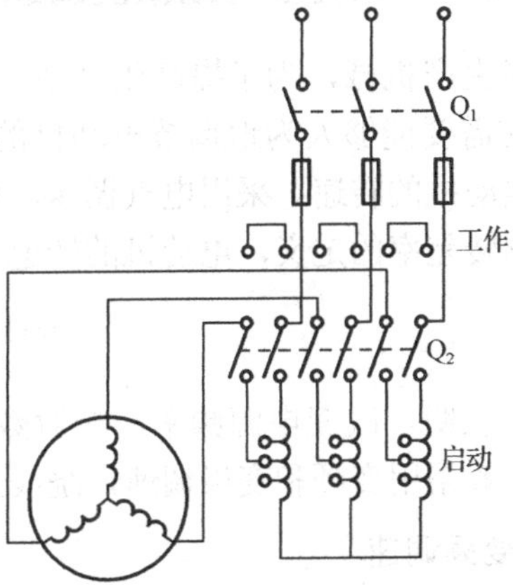

图 7.12 自耦减压启动接线图

2. 自耦减压启动

自耦减压启动就是用自耦变压器减压启动，其电路如图 7.12 所示。三相自耦变压器接成星形，用一个六刀双掷转换开关 Q_2 来控制变压器接入或脱离电路。启动时把 Q_2 扳在启动位置，使三相交流电源接入自耦变压器的一次侧，而电动机的定子绕组则接到自耦变压器的二次侧，这时电动机得到的电压低于电源电压，因而减小了启动电流。待电动机转速升高后，把 Q_2 从启动位置迅速扳到运行位置，让定子绕组直接与电源相连，而自耦变压器则与电路脱开。

自耦减压启动时，电动机定子电压降为直接启动时的 $1/K$（K 为电压比），定子电流（即变压器二次电流）也降为直接启动时的 $1/K$，而变压器一次电流则要降为直接启动时的 $1/K^2$；由于电磁转矩与外加电压的平方成正比，故启动转矩也降低为直接启动时的 $1/K^2$。

自耦变压器备有抽头，以便获得不同的电压（如为电源电压的 73%、64%、55%）。

自耦变压器启动的优点是定子绕组的接线为星形还是三角形均可，而且还可以按允许的启动电流和所需要的启动转矩来选择不同的抽头。因此，它适用于启动容量较大的电动机。其缺点是启动设备的费用较高，且不允许频繁启动。

对于绕线式电动机的启动，只要在转子电路中接入大小适中的启动电阻，如图 7.13 所示，就可达到减小启动电流的目的，同时启动转矩也提高了。所以，它常用于要求启动转矩较大的生产机械上，如卷扬机、锻压机、起重机及转炉等。启动后，随着转速的上升将启动电阻逐段切断。

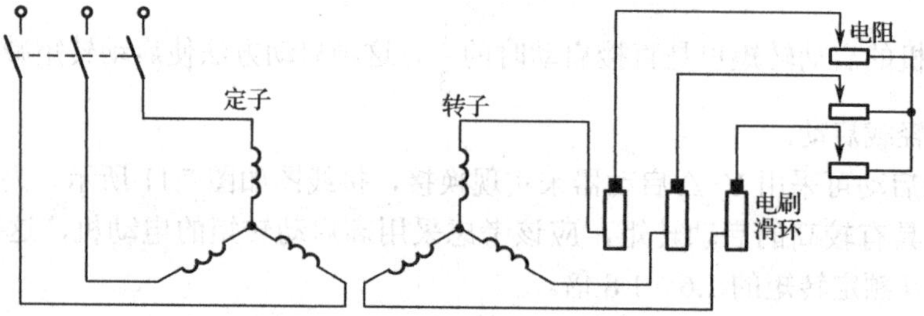

图 7.13　绕线式电动机启动时的接线图

7.4.3　三相异步电动机的调速

许多生产机械，为了提高生产率，保证加工质量．常常要求电动机在不同的转速下工作，这就需要能够人为地调节电动机的转速。调速是指在负载不变的情况下，用人为的方法改变电动机的转速。采用电气调速，可以大大简化机械变速机构。

根据转差率的定义，电动机的转速为

$$n=(1-s)n_0=(1-s)\frac{60f}{p}$$

上式表明，改变电源频率、极对数和转差率都能达到调节电动机转速的目的。鼠笼式电动机一般采用变频和变极调速，绕线式电动机采用变转差率调速。下面将分别介绍。

1. 变频调速

异步电动机在一般情况下转差率 s 很小，由 $n=(1-s)n_0=(1-s)\frac{60f}{p}$，可以近似地认为 n 正比于 f，因此可以通过改变定子绕组的供电频率 f 来改变同步转速 n_0，实现调速。如果能均匀地改变频率，则电动机的转速可以平滑地改变。变频调速具有调速范围大，稳定性好，运行效率高的特点，是异步电动机最有发展前途的调速方法。已被广泛地应用于许多领域，如纺织机、鼓风机、轧钢机、球磨机、原子能及化工企业的一些设备。

频率变化时，如果定子电压不变，会引起磁通的变化。磁通的增加或减少，都会影响异步电动机的运行性能，因此，在调节频率的同时，需将定子电压随之改变，以保持磁通恒定。如果要求在调速过程中保持转矩不变（称为恒转矩调速），则定子电压必须随频率的变化做正比变化，即 U_1/f=常数。

变频调速的工作原理如图 7.14 所示。首先将 50 Hz 的交流电通过整流器转换成直流电，再通过逆变器将直流电变换为频率可调、电压可调的交流电，供给异步电动机。频率和电压的改变是通过控制电路实现的。

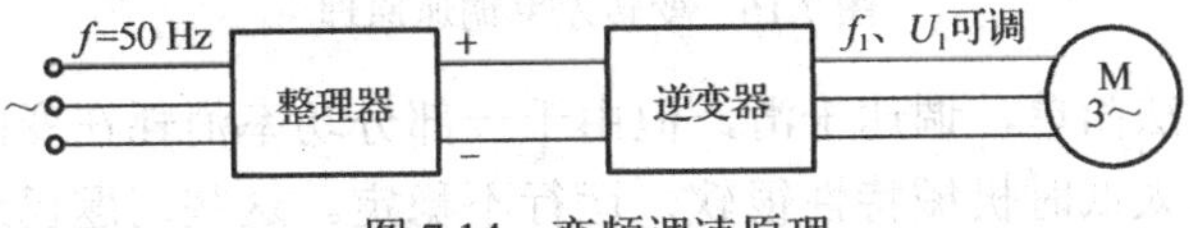

图 7.14　变频调速原理

2. 变极调速

改变异步电动机定子绕组的接线，可以改变磁极对数，从而得到不同的转速。由于磁极对数 p 只能成倍变化，所以这种调速方法不能实现无级调速。

三相异步电动机定子绕组极对数可变的原理如图 7.15 所示。为清楚起见，只画出三相绕组中的 U 相绕组，它由线圈 U_1U_2 和 $U_1'U_2'$ 组成。当这两个线圈串联时，合成磁场是两对磁极，如图 7.15（a）所示；若将这两个线圈并联，则合成磁场是一对磁极，如图 7.15（b）所示。所以，通过这两个线圈的不同连接，可得到不同的磁极对数，从而改变电动机的转速。为了得到更多的转速，可在定子上安装两套三相绕组，每套都可以改变磁极对数，采用适当的连接方式，就有三种或四种不同的转速。这种可以改变极对数的异步电动机称为多速电动机。

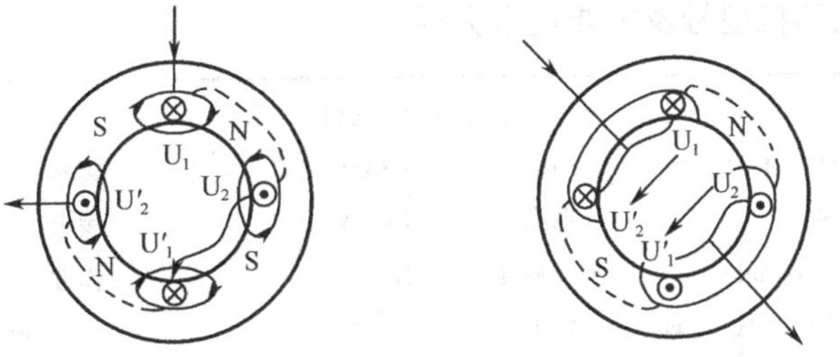

（a）串联时四极　　（b）并联时两极

图 7.15　变极调速原理

变极调速虽然不能实现平滑无级调速，但它比较简单、经济，在金属切削机床上常被用来扩大齿轮箱调速的范围。

3. 变转差率调速

变转差率调速是在不改变同步转速 n_0 条件下的调速，通常只用于绕线式电动机。它是通过转子电路中串接调速电阻（和启动电阻一样接入）来实现的，其原理如图 7.16 所示。设负载转矩为 T_L，当转子电路的电阻为 R_a 时，电动机稳定运行在 a 点，转速为 n_a；若 T_L 不变，转子电路电阻增大为 R_b，则电动机机械特性变软，转差率 s 增大，工作点由 a 点移至 b 点，于是转速降低为 n_b。转子电路串接的电阻越大，则转速越低。

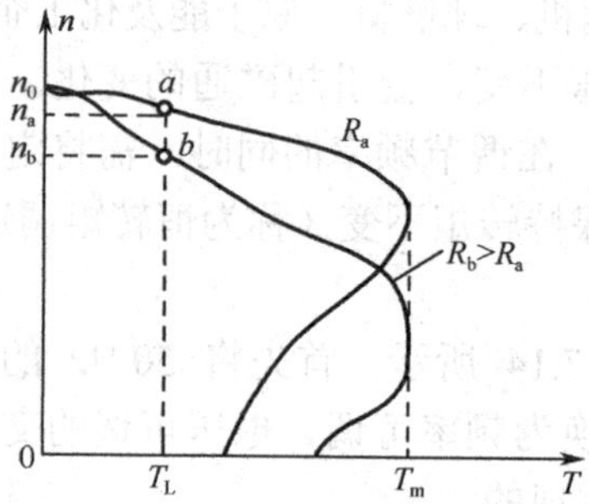

图 7.16　变转差率调速原理

变转差率调速方法简单，调速平滑，但由于一部分功率消耗在变阻器内，使电动机的效率降低，而且转速太低时机械特性很软，运行不稳定。这些问题已通过晶闸管串级调速系统得到解决，并应用于大型的起重机等设备中。

思考题 30

1．为什么异步电动机启动时启动电流大而启动转矩小？
2．鼠笼式电动机有哪些启动方式？
3．三相异步电动机有哪些调速方法？
4．试比较三相异步电动机调速方法的优、缺点。

7.5　三相异步电动机的铭牌数据

三相异步电动机的机壳上均有一块铭牌，如图 7.17 所示。要正确使用电动机，必须看懂铭牌上所标出的电动机型号及主要技术数据。

三相异步电动机					
型号	Y132M—4	功率	7.5 kW	频率	50 Hz
电压	380 V	电流	15.4 A	接法	Δ
转速	1 440 r/min	绝缘等级	B	工作方式	连续
	年　月　日	编号			××电机厂

图 7.17　三相异步电动机铭牌

1．型号

型号表示电动机的种类和特点，图 7.17 中型号 Y132 M—4 的含义如下。

Y——系列代号。

132——机座中心高（mm）。

M——机座长度代号（S：短；M：中；L：长）。

4——磁极数（不是磁极对数）。

2．额定电压 U_N

额定运行时定子绕组上应加的线电压，它与定子绕组连接方式有对应关系。

3. 额定电流 I_N

额定运行时定子绕组上应加的线电流。当实际电流等于额定电流时，电动机的工作状态称为满载。

4. 功率和效率

额定功率 P_N：额定运行时轴上输出的机械功率，输入功率=输出功率+功率损耗。

额定效率 η_N：输出功率与输入功率的百分比。

5. 额定功率因数 λ_N

电动机为电感性负载，三相异步电动机功率因数较低，应选择合适的容量，防止“大马拉小车”。

6. 绝缘等级

绝缘等级是按电动机绕组所用的绝缘材料在使用时容许的极限温度来分级的。极限温度是指电动机绝缘结构中最热点的最高容许温度。技术数据如表 7.2 所示。

表 7.2　技术数据

绝缘等级	A	E	B	F	H
极限温度（℃）	105	120	130	155	180

7. 接法

电压 380 V，接法△——表明每相定子绕组的额定电压是 380 V，当电源线电压为 380 V 时，定子绕组应接成△。

电压 380 V/220 V，接法 Y/△——表明每相定子绕组的额定电压是 220 V，当电源线电压为 380 V 时，定子绕组应接成 Y，当电源线电压为 220 V 时，定子绕组应接成△。

8. 工作方式

运行状态分为：连续、短时、断续。

9. 额定频率 f_N

额定状态运行下定子绕组所加的交流电压的频率。

10. 额定转速 n_N

表示电动机额定运行时转子的转速。

本章小结

本章主要讨论了应用最为广泛的三相异步电动机的基本结构、工作原理；讨论了三相异步电动机的控制（启动、调速）、铭牌数据等知识。

1. 三相异步电动机基本结构

三相异步电动机由定子和转子两部分组成，这两部分之间由气隙隔开。转子按结构形式的不同分为鼠笼式和绕线式两种。鼠笼式三相异步电动机结构简单，价格便宜，运行、维护方便，使用广泛。绕线式三相异步电动机启动、调速性能好，但结构复杂，价格高。

2. 三相异步电动机工作原理

（1）三相异步电动机的转动原理是：在三相定子绕组中通入三相交流电流产生旋转磁场，旋转磁场与转子产生相对运动，在转子绕组中感应出电流，转子感应电流与旋转磁场相互作用产生电磁转矩，驱动电动机旋转。转子的转动方向与旋转磁场的方向及三相电流的相序一致，这是三相异步电动机改变转向的原理。

（2）旋转磁场的转速，即同步转速为：$n_0=\dfrac{60f}{p}$。

（3）三相异步电动机旋转的必要条件是转差率的存在，即转子转速恒小于旋转磁场转速，转差率是三相异步电动机的一个重要参数，定义为：$s=\dfrac{n_0-n}{n_0}$。

3. 三相异步电动机的机械特性

电磁转矩 T 与转子电流 I_2 和每极磁通 Φ 的大小成正比，电磁转矩的表达式为

$$T=K_{\mathrm{T}}\Phi I_2\cos\varphi_2 \quad 或 T=K\frac{sR_2U_1^2}{R_2^2+(sX_{20})^2}$$

机械特性 $n=f(T)$或 $T=f(s)$。

应注意 $n=f(T)$曲线上的两个区域（稳定区和不稳定区）和三个重要转矩（额定转矩、最大转矩和启动转矩）。

4. 三相异步电动机的启动

异步电动机的启动问题是启动电流大，启动转矩小。从电网看，要求启动电流小，从机械负载看要求启动转矩大，从经济观点看，要求启动设备简单。综合上述要求，不同情况下，电动机应采用不同的启动方法。

在电网容量允许的条件下，鼠笼式异步电动机应尽量采用直接启动。当电网容量较小或电动机容量较大时可用减压启动法，减压启动分为星形-三角形启动和自耦变压器启动。

对绕线式电动机，采用在转子回路串联电阻启动，既能降低启动电流，又可增大启动转矩。

5. 三相异步电动机调速

（1）变极调速。改变定子绕组的接线方式可以改变电动机极对数，从而改变旋转磁场的同步转速。负载运行的电动机的转速也随之变化。

（2）变频调速。连续改变三相异步电动机定子电流频率，可以平滑改变电动机的转速需要变频设备。

（3）变转差率调速。变转差率调速只适用于绕线式电动机，即在转子绕组回路中串联可变电阻调速。

6. 三相异步电动机的铭牌数据

习题 7

7.1　三相异步电动机主要由哪几个部分构成？各部分的主要作用是什么？

7.2 三相电源的相序对三相异步电动机旋转磁场的产生有何影响？

7.3 三相异步电动机转子的转速能否等于或大于旋转磁场的转速？为什么？

7.4 异步电动机为什么称“异步”？

7.5 试根据下列几台异步电动机的额定转速，判断它们的同步转速与磁极对数：（1）960 r/min；（2）1 480 r/min；（3）720 r/min；（4）2 900 r/min（设电源频率为 50 Hz）。

7.6 一台三相异步电动机的转子转速为 720 r/min，电源频率为 50 Hz，试求此时的转差率。

7.7 已知异步电动机的额定转速为 960 r/min，电源频率为 50 Hz。试求：（1）同步转速；（2）磁极对数；（3）转差率。

7.8 某三相异步电动机，电源频率为 50 Hz，磁极对数为 1，转差率为 0.015。试求三相异步电动机的同步转速、转子转速。

7.9 有一台三相异步电动机，额定功率为 20 kW，额定转速为 970 r/min，额定电压为 220/380 V，额定效率为 88%，额定功率因数为 0.56。问：当电源电压为 220 V 或 380 V 时。其额定电流和转差率各是多少？

7.10 某三相异步电动机的铭牌数据如下：功率 7.5 kW、电压 380 V、电流 14.9 A、接法△、转速 1 450 r/min、功率因数 0.87、频率 50 Hz、绝缘等级 E、温升 75 ℃、工作方式为连续。试求：（1）额定效率；（2）额定转矩；（3）额定转差率；（4）额定负载时的转子电流频率。

第8章 直流电动机

直流电机是电机的主要类型之一，一台直流电机既可以工作于发电机状态也可以工作在电动机状态。当工作在发电机状态时即对外提供直流电能，是一个直流电源，当工作在电动机状态时则消耗直流电能，是一个直流负载。直流电动机拖动是各种设备获得动力的重要方法之一。本节内容主要介绍直流电动机的结构、原理和应用。

8.1 直流电动机的结构

直流电动机由定子部分与转子两大部分组成，如图 8.1 所示。

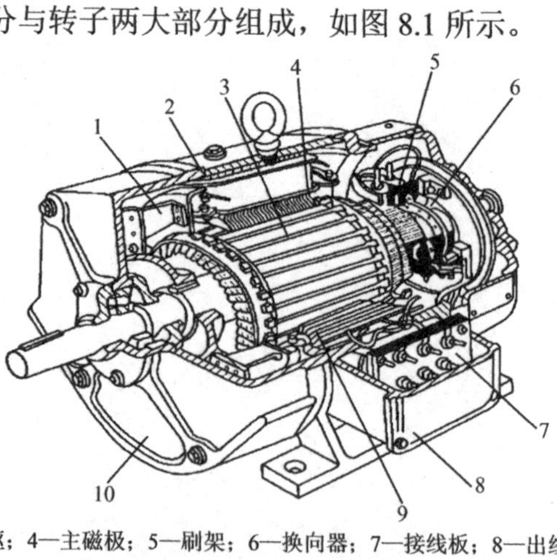

1—风扇；2—机座；3—电枢；4—主磁极；5—刷架；6—换向器；7—接线板；8—出线盒；9—换向极；10—端盖

图 8.1 直流电动机的基本结构

1. 定子

定子部分包括机座、主磁极、换向极、端盖、电刷等装置，如图 8.2 所示。

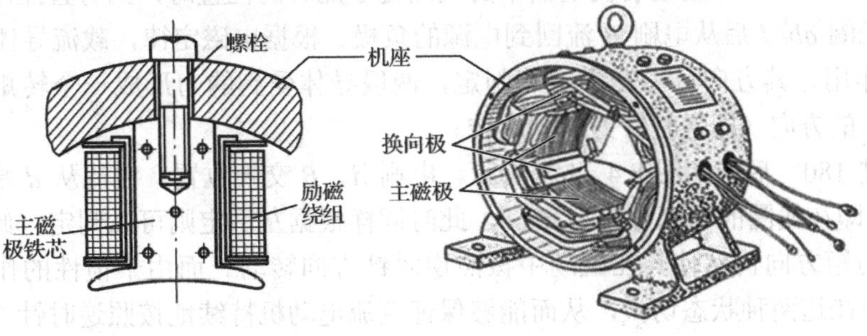

图 8.2 直流电动机的定子

主磁极的作用是产生气隙磁场，由主磁极铁芯和主磁极绕组（励磁绕组）构成。换向极装在相邻两主磁极之间，用螺钉固定在机座上，其作用是产生附加磁场，用来改善换向，由铁芯和套在铁芯上的绕组构成。机座一般用铸钢或厚钢板焊接而成，具有良好的导磁性能和机械强度。机座既可以固定主磁极、换向极、端盖等，又是电机磁路的一部分。电刷装置由电刷、刷握、刷杆和刷杆座等组成，电刷与换向器配合可以把转动的电枢绕组电路和外电路连接，并把电枢绕组中的交流量转变为电刷端的直流量。

2. 转子

转子部分包括电枢铁芯、电枢绕组、换向器、转轴、风扇等部件，如图 8.3 所示。

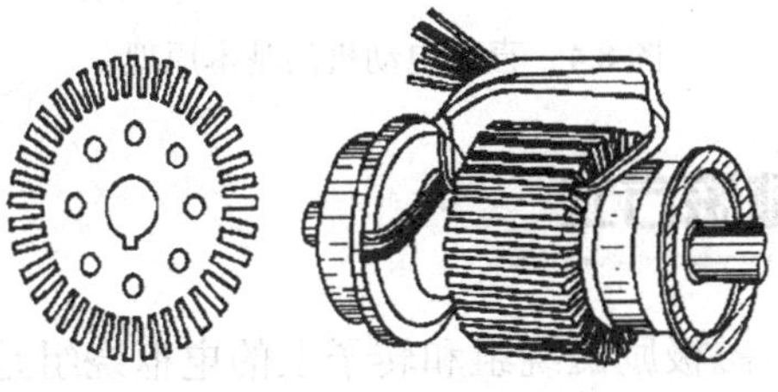

图 8.3 直流电动机的转子

电枢铁芯由硅钢片叠压而成，其外圆周开槽，用来嵌放电枢绕组。电枢铁芯固定在转轴或转子支架上。电枢绕组是直流电机的主要组成部分，其作用产生感应电动势和电磁转矩，它是电机实现机电能量转换的关键。通常用绝缘导线绕成的线圈（或称元件）按一定规律连接而成。换向器是直流电机最重要的部件之一，对于发电机是将电枢绕组元件中的直流交变电势转换为电刷间的直流电势；对于电动机则是将输入的直流电流转换为电枢绕组元件中的交变电流，产生恒定方向的电磁转矩。

8.2 直流电动机的基本原理

图 8.4 是最简单的两极直流电机的原理图。N、S 是一对静止的主磁极，这对磁极可以是永久磁铁或者由绕在铁芯上的线圈并通以直流电后所产生的电磁铁。极间是一个装在转轴上的圆柱形电枢铁芯。图中的 *abcd* 是放置在电枢铁芯上槽中的一组线圈。线圈的两端 *a*

和 d 分别连到两个换向片上。当轴转动时，电枢绕组和换向片一起随着转子转动。电刷 A、B 静止不动，分别压在两个换向片上，外部的电源从 A 和 B 之间加入。

如图 8.4（a）所示，当电动机电枢中的线圈处于此时的位置时，则有直流电流从电刷 A 流入，经过线圈 $abcd$ 后从电刷 B 流回到电源的负极。根据电磁定律，载流导体 ab 和 cd 受到电磁力的作用，其方向可由左手定则判定，两段导体受到的力形成一个转矩，使得转子按照箭头所示的方向（即逆时针方向）旋转。

电枢转过 180° 后，如图 8.4（b）所示。电刷 A、B 交换位置，电流从 d 端流进去，从 a 端流出来，即在线圈的电流方向为 $dcba$，此时同样根据左手定则可以判定，此时线圈在磁场中受到的力矩方向仍然使其在磁场中按照逆时针方向转动。而由于惯性的作用，使得转子能够不断地在这两种状态切换，从而能够保证直流电动机持续地按照逆时针方向转动。

在实际的直流电动机中，转子上的绕组是由多组线圈构成的，其目的是为了减小电动机电磁转矩的波动。

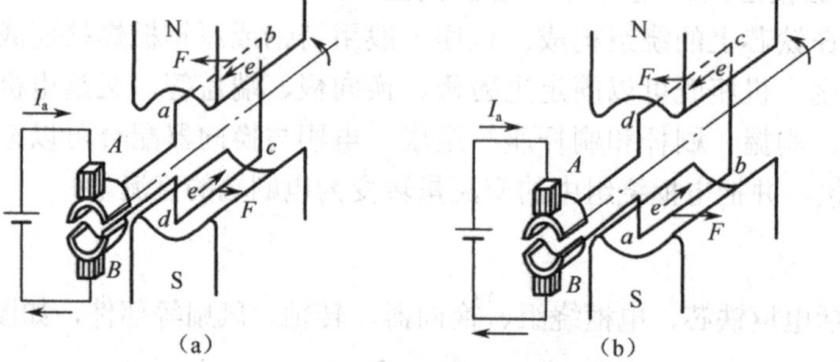

（a）　　　　　　（b）

图 8.4　直流电动机的基本原理

8.3　直流电动机的励磁方式

直流电动机定子上的主磁极励磁绕组和转子上的电枢绕组是直流电动机的两个基本组成部分，它们之间连接方式不同，电动机的运行特性有较大的差别。

如图 8.5 所示，电刷引出的转子上的电枢绕组称为电枢回路，流过电枢回路的电流用符号 I_a 来表示。主磁极的励磁绕组称为励磁回路，流过的电流用 I_f 来表示。根据励磁绕组和电枢绕组的关系，电动机的励磁方式可以分为：他励、并励、串励和复励四种，其电路形式分别如图 8.5（a）、（b）、（c）、（d）所示。所谓的他励是指励磁电流由独立的直流电源供电。并励是指励磁回路和电枢回路并联相接。串励是指励磁回路和电枢回路串联在一起。复励是指主磁极有两个励磁绕组，一个和电枢回路并联相接，另一个和电枢回路串

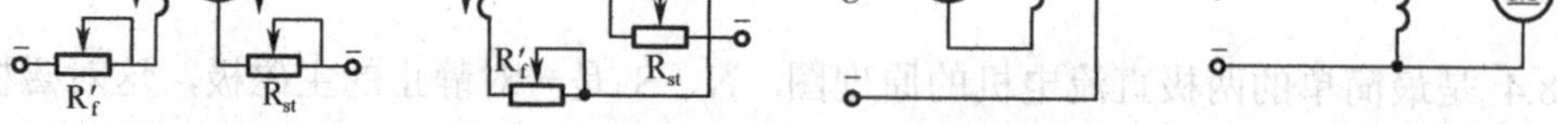

（a）他励　　（b）并励　　（c）串励　　（d）复励

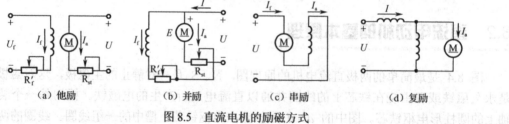

图 8.5　直流电机的励磁方式

联。其中前者称为并励绕组，后者称为串励绕组。当串励绕组产生的磁势和并励绕组所产生的磁势方向相同时称为加复励；当两者相反时称为差复励。

8.4 直流电动机的电磁转矩和机械特性

8.4.1 电磁转矩

1. 电枢绕组的感应电动势

电枢转动时，电枢绕组因切割磁力线而产生感应电动势。该电动势的方向与电枢电流方向相反，因而称为反电动势。对于给定的直流电动机两电刷间总的电枢绕组感应电动势为

$$E_a = C_e \Phi n \tag{8.1}$$

式中，n 为转速；C_e 为与电动机结构有关的常数。

由此可知，直流电动机在旋转时，电枢电动势 E_a 的大小与每极磁通Φ和转速 n 的乘积成正比，它的方向与电枢电流方向相反，在电路中起限制电流的作用。

2. 直流电动机的电磁转矩

所谓转矩特性，也就是电动机所输出的转矩 T 和电枢电流 I_a 的关系，即 $T=f(a)$。直流电动机的电磁转矩 T 可表示为

$$T = C_T \Phi I_a \tag{8.2}$$

式中，$C_T = \dfrac{pN}{2a\pi}$，对于已制成的电动机是一个常数。

8.4.2 他励电动机的机械特性

直流电动机的机械特性是指在稳定运行下，电动机的转速 n 和输出转矩 T 之间的关系，即 $n=f(T)$。机械特性是分析电动机稳定运行、启动、制动和调速的重要工具。

对于他励直流电动机，当电枢回路不串电阻时，如果负载转矩发生变化，则电枢转矩相应变化，由式（8.2）可知，电枢电流也将随之改变，从而影响电机转速。可以推导，他励电动机的转速可表示为

$$n = \frac{U}{C_E \Phi} - \frac{R_a}{C_E \Phi} I_a \tag{8.3}$$

若将式（8.2）代入上式，可得机械特性方程

$$n = \frac{U}{C_e \Phi} - \frac{R_a}{C_e C_T \Phi^2} T \tag{8.4}$$

上式中令 $n_0 = \dfrac{U}{C_e \Phi}$，$K = \dfrac{R_a}{C_e C_T \Phi^2}$，则式（8.4）可写为

$$n = n_0 - KT = n_0 - \Delta n \tag{8.5}$$

式中，n_0 是 $T=0$ 时的转速，实际上是不存在的，因为即使电动机轴上没有加机械负载，电动机的转矩也不可能为零，它还要平衡空载损耗转矩。所以，通常称 n_0 为理想空载转速。K 为特性曲线的斜率。Δn 为转速降，它表示当负载增加时，电动机的转速会下降。

显然，电动机的转速 n 是转矩 T 的一元一次函数，在以转矩为横轴，速度为纵轴的直角坐标系中是一条过（$0,n_0$）点的直线，这条直线称为电动机的特性曲线，如图 8.6 所示。

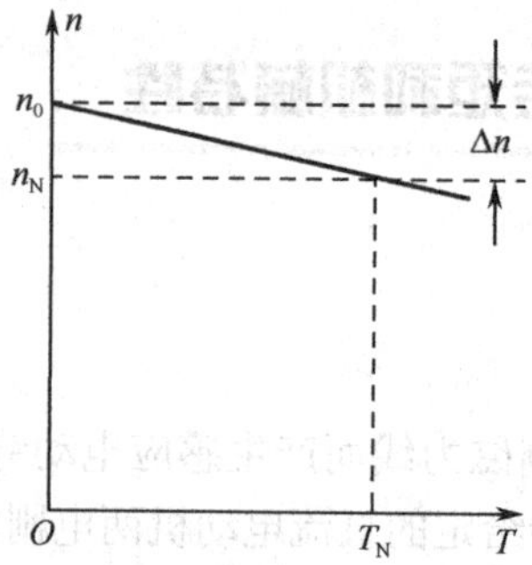

图 8.6　他励直流电动机的机械特性

8.5 直流电动机的启动、反转和调速

8.5.1 启动

一台电动机要拖动负载工作，首先要接上电源，从静止状态加速至稳定运行状态，这个过程叫作电动机的启动。一般大容量的电动机是不允许接到额定电压上启动的。因为刚启动的一瞬间电机的转速为 0，这意味着电枢上的反电动势为 0，此时所有压降会作用在电枢电阻上，而电枢电阻是一个很小的值，将会导致电流过大。此时最大电流可达到额定电流的 10 倍以上，所以采取一定措施来避免电枢回路中的电流是必需的。

直流电动机的启动方式主要有电枢回路串电阻启动、他励直流电动机降低电枢电压启动两种方法。

所谓电枢回路串电阻启动是指在电动机刚启动的时刻在电枢回路上串联一定大小的电阻，从而达到降低启动电流的目的。当转速慢慢升高以后，电枢回路中的反电动势逐渐增大，此时可逐步减小串联电阻，从而让启动电流维持在合理范围，并最终达到稳定运行状态，完成启动。

对于他励电动机，可采用减压启动的方法。即在电动机启动时降低电枢两端电压，从而使启动电流不致过大。随着转速的升高和电枢反电动势的升高，可逐渐增加电枢两端电压，从而在满足一定转矩要求的情况下使得电枢电流保持在合理范围之内，直至电动机转速达到额定转速，电压到达额定电压，完成启动。

8.5.2 反转

改变直流电动机的旋转方向，即改变电动机电磁转矩的方向。由前述电动机的基本原理可知，要改变电磁转矩的方向，可单独改变主磁极的极性或者单独改变电枢电流的方向。对于并励或者他励电动机，只需将励磁绕组的电源极性互换，或者将电枢绕组引出端交换，则可改变电动机的转向。对于复励电动机，将电枢绕组的引出端交换位置，也可以将并励绕组两引出端及串励绕组两引出端同时对调，以保证转向改变后电动机仍工作在复励状态。

8.5.3 调速

与异步电动机相比，直流电动机结构复杂，价格高，维护不方便，但它的最大性能是调速性能好。下面以他励电动机为例说明直流电动机的调速方法。

由直流电动机的机械特性

$$n=\frac{U}{C_e\Phi}-\frac{R_a}{C_eC_T\Phi^2}T$$

可知，当负载电流 I_a 不变时，他励直流电动机可以通过改变端电压 U、电枢电阻 R_a 和励磁磁通 Φ 三个参数来进行调速。

1. 改变电枢电压调速

在励磁电流和电枢回路电阻不变的条件下，改变电枢电压实现调速。由式（8.3）可知，降低电枢电压 U，电动机的理想空载转速 $n_0=\frac{U}{C_e\Phi}$ 减小，斜率 $K=\frac{R_a}{C_eC_T\Phi^2}$ 不变，所以调速特性是一组平行曲线，如图 8.7 所示。随着电压降低，转速也降低，为保证电动机的绝缘不受损坏，通常只采用降压调整。

改变电压的调速方法必须有连续可调的大功率直流电源，这种调速方法适用于 G–M（发电机–电动机）系统。G–M 系统通过改变直流发电机的励磁电流来改变发电机的输出电压，发电机的输出电压再去控制电动机的电枢电压。这种方法投资大，目前广泛使用的方法是利用可控硅整流电路调节电枢电压。

2. 改变转子电阻调速

在电枢电压与磁极磁通不变条件下，在电枢中串入调速电阻，n_0 不变，使 $K=\frac{R_a+R}{C_eC_T\Phi^2}$ 增大，电动机的特性曲线变陡（斜率变大），在相同力矩下，转速下降，如图 8.8 所示。这种调速方法耗能较大，只用于小型直流机。串励电动机也可用类似的方法调速。

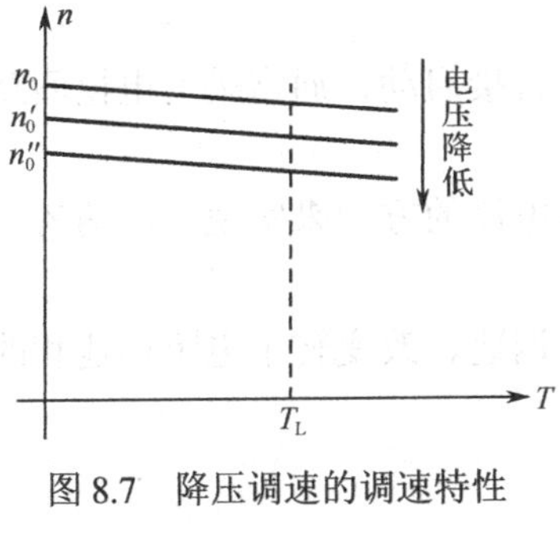

图 8.7　降压调速的调速特性

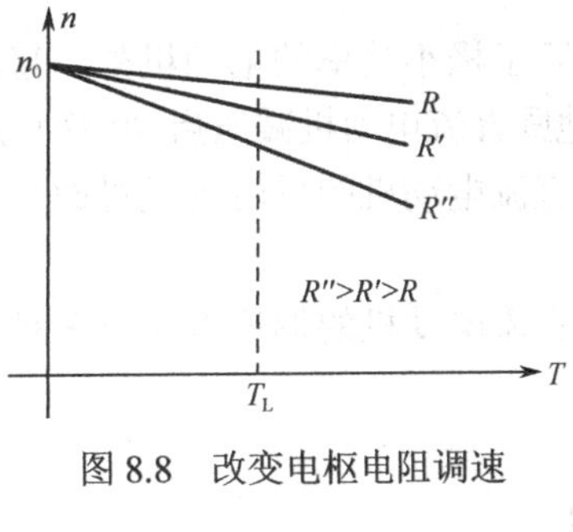

图 8.8　改变电枢电阻调速

3. 改变磁通（调磁）

改变电动机磁极磁通实现调速的方法就是在电压 U 和电枢电阻 R_a 一定的情况下，在励磁回路中串联可变电阻 R_f，改变 R_f 的大小调节励磁电流，从而改变 Φ 的大小来调节电动机转速。

由式（8.3）可知，电动机的转速与磁通（也就是励磁电流）成反比，当磁通减小时，转速升高，Δn 增大。因为Δn 与Φ^2 成反比，所以磁通越小，机械特性曲线也就越陡，如图 8.9 所示。

在一定负载下，Φ越小，则 n 越大，但在额定情况下，Φ 已接近饱和，所以通常只是减弱磁通将转速往上调。

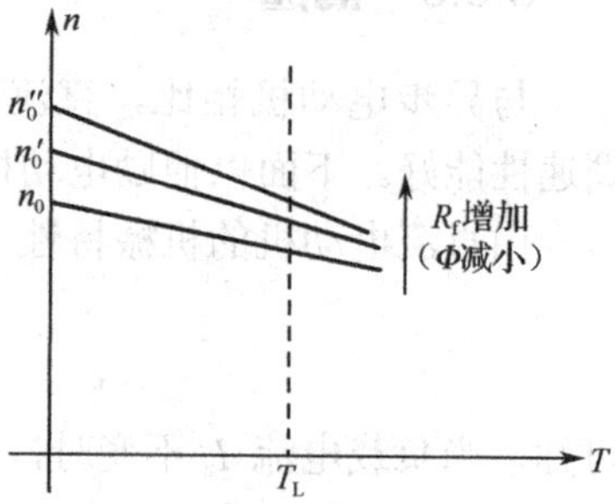

图 8.9　改变励磁调速

减弱磁通调速的特点为：

（1）调速范围不大；

（2）调速平滑，可实现无级调速；

（3）能量损耗小；

（4）控制方便，控制设备投资少。

本章小结

本章介绍了直流电动机的基本结构、工作原理、电磁转矩、机械特性及直流电动机的启动、反转和调速等。

1．直流电动机由定子、转子两部分组成。定子主磁极的励磁绕组通入直流电流建立恒定磁场。转子电枢绕组经过换向器和电刷与电源接通，换向器的作用是保证同一磁极下绕组的电流方向不变。

2．直流电动机的电磁转矩 T 可表示为

$$T = C_T \Phi I_a$$

3．电枢绕组切割磁力线产生感应电动势，其方向与电枢电流方向相反。

$$E_a = C_e \Phi n$$

4．直流电动机按励磁方式可分为他励、并励、串励和复励。他励直流电动机的机械特性为

$$n = \frac{U}{C_e \Phi} - \frac{R_a}{C_e C_T \Phi^2} T$$

5．除了极小功率的电动机外，直流电动机不允许直接启动，通常采用电枢回路串电阻启动和他励直流电动机减压启动两种方法。

6．直流电动机的反转可通过改变励磁方向和电枢电流的方向来实现，但两者只能改变其中之一。

7．直流电动机的调速方法有三种：改变电枢电压调速、改变转子电阻调速和改变磁通调速。

习题 8

8.1　直流电动机换向器的作用是什么？将换向器换成滑环，电动机能旋转吗？为什么？

8.2　简述直流电动机的工作原理。

8.3　直流电动机的励磁方式有哪几种？

8.4　直流电动机的机械特性是什么？写出他励直流电动机的机械特性方程。

8.5　直流电动机一般为什么不允许采用全压启动？

8.6　他励直流电动机反转的方法有哪两种？实际应用中大多采用哪种方法？

8.7　他励直流电动机调速方法有哪几种？各种调速方法的特点是什么？

第9章 继电接触器控制

电动机被广泛用来拖动各种生产机械，现代工业的电力拖动一般都要求局部或全部自动化，因此必然要与各种控制元件组成的自动控制系统联系起来，利用这一系统可对生产机械进行自动控制，使生产机械各部件按顺序动作，保证生产过程和加工工艺达到预定要求。对电动机主要是控制它的启动、停止、正反转、调速及制动。

通过开关、按钮、继电器、接触器等电器触点的接通或断开来实现的各种控制叫作继电接触器控制，这种方式构成的自动控制系统称为继电接触器控制系统。这种控制系统具有线路简单、安装与调整方便、便于掌握等优点，在各种生产机械电气控制中获得了广泛应用。

本章主要介绍几种常用的控制电器和三相异步电动机的基本控制电路。

9.1 常用控制电器

对电动机和生产机械实现控制和保护的电工设备叫作控制电器。控制电器的种类很多，按其动作方式可分为手动和自动两类。手动电器的动作是由工作人员手动操纵的，如刀开关、组合开关、按钮等。而自动电器的动作则是根据指令、信号或某个物理量的变化自动进行的，如各种继电器、交流接触器、行程开关等。

9.1.1 刀开关

刀开关又叫闸刀开关，一般用于不频繁操作的低压电路中，用来接通和切断电源，或用来将电路与电源隔离，有时也用来控制小容量电动机的直接启动与停机。刀开关由闸刀（动触点）、静插座（静触点）、手柄和绝缘底板等组成。

刀开关按极数分为单极、两极和三极，其结构示意图和符号如图 9.1 所示。

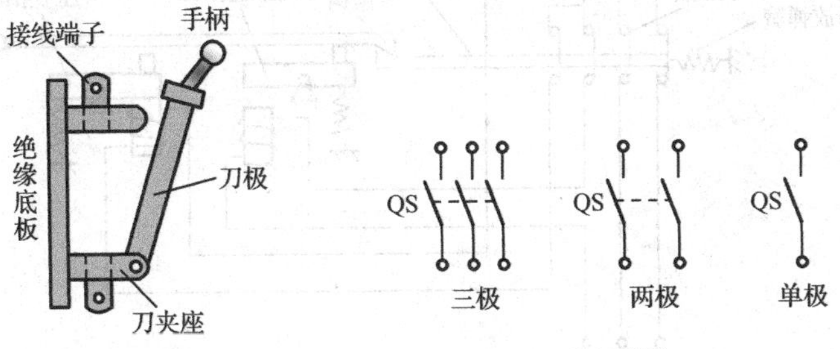

（a）结构示意图　　（b）符号

图 9.1　刀开关

刀开关一般与熔断器串联使用，在短路或过负荷时熔断器熔断而自动切断电路。刀开关额定电压通常为 250 V 和 500 V，额定电流在 1 500 A 以下。

9.1.2　组合开关

组合开关又叫转换开关，是一种转动式的闸刀开关，主要用于接通或切断电路、换接电源、控制小型鼠笼式三相异步电动机的启动、停止、正反转或局部照明。常用的 HZ10 系列组合开关结构如图 9.2（a）所示。它有三个动触片和三对静触片，分别装于数层绝缘件内，静触片固定在绝缘垫板上，动触片装在转轴上，随转轴旋转而变更通、断位置。组合开关按通断类型可分为同时通断和交替通断两种；按转换位数分为二位转换、三位转换和四位转换三种。用组合开关启动和停止异步电动机的接线图如图 9.2（b）所示。

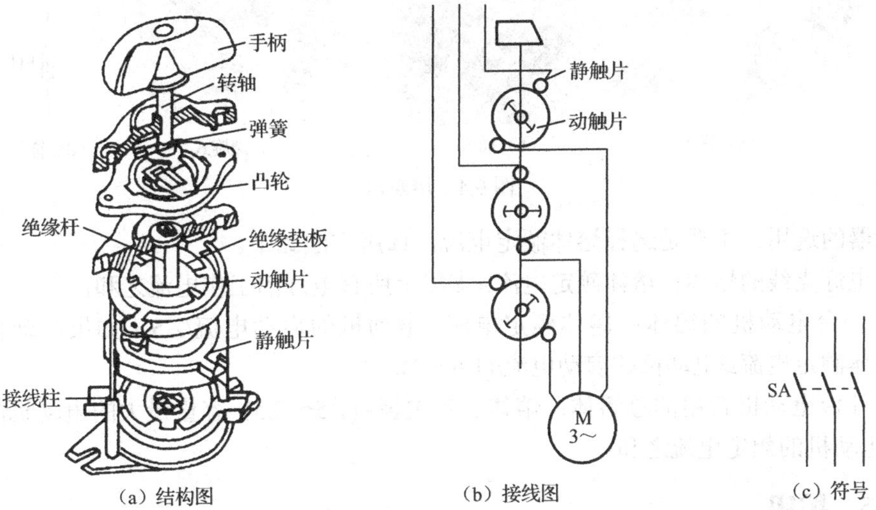

（a）结构图　　（b）接线图　　（c）符号

图 9.2　组合开关

9.1.3　自动空气开关

自动空气开关又称自动空气断路器，简称自动开关，是常用的一种低压保护电器，当电路发生短路、严重过载及电压过低等故障时能自动切断电路。自动开关种类繁多，其一般的结构原理图如图 9.3 所示。

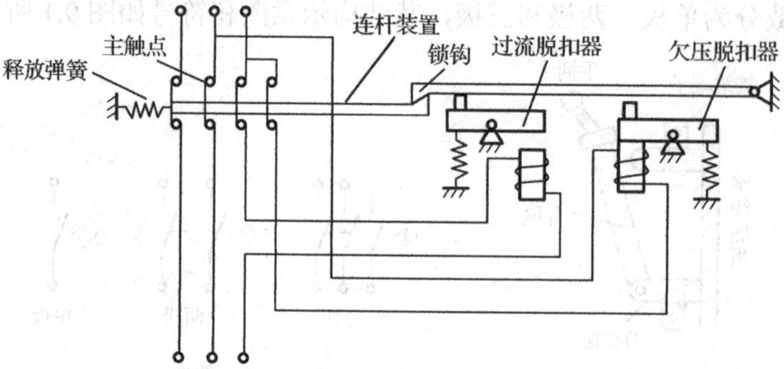

图 9.3　自动开关的结构原理图

正常情况下过流脱扣器的衔铁是释放着的，严重过载或短路时，线圈因流过大电流而产生较大的电磁吸力，把衔铁往下吸而顶开锁钩，使主触点断开，起过流保护作用。欠压脱扣器在正常情况下吸住衔铁，主触点闭合，电压严重下降或断电时释放衔铁而使主触点断开，实现欠压保护。电源电压正常时，必须重新合闸才能工作。

9.1.4　熔断器

熔断器主要作短路或过载保护用，串联在被保护的线路中。线路正常工作时如同一根导线，起通路作用；当线路短路或过载时熔断器熔断，起到保护线路上其他电气设备的作用。图 9.4 是常用几种熔断器的结构图和符号。

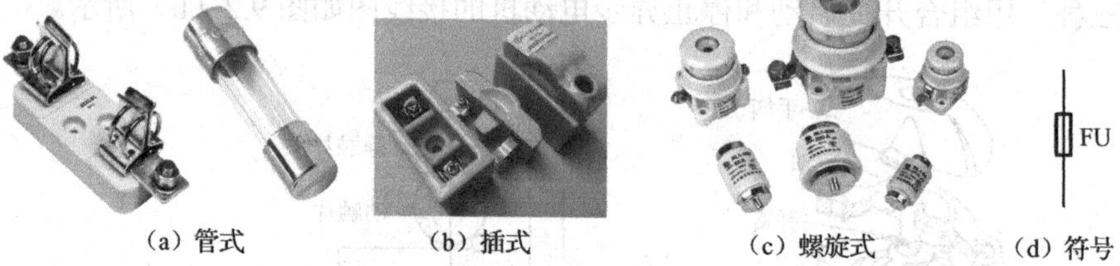

（a）管式　（b）插式　（c）螺旋式　（d）符号

图 9.4　熔断器

熔断器的选用，主要是选择熔体额定电流，选用方法如下。

（1）电灯支线的熔体：熔体额定电流≥支线上所有电灯的工作电流之和。

（2）一台电动机的熔体：熔体额定电流≥电动机的启动电流/2.5。如果电动机启动频繁，则熔体额定电流≥电动机的启动电流/(1.6～2)。

（3）几台电动机合用的总熔体：熔体额定电流=(1.5～2.5)×容量最大的电动机的额定电流+其余电动机的额定电流之和。

9.1.5　按钮

按钮用来接通或断开电流较小的控制电路，从而控制电动机或其他电气设备的运行。按钮的结构及其符号如图 9.5 所示。

按钮的触点分常闭触点（动断触点）和常开触点（动合触点）两种。常闭触点是按钮未按下时闭合、按下后断开的触点。常开触点是按钮未按下时断开、按下后闭合的触点。

按钮按下时，常闭触点先断开，然后常开触点闭合；松开后，依靠复位弹簧使触点恢复到原来的位置。

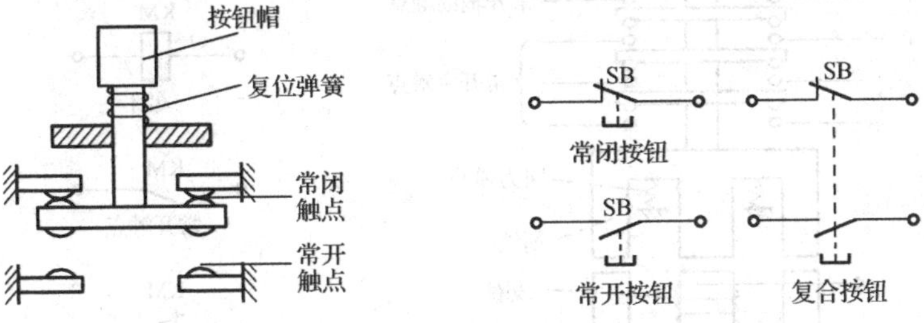

（a）结构示意图　　（a）符号

图 9.5　按钮

9.1.6　行程开关

行程开关也称为位置开关，主要用于将机械位移变为电信号，以实现对机械运动的电气控制。当机械的运动部件撞击触杆时，触杆下移使常闭触点断开，常开触点闭合；当运动部件离开后，在复位弹簧的作用下，触杆回到原来位置，各触点恢复常态。其结构和符号如图 9.6 所示。

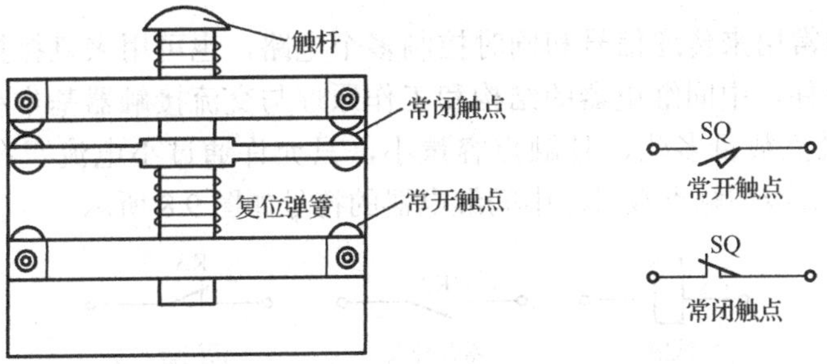

（a）结构示意图　　（b）符号

图 9.6　行程开关

9.1.7　交流接触器

交流接触器是用来频繁地远距离接通和切断主电路或大容量控制电路的控制电器，但它本身不能切断短路电流和过负荷电流。接触器的结构和符号如图 9.7 所示。

接触器主要由触点、电磁机构和灭弧装置等三部分组成。电磁机构由线圈、铁芯和衔铁组成，用于产生电磁吸力，带动触点动作。触点分主触点和辅助触点两种。主触点一般比较大，接触电阻较小，用于接通或分断较大的电流，常接在主电路中；辅助触点一般比较小，接触电阻较大，用于接通或分断较小的电流，常接在控制电路（或称辅助电路）中。有时为了接通和分断较大的电流，在主触点上装有灭弧装置，以熄灭由于主触点断开而产生的电弧，防止烧坏触点。

当线圈通电时，铁芯产生电磁吸引力将衔铁吸下，带动触点动作，使常开触点闭合，常闭触点断开。当线圈断电后，电磁吸引力消失，依靠弹簧使触点恢复到原来的状态。

接触器是电力拖动中最主要的控制电器之一。在设计它的触点时已考虑到接通负荷时

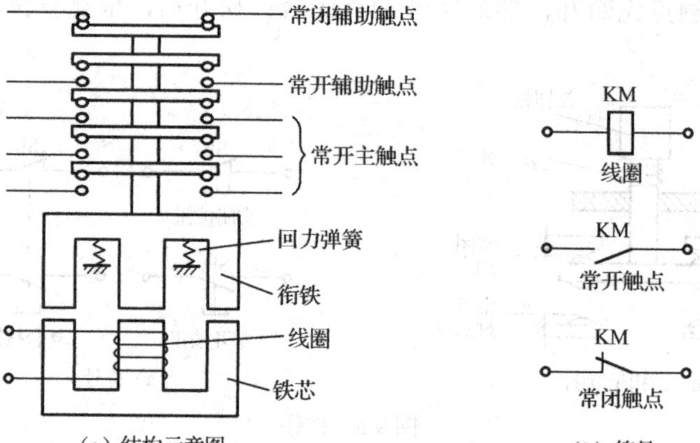

（a）结构示意图　　（b）符号

图 9.7　交流接触器

的启动电流问题，因此，选用接触器时主要应根据负荷的额定电流来确定。如一台 Y112M—4 三相异步电动机，额定功率为 4 kW，额定电流为 8.8 A，选用主触点额定电流为 10 A 的交流接触器即可。除电流之外，还应满足接触器的额定电压不小于主电路额定电压。

9.1.8　中间继电器

中间继电器通常用来传递信号和同时控制多个电路，也可用来直接控制小容量电动机或其他电气执行元件。中间继电器的结构和工作原理与交流接触器基本相同，与交流接触器的主要区别是触点数目多些，且触点容量小，只允许通过小电流。在选用中间继电器时，主要考虑电压等级和触点数目。中间继电器的符号如图 9.8 所示。

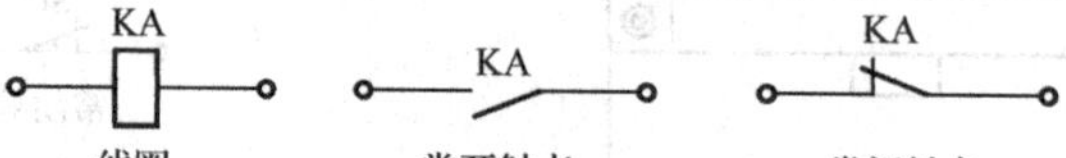

图 9.8　中间继电器的符号

9.1.9　热继电器

热继电器是利用感温元件受热而动作的一种继电器，它主要用来保护电动机或其他负载，避免过载及三相电动机的缺相运行。其结构和符号如图 9.9 所示。

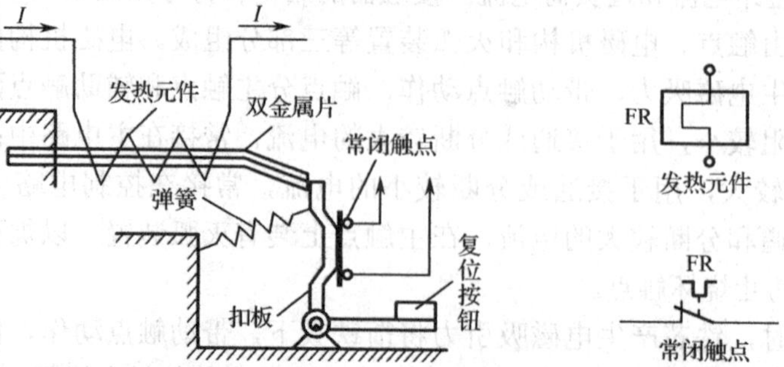

（a）结构示意图　　（b）符号

图 9.9　热继电器

发热元件是一段电阻不大的电阻丝，接在电动机的主电路中。双金属片系由两种具有不同线膨胀系数的金属辗压而成。下层金属膨胀系数大，上层的膨胀系数小。当主电路中电流超过容许值而使双金属片受热时，双金属片的自由端便向上弯曲超出扣板，扣板在弹簧的拉力下将常闭触点断开。因为触点是接在电动机的控制电路中的，控制电路断开便使接触器的线圈断电，从而断开电动机的主电路。

9.1.10　时间继电器

时间继电器也称为延时继电器，当它的感测部分接收输入信号（线圈通电或断电）后，需经过一定的延时，它的执行部分才输出信号（触点闭合或断开）。常用的时间继电器主要有电磁式、电动式、空气阻尼式、晶体管式等。目前电力系统中应用较多的是空气阻尼式时间继电器。

空气阻尼式时间继电器利用空气阻尼来获得延时动作，可分为通电延时型和断电延时型两种。图 9.10 为通电延时型时间继电器的结构示意图和符号。

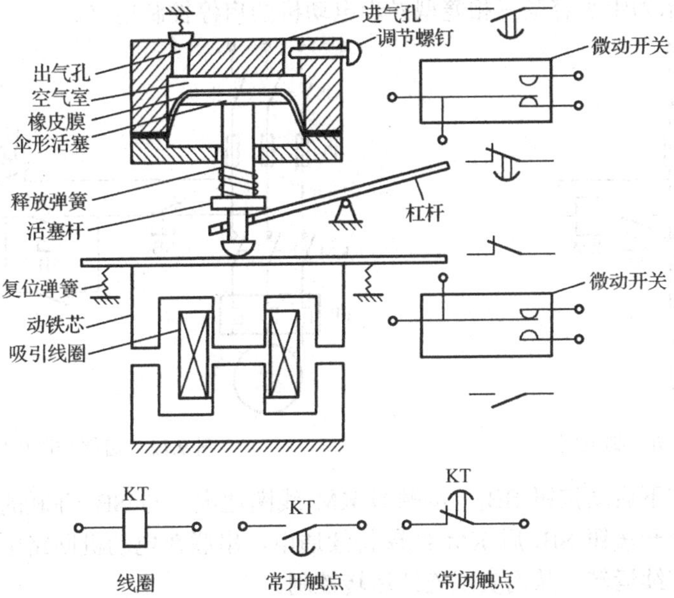

图 9.10　时间继电器

吸引线圈通电后将衔铁吸下，使衔铁与活塞杆之间有一段距离。在释放弹簧作用下，活塞杆向下移动。在伞形活塞的表面固定有一层橡皮膜，活塞向下移动时，膜上面会形成空气稀薄的空间，活塞受到下面空气的压力，不能迅速下移。当空气由进气孔进入时，活塞才逐渐下移。移动到最后位置时，杠杆使微动开关动作。

9.2　三相异步电动机的直接启动控制电路

三相鼠笼式异步电动机由于结构简单、价格便宜、坚固耐用、易于控制等优点，在生产中得到了广泛应用。它的控制电路大多由按钮、接触器和继电器等组成。鼠笼式电动机的启动有全压启动和减压启动两种。全压启动又称直接启动，是指电动机直接在额定电压下进行启动，主要适用于 10 kW 以下的小容量电动机。

9.2.1 点动控制

生产机械在需要频繁启动、停车的场合（如电动葫芦、机床工作台的调整等），一般采用点动控制，其控制原理图如图 9.11 所示。其主电路由熔断器 FU、接触器 KM 的主触点和被控制的电动机组成，控制电路由按钮 SB 和接触器 KM 的线圈组成。

合上开关 QS，三相电源被引入控制电路，但电动机还不能启动。按下按钮 SB，接触器 KM 线圈通电，衔铁吸合，常开主触点接通，电动机定子接入三相电源启动运转。松开按钮 SB，接触器 KM 线圈断电，衔铁松开，常开主触点断开，电动机因断电而停转。

9.2.2 启停控制

大多数生产机械需要连续工作，因此要求拖动生产机械工作的电动机启动后能连续运转。如图 9.12 所示为中小容量三相笼型异步电动机的启停控制电路。

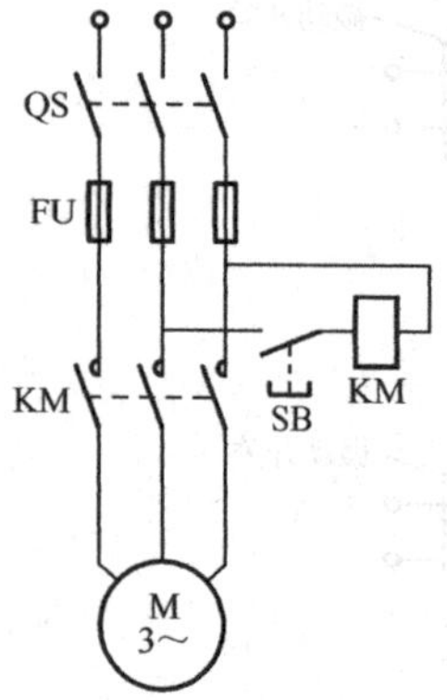

图 9.11 点动控制电路

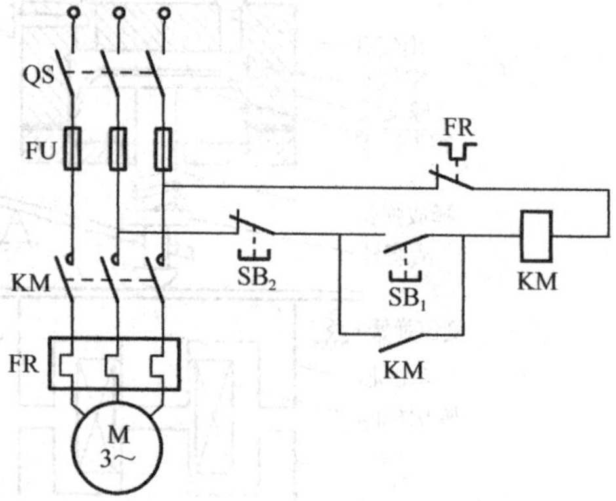

图 9.12 启停控制电路

启动过程：按下启动按钮 SB_1，接触器 KM 线圈通电，与 SB_1 并联的 KM 辅助常开触点闭合，以保证松开按钮 SB_1 后 KM 线圈持续通电，串联在电动机回路中的 KM 主触点持续闭合，电动机连续运转，从而实现连续运转控制。

停止过程：按下停止按钮 SB_2，接触器 KM 线圈断电，与 SB_1 并联的 KM 辅助常开触点断开，以保证松开按钮 SB_2 后 KM 线圈持续失电，串联在电动机回路中的 KM 主触点持续断开，电动机停转。图中与 SB_1 并联的 KM 辅助常开触点的这种作用称为自锁。

图示控制电路还可实现短路保护、过载保护和零压保护。起短路保护的是串接在主电路中的熔断器 FU。一旦电路发生短路故障，熔体立即熔断，电动机立即停转。起过载保护的是热继电器 FR。当过载时，热继电器的发热元件发热，将其常闭触点断开，使接触器 KM 线圈断电，串联在电动机回路中的 KM 主触点断开，电动机停转。同时 KM 辅助触点也断开，解除自锁。故障排除后若要重新启动，需按下 FR 的复位按钮，使 FR 的常闭触点复位（闭合）即可。起零压（或欠压）保护的是接触器 KM 本身。当电源暂时断电或电压严重下降时，接触器 KM 线圈的电磁吸力不足，衔铁自行释放，使主、辅触点自行复位，切断电源，电动机停转，同时解除自锁。

9.3 三相异步电动机的正反转控制

在吊车、车床、电梯等场合往往需要同一台异步电动机不停地在两个方向转动，这就需要对电动机的转向进行控制，即对电动机电源三相电的相序进行控制。可采用两个接触器和三个按钮组成电动机正反转控制电路，如图 9.13 所示。

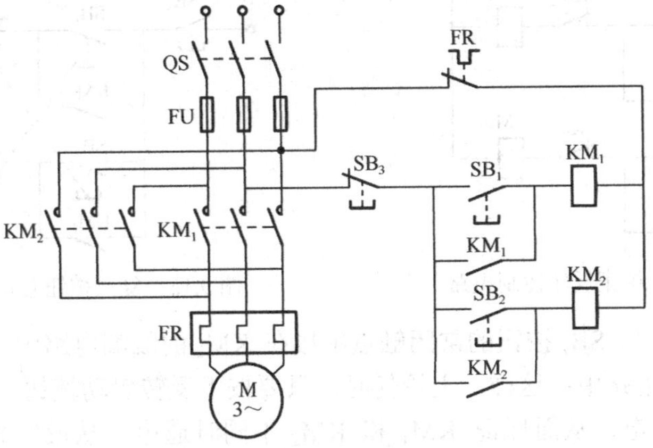

图 9.13　正反转控制

正向启动过程：按下启动按钮 SB_1，接触器 KM_1 线圈通电，与 SB_1 并联的 KM_1 辅助常开触点闭合，以保证 KM_1 线圈持续通电，串联在电动机回路中的 KM_1 主触点持续闭合，电动机连续正向运转。

停止过程：按下停止按钮 SB_3，接触器 KM_1 线圈断电，与 SB_1 并联的 KM_1 辅助触点断开，以保证 KM_1 线圈持续失电，串联在电动机回路中的 KM_1 主触点持续断开，切断电动机定子电源，电动机停转。

反向启动过程：按下启动按钮 SB_2，接触器 KM_2 线圈通电，与 SB_2 并联的 KM_2 辅助常开触点闭合，以保证 KM_2 线圈持续通电，串联在电动机回路中的 KM_2 主触点持续闭合，电动机连续反向运转。

需特别注意的情况如下。

KM_1 和 KM_2 线圈不能同时通电，因此不能同时按下 SB_1 和 SB_2，也不能在电动机正转时按下反转启动按钮，或在电动机反转时按下正转启动按钮。如果操作错误，将引起主回路电源短路。所以，对正反转控制电路最根本的要求是：必须保证两个接触器不同时工作。

这种在同一时间里两个接触器只允许一个工作的控制作用称为互锁或联锁。如图 9.14 所示为一个典型的接触器互锁正反转控制电路。

将接触器 KM_1 的辅助常闭触点串入 KM_2 的线圈回路中，从而保证在 KM_1 线圈通电时 KM_2 线圈回路总是断开的；将接触器 KM_2 的辅助常闭触点串入 KM_1 的线圈回路中，从而保证在 KM_2 线圈通电时 KM_1 线圈回路总是断开的。这样，接触器的辅助常闭触点 KM_1 和 KM_2 保证了两个接触器线圈不同时通电，这两个辅助常开触点称为联锁或者互锁触点。

存在问题如下。

电路在具体操作时，若电动机处于正转状态要反转时必须先按停止按钮 SB_3，使联锁触

点 KM_1 闭合后，才能按下反转启动按钮 SB_2 使电动机反转；若电动机处于反转状态要正转时必须先按停止按钮 SB_3，使联锁触点 KM_2 闭合后，才能按下正转启动按钮 SB_1 使电动机正转。这种操作方式对于小功率、允许直接正反转的电动机十分不方便。为解决这个问题，常采用复式按钮互锁正反转控制电路，如图 9.15 所示。

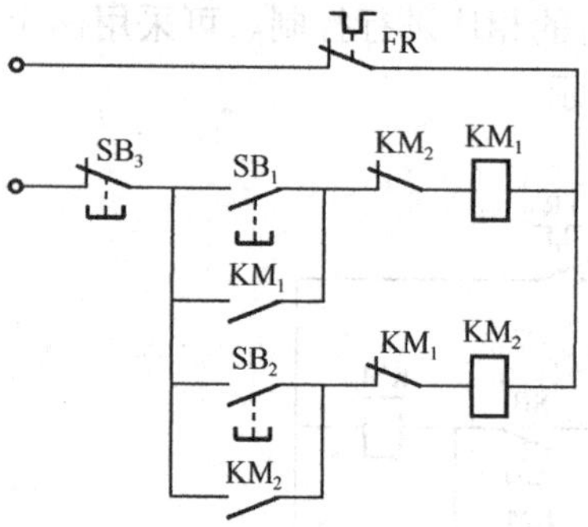

图 9.14　接触器互锁正反转控制电路

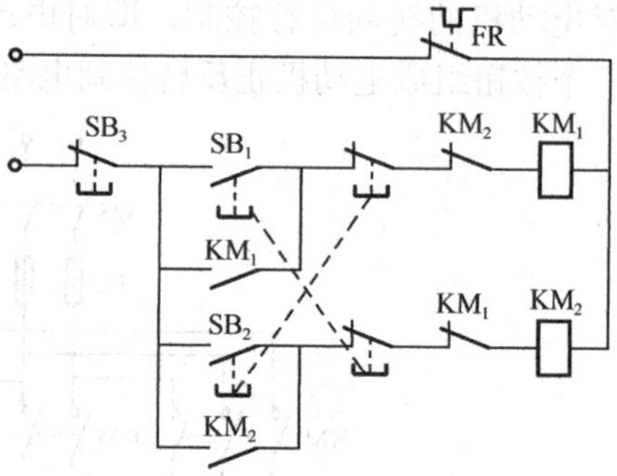

图 9.15　复式按钮互锁正反转控制电路

采用复式按钮，将 SB_1 按钮的常闭触点串接在 KM_2 的线圈电路中；将 SB_2 的常闭触点串接在 KM_1 的线圈电路中；这样，无论何时，只要按下反转启动按钮，在 KM_2 线圈通电之前就首先使 KM_1 断电，从而保证 KM_1 和 KM_2 不同时通电；从反转到正转的情况也是一样。这种由机械按钮实现的联锁也叫机械联锁或按钮联锁。

9.4　行程控制

行程控制也称为位置控制，它是利用生产机械运动部件运行到一定位置时由行程开关发出信号进行自动控制的。例如，行车运动到终端位置自动停车；工作台在指定区域内的自动往返运动，都是由运动部件运动的位置或行程来控制。

图 9.16 是用行程开关控制的工作台自动往返运动的示意图和控制电路。图中，工作台在行程开关 SQ_1 和 SQ_2 之间自动往返运动，调节挡块 1 和 2 的位置，就可以调节工作行程往返的区域大小。按下正向启动按钮 SB_1，电动机正向启动运行，带动工作台向前运动。当运行到 SQ_2 位置时，挡块压下 SQ_2，接触器 KM_1 断电释放，KM_2 通电吸合，电动机反向启动运行，使工作台后退。工作台退到 SQ_1 位置时，挡块压下 SQ_1，KM_2 断电释放，KM_1 通

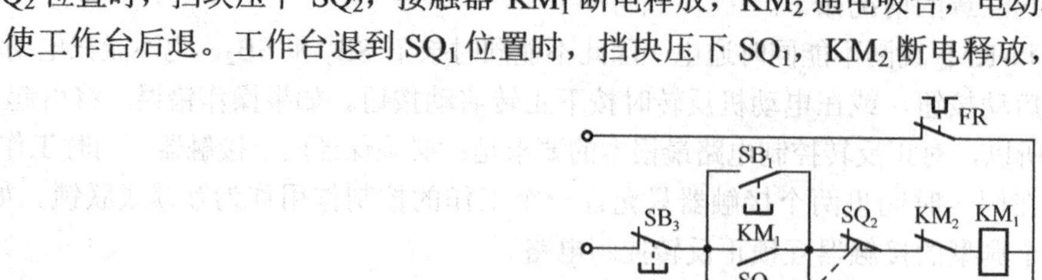

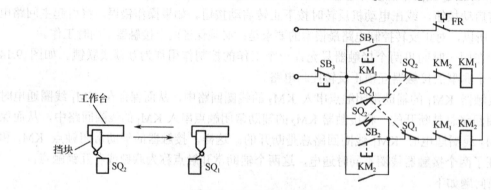

图 9.16　工作台自动往返控制

电吸合，电动机又正向启动运行，工作台前进，如此一直循环下去，直到需要停止时按下 SB_3，KM_1 和 KM_2 线圈同时断电释放，电动机脱离电源停止转动。

9.5　时间控制

某些生产机械的控制电路需要按一定的时间间隔来接通或断开某些控制电路，如三相异步电动机的 Y－△换接启动，这就需采用时间继电器来实现延时控制。应用时间继电器的三相笼型异步电动机的 Y－△换接启动控制电路如图 9.17 所示。

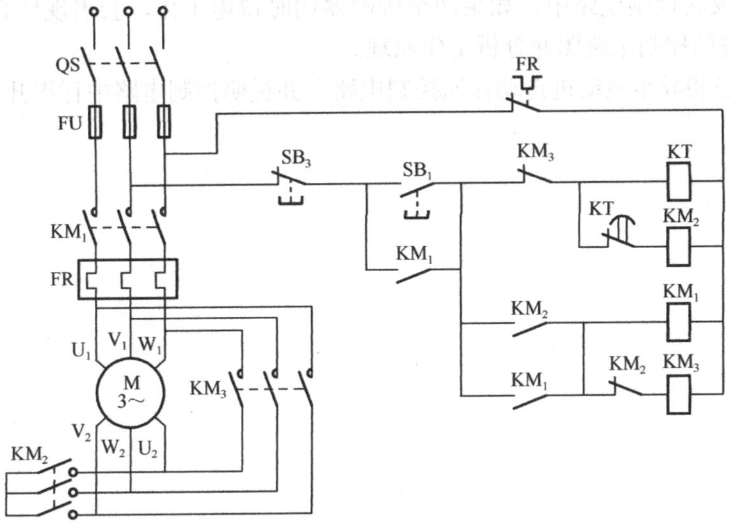

图 9.17　Y－△换接启动控制

按下启动按钮 SB_1，时间继电器 KT 和接触器 KM_2 同时通电吸合，KM_2 的常开主触点闭合，把定子绕组连接成星形，其常开辅助触点闭合，接通接触器 KM_1。KM_1 的常开主触点闭合，将定子接入电源，电动机在星形连接下启动。KM_1 的一对常开辅助触点闭合，进行自锁。经一定延时，KT 的常闭触点断开，KM_2 断电复位，接触器 KM_3 通电吸合。KM_3 的常开主触点将定子绕组接成三角形，使电动机在额定电压下正常运行。与按钮 SB_1 串联的 KM_3 的常闭辅助触点的作用是：当电动机正常运行时，该常闭触点断开，切断了 KT、KM_2 的通路，即使误按 SB_1，KT 和 KM_2 也不会通电，以免影响电路正常运行。若要停车，则按下停止按钮 SB_3，接触器 KM_1、KM_2 同时断电释放，电动机脱离电源停止转动。

本章小结

本章主要介绍了各种常用的低压电器的结构、工作原理及其应用，重点介绍了几种典型的由低压电器构成的电动机控制电路。

习题 9

9.1　简述闸刀开关的种类，并绘制其电路符号。

9.2　画出组合开关的电路符号。

9.3　画出各种类型按钮的电路符号。

9.4　简述各种类型的继电器，并绘制其电路符号。

9.5　画出三相异步电动机的点动控制接线示意图和电气原理图，并简述其控制流程。

9.6　画出三相异步电动机的直接启动控制电气原理图，并简述其控制流程。

9.7　在正反转控制电路中，如果两个接触器同时得电工作，会出现什么后果？如何改进？请画出改进的控制电路图并分析工作原理。

9.8　画出三相异步电动机自动往返控制电路，并说明控制电路中行程开关的作用。

第10章 电气安全

10.1 接地与接地系统

10.1.1 接地的概念

为了人身安全和电力系统工作的需要，要求电气设备采取接地措施，即将电气设备的某些部位、电力系统的某点与大地相连，提供故障电流及雷电流的泄流通道，稳定电位，提供零电位参考点，以确保电力系统、电气设备的安全运行，同时确保电力系统运行人员及其他人员的人身安全。

电气设备是发电、变电、输电、配电或用电的设备，如电机、变压器、电器、测量仪表、保护装置、布线材料等。电力系统中接地的点一般是中性点，也可能是相线上某一点。电气装置的接地部分则为外露导电部分。外露导电部分为电气装置中能被触及的导电部分，它在正常时不带电，但在故障情况下可能带电，一般指金属外壳。有时为了安全保护的需要，将装置外导电部分与接地线相连进行接地。装置外导电部分也可称为外部导电部分，不属于电气装置，一般是水、暖、煤气、空调的金属管道及建筑物的金属结构。外部导电部分可能引入电位，一般是地电位。接地线是连接到接地极的导线。接地装置是接地极与接地线的总称。

10.1.2 接地系统的概念

所有接地体与接地引线组成的装置，称为接地装置，把接地装置通过接地线与设备的接地端子连接起来就构成了接地系统。

电力系统的接地装置可分为两类，一类为输电线路杆塔或微波塔的比较简单的接地装置，如水平接地体、垂直接地体、环形接地体等；另一类为发变电站的接地网。简单而言，接地装置就是包括引线在内的埋设在地中的一个或一组金属体（包括金属水平埋设或垂直埋设的接地极、金属构件、金属管道、钢筋混凝土构筑物基础、金属设备等），或由金属导体组成的金属网，其功能是用来泄放故障电流、雷电或其他冲击电流，稳定电位。而接地系统则是指包括发变电站接地装置、电气设备及电缆接地、架空地线及中性线接地、低压及二次系统接地在内的系统。接地系统示意图如图 10.1 所示。

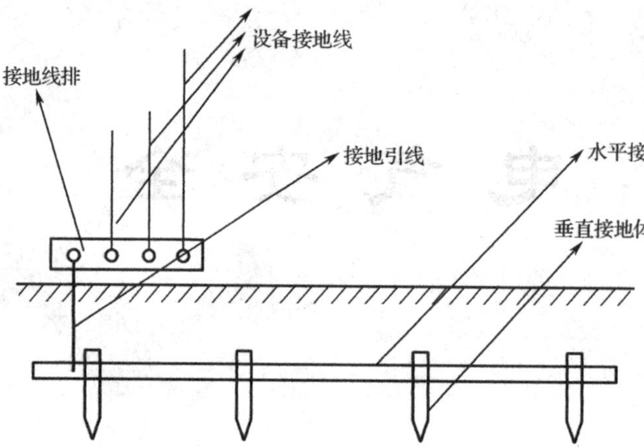

图 10.1　接地系统示意图

10.2　接地电阻及电压

10.2.1　接地电阻

表征接地装置电气性能的参数为接地电阻。接地电阻就是电流由接地装置流入大地再经大地流向另一接地体或向远处扩散所遇到的电阻，它包括接地线和接地体本身的电阻、接地体与土壤的接触电阻及接地体周围呈现电流区域内的散流电阻（接地电阻主要由接触电阻和散流电阻构成），如图 10.2 所示。

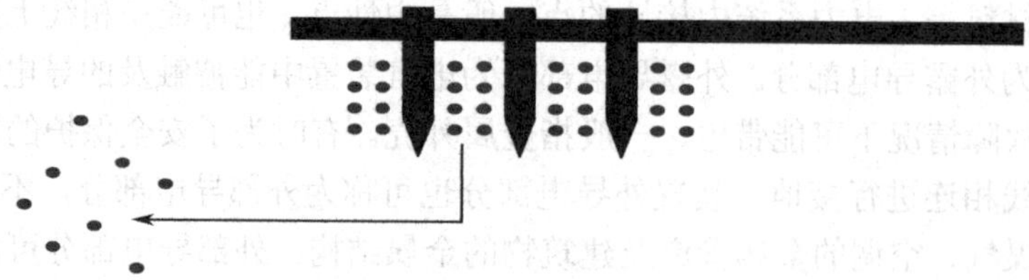

图 10.2　接地电阻

接地电阻的数值等于接地装置相对无穷远处零电位点的电压与通过接地装置流入地中电流的比值。如果通过的电流为工频电流，则对应的接地电阻为工频接地电阻；如果通过的电流为冲击电流，接地电阻为冲击接地电阻。冲击接地电阻是时变暂态电阻，一般用接地装置的冲击电压幅值与通过其流入地中的冲击电流幅值的比值作为接地装置的冲击接地电阻。接地电阻的大小反映了接地装置流散电流和稳定电位能力的高低及保护性能的好坏。接地电阻越小，保护性能就越好。

10.2.2 接地中电压的概念

（1）对地电压：电气设备的接地部分，如接地外壳、接地线或接地体等与大地之间的电位差，称为接地的对地电压 U_d（离接地体越远越小）。

（2）接触电压：在接地电阻回路上，一个人同时触及的两点间所呈现的电位差，称为接触电压 U_c（离接地体越远越大，就近接地）。

（3）跨步电压：在电场作用范围内（以接地点为圆心，20 m 为半径的圆周），人体如双脚分开站立，则施加于两脚的电位不同而导致两脚间存在电位差，此电位差便称为跨步电压 U_k（离接地体越远越小），如图 10.3 所示。

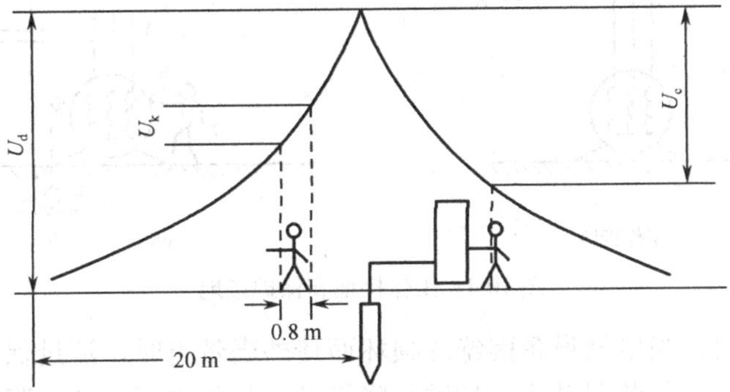

图 10.3 接地中电压示意图

10.3 接地的分类及作用

为了人身安全和电力系统工作的需要，要求电气设备采取接地措施。按接地目的的不同，一般可分为工作接地和保护接地两种。

10.3.1 工作接地

交流电力系统根据中性点是否接地分为中性点接地系统和中性点不接地系统（包括中性点绝缘系统、中性点通过电阻或电感接地的系统）。我国在 110 kV 及以上的电力系统中均采用中性点接地的运行方式，其目的是为了降低电气设备的绝缘水平，这种接地方式称为工作接地，如图 10.4（a）所示。

采用中性点接地方式后，正常情况下作用在电气设备（如电力变压器）绝缘上的电压为相电压。如果采用中性点绝缘的工作方式，则在发生单相接地故障且又不跳闸时，作用在设备绝缘上的电压为线电压，二者相差 1.732 倍。采用中性点接地方式后，作用在设备绝缘上的电压明显降低，因此设备的绝缘水平也可以降低，即达到缩小设备绝缘尺寸、降低设备造价的目的。

工作接地的作用如下：

（1）保证电气设备可靠地运行；

（2）降低人体接触电压；

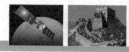

（3）迅速切断故障设备；

（4）降低电气设备或送配电线路的绝缘水平。

10.3.2 保护接地

在电气设备发生故障时，电气设备的外壳将带电，如果这时人接触设备外壳，将产生危险。因此，为了保证人身安全，将与电气设备带电部分相绝缘的金属外壳或架构同接地体之间做良好的连接，这种接地称为保护接地，如图 10.4（b）所示。这种接地一般在中性点不接地系统中采用。

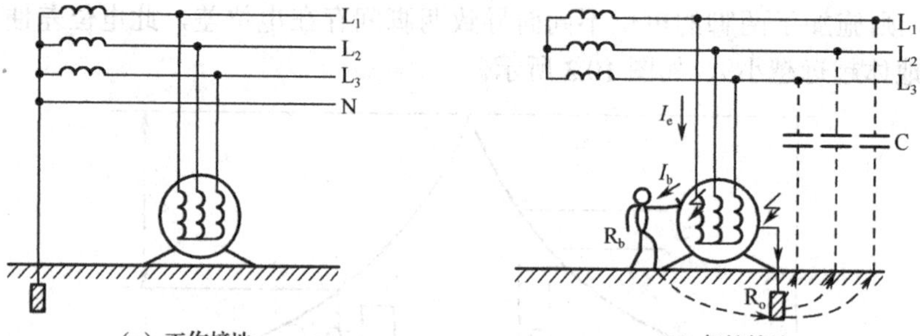

图 10.4 工作接地和保护接地

保护接地的作用：当电气设备因绝缘损坏而使外壳带电时，流过保护接地装置的故障电流应使相应的继电保护装置动作，切除故障设备；另外也可以通过降低接地电阻保证外壳的电位在人体安全电压值之下，从而避免因电气设备外壳带电而造成的触电事故。

若设有保护接地装置，当绝缘层破坏外壳带电时，接地短路电流将同时沿着接地装置和人体两条通路流过。流过每条通路的电流值将与电阻的大小成反比，通常人体的电阻比接地电阻大几百倍（一般在 1 000 Ω以上），所以当接地电阻很小时，流经人体的电流几乎等于零，因而人体避免了触电的危险。

10.4 触电事故

10.4.1 电流对人体的作用

人体触电时，电流对人体会造成两种伤害：电击和电伤。电击是指电流通过人体，影响呼吸系统、心脏和神经系统，造成人体内部组织的破坏乃至死亡；电伤是指在电弧作用下或熔断丝熔断时，对人体外部的伤害，如烧伤、金属溅伤等。

电击所引起的伤害程度与下列因素有关。

（1）人体电阻的大小。人体电阻因人而异，通常为 10^4～10^5 Ω，当角质外层破坏时，则降到 800～1 000 Ω。

（2）电流通过时间长短。电流通过人体的时间越长，伤害越大。电流的路径通过心脏会导致精神失常、心跳停止、血液循环中断，危险性最大。其中电流从右手到左脚的流经路径是最危险的。

（3）电流的大小。人体允许的安全工频电流为 30 mA，工频危险电流为 50 mA。电流频率在 40～60 Hz 对人体的伤害最大。

实践证明，直流电对血液有分解作用，而高频电流不仅没有危害还可以用于医疗保健等。

触电电压越高，通过人体的电流越大，也就越危险。因此，把 36 V 以下的电压定为安全电压。工厂进行设备检修使用的手灯及机床照明都采用安全电压。

10.4.2 触电方式

按照人体触及带电体的方式和电流通过人体的途径，触电可以分为以下几种情况。

1. 直接接触触电

常见的人体直接触电方式有两相触电和单相触电，而两相触电（双线触电）是最危险的。

1）两相触电

人体某一部分介于同一电源两相带电体之间并构成回路所引起的触电，称为两相触电，如图 10.5（a）所示。

2）单相触电

人体的某一部分与一相带电体及大地（或中性线）构成回路，当电流通过人体流过该回路时，即造成人体触电，这种触电称为单相触电，如图 10.5（b）、（c）所示。

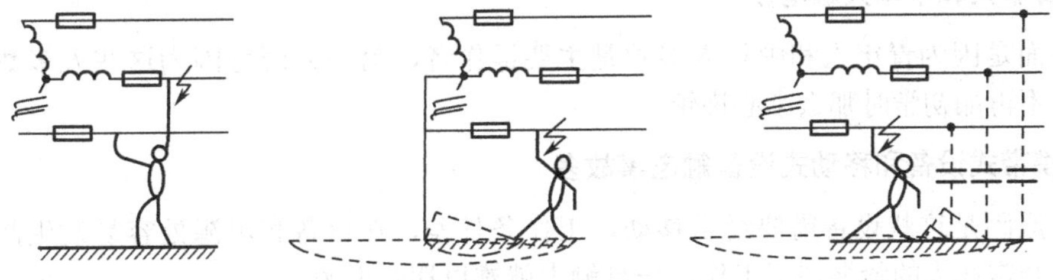

（a）两相触电　（b）单相触电①　（c）单相触电②

图 10.5　触电方式

2. 间接接触触电

间接接触触电是由于电气设备（包括各种用电设备）内部的绝缘故障，而造成其外露可导电部分（金属外壳）可能带有危险电压（在设备正常情况下，其外露可导电部分是不会带有电压的），当人员误接触到设备的外露可导电部分时，便可能发生触电。在低压中性点直接接地的配电系统中，电气设备发生碰壳短路是一种危险的故障。如果该设备没有采取接地保护，一旦人体接触外壳时，加在人体上的接触电压近似等于电源对地电压，这种触电的危险程度相当于直接接触触电，极有可能导致人身伤亡。

3. 跨步电压触电

跨步电压触电实际上也属于间接触电方式。当电气设备碰壳或电力系统一相接地短路时，电流从接地极四散流出，在地面上形成不同的电位分布，人在走近短路地点时，两脚之间的电位差叫跨步电压。跨步电压触电时，电流从人的一只脚经下身，通过另一只脚流入大地形成回路。触电者双脚会抽筋，跌倒在地，不仅使作用于身体上的电流增加，而且使电流经过人体的路径改变，完全可能流经人体重要器官，人就有生命危险。

10.4.3　触电事故的规律和原因

触电事故往往发生得很突然，且经常在极短的时间内造成严重的后果，死亡率较高。触电事故有一些规律，掌握这些规律对于安全检查和实施安全技术措施及安排其他的电气安全工作有很大意义。

1. 有明显的季节性

一般每年以二、三季度事故较多，6～9 月最集中。因为夏秋两季天气潮湿、多雨，降低了电气设备的绝缘性能；人体多汗皮肤电阻降低，容易导电；天气炎热，电扇用电或临时线路增多，且操作人员不穿戴工作服和绝缘护具；正值农忙季节，农村用电量和用电场所增加，触电概率增多。

2. 低压触电多于高压触电

因为低压设备多、电网广，与人接触机会多；低压设备简陋而且工厂管理不严，操作人员思想麻痹，多数群众缺乏电气安全知识。

3. 农村触电事故多于城市

主要原因是农村用电设备因陋就简，技术水平低，管理不严，缺乏电气安全知识。

4. 青年人和中年人触电多

一方面是因为青年人和中年人多数是主要操作者，另一方面是因为这些人多数已有几年工龄，不再如初学时那么小心谨慎。

5. 携带式设备和移动式设备触电事故多

主要原因是这些设备需要经常移动，工作条件差，在设备和电源处容易发生故障或损坏，而且经常在人的紧握之下工作，一旦触电就难以摆脱电源。

6. 事故点多在电气连接部位

统计资料表明，电气事故点多数发生在接线端、压接头、焊接头、电线接头、电缆头、灯头、插头、插座、控制器、接触器、熔断器等分支线和接户线处。主要原因是，这些连接部位机械牢固性较差、接触电阻较大、绝缘强度较低，还可能发生了化学反应的缘故。

7. 不同行业触电事故不同

冶金、矿山、建筑、机械等行业由于存在潮湿、高温、现场混乱、移动式设备和携带式设备多或现场金属设备多等不利因素，因此触电事故较多。

8. 违章作业和误操作引起的触电事故多

主要原因是由安全教育不够、安全规章制度不严和安全措施不完备、操作者素质不高造成的。

从造成事故的原因上看，很多触电事故都是由两个以上原因造成的。触电不仅危及人身安全，也影响发电、电网、用电企业的安全生产，为此，应采用有效措施杜绝各种人身电击事故的发生。

10.5 安全用电措施

安全用电措施是指在保证人身及设备安全的条件下，应采取的科学措施和手段。通常从以下两方面着手。

10.5.1 建立健全各种操作规程和安全管理制度

（1）安全用电，节约用电，自觉遵守供电部门制定的有关安全用电规定，做到安全、经济、不出事故。

（2）禁止私拉电网，禁用“一线一地”接照明灯。

（3）屋内配线，禁止使用裸导线或绝缘破损、老化的导线，对绝缘破损部分，要及时用绝缘胶皮缠好。发生电气故障和漏电起火事故时，要立即拉断电源开关。在未切断电源以前，不要用水或酸、碱泡沫灭火器灭火。

（4）电线断线落地时，不要靠近，对于 6～10 kV 的高压线路，应离开落地点 10 m 远。更不能用手去捡电线，应派人看守，并赶快找电工停电修理。

（5）电气设备的金属外壳要接地；在未判明电气设备是否有电之前，应视为有电；移动和抢修电气设备时，均应停电进行；灯头、插座或其他家用电器破损后，应及时找电工更换，不能“带病”运行。

（6）用电要申请，安装、修理找电工。停电要有可靠联系方法和警告标志。

10.5.2 技术防护措施

为了防止人身触电事故，通常采用的技术防护措施有电气设备的接地和接零、安装低压触电保护器两种方式。

1. 保护接地和保护接零

电气设备在使用中，若设备绝缘损坏或击穿而造成外壳带电，人体触及外壳时有触电的可能。为此，电气设备必须与大地进行可靠的电气连接，即接地保护，使人体免受触电的危害。

1）保护接地的概念及原理

保护接地是指为防止电气装置的金属外壳、配电装置的构架和线路杆塔等带电危及人身和设备安全而进行的接地。就是将正常情况下不带电，而在绝缘材料损坏后或其他情况下可能带电的电器金属部分（即与带电部分相绝缘的金属结构部分）用导线与接地体可靠连接起来的一种保护接线方式。可防止在绝缘损坏或意外情况下金属外壳带电时强电流通过人体，以保证人身安全。

保护接地的基本原理是限制漏电设备对地的泄漏电流，使其不超过某一安全范围，一旦超过某一整定值保护器就能自动切断电源。保护接地一般用于配电变压器中性点不直接接地（三相三线制）的供电系统中，用以保证当电气设备因绝缘损坏而漏电时产生的对地电压不超过安全范围。保护接地原理图如图 10.6 所示。

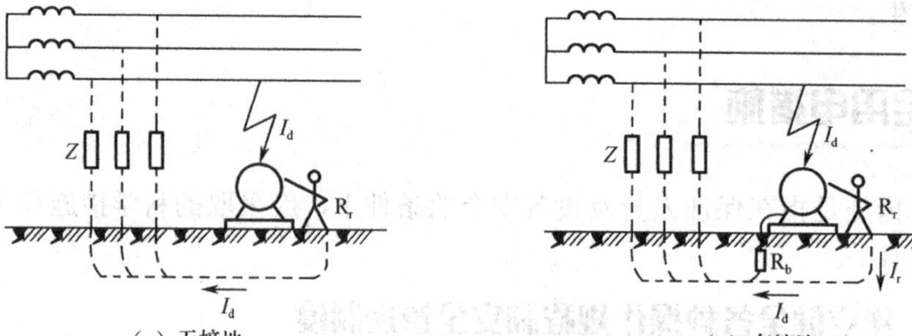

图 10.6 保护接地原理图

2）保护接零的概念及原理

保护接零是指在电源中性点接地的系统中，将设备需要接地的外露部分与电源中性线直接连接，相当于设备外露部分与大地进行了电气连接。

当设备正常工作时，外露部分不带电，人体触及外壳相当于触及零线，无危险，如图 10.7 所示。采用保护接零时，应注意不宜将保护接地和保护接零混用，而且中性点工作接地必须可靠。

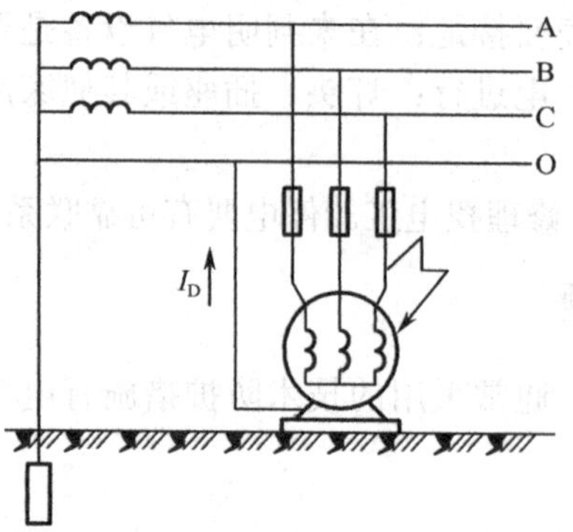

图 10.7 保护接零原理图

3）重复接地

在电源中性线做了工作接地的系统中，为确保保护接零的可靠，还需相隔一定距离将中性线或接地线重新接地，称为重复接地。从图 10.8（a）可以看出，一旦中性线断线，设备外露部分带电，人体触及时同样会有触电的可能。而在重复接地的系统中，如图 10.8（b）所示，即使出现中性线断线，但外露部分因重复接地而使其对地电压大大下降，对人体的危害也大大下降。不过应尽量避免中性线或接地线出现断线的现象。

2. 漏电保护装置

漏电保护为近年来推广采用的一种新的防止触电的保护装置。在电气设备中发生漏电或接地故障而人体尚未触及时，漏电保护装置已切断电源；或者在人体已触及带电体时，漏电保护器能在非常短的时间内切断电源，减轻对人体的危害。漏电保护器的种类很多，这里简单介绍目前应用较多的晶体管放大式漏电保护器。

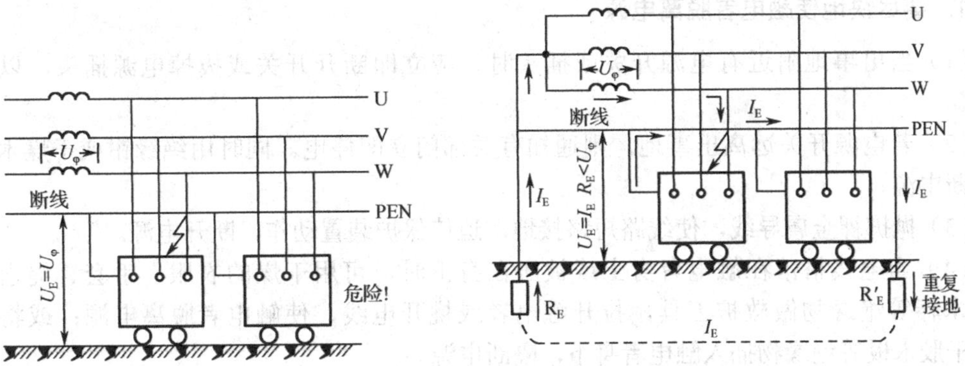

（a）无重复接地　　（b）有重复接地

图 10.8　重复接地作用

晶体管放大式漏电保护器原理图如图 10.9 所示，由零序电流互感器、输入电路、放大电路、执行电路、整流电源等构成。当人体触电或线路漏电时，零序电流互感器一次侧有零序电流流过，在其二次侧产生感应电动势，加在输入电路上，放大管 V_1 得到输入电压后，进入动态放大工作区，V_1 的集电极电流在 R_6 上产生压降，使执行管 V_2 的基极电流下降，V_2 输入端正偏，V_2 导通，继电器 KA 流过电流启动，其常闭触头断开，接触器 KM 线圈失电，切断电源。

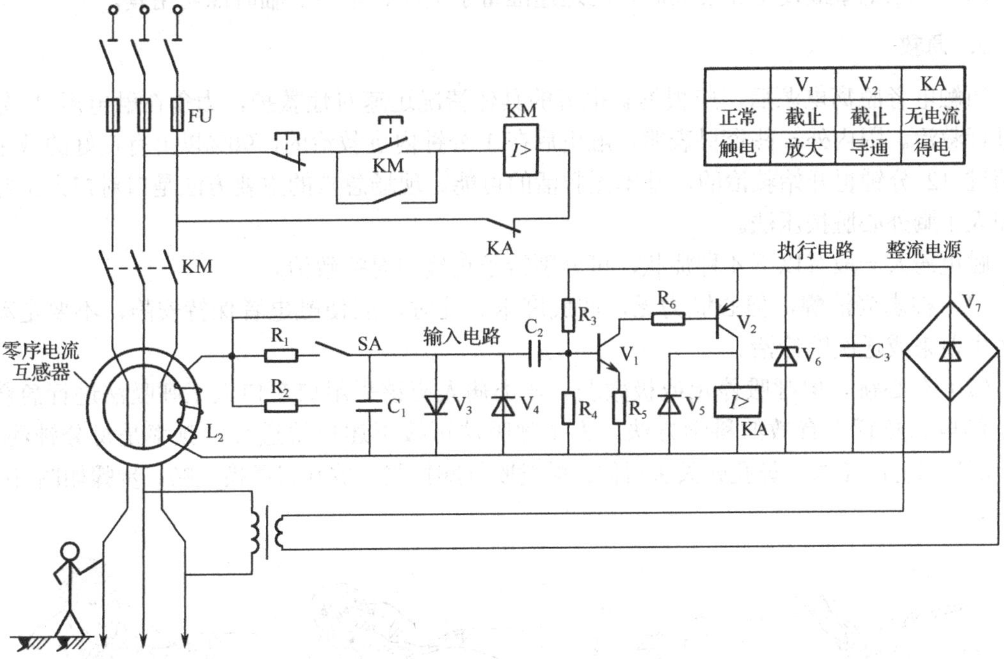

	V_1	V_2	KA
正常	截止	截止	无电流
触电	放大	导通	得电

图 10.9　晶体管放大式漏电保护器原理图

10.6　触电急救

一旦发生触电事故时，应立即组织急救，要求动作迅速、方法正确。

1. 要尽快地使触电者脱离电源

（1）当出事地附近有电源开关或插头时，应立即断开开关或拔掉电源插头，以切断电源。

（2）若电源开关远离出事地，则通知有关部门立即停电。同时用绝缘钳或干燥木柄斧子切断电源。

（3）抛掷裸金属导线，使线路短路接地，迫使保护装置动作，断开电源。

（4）当电线搭落在触电者身上或被压在身下时，可用干燥的衣服、手套、绳索、竹竿、木棒等绝缘物做救护工具，拉开触电者或挑开电线，使触电者脱离电源；或将干木板、干胶木板等绝缘物插入触电者身下，隔断电源。

2. 应保证自身和现场其他人员的生命安全

在帮助触电者脱离电源的同时，应保证自身和现场其他人员的生命安全。操作时应注意以下几点。

（1）救护者不得直接用手或其他金属及潮湿的物件作为救护工具且单手操作，以防止自身触电。

（2）应站在干燥的木板、木凳、绝缘垫上或穿绝缘胶鞋操作。

（3）对高处触电者，解救时需采取防止摔伤的措施，避免触电人摔下造成更大伤害。

（4）当触电事故发生在夜间时，应迅速准备手电筒、蜡烛等临时照明用具。

3. 急救

当触电者脱离电源后，应根据触电者的具体情况迅速对症救护，力争在触电后 1 分钟内进行救治。国内外一些资料表明，触电后在 1 分钟内进救治的，90%以上有良好的效果，而超过 12 分钟再开始救治的，基本无救活的可能。现场急救的主要方法是口对口人工呼吸法和人工胸外心脏按压法。

触电病人一般有以下 4 种症状，可分别给予正确的对症救治。

（1）神志尚清醒，但心慌力乏，四肢麻木。此时，应使触电者保持安静，不要走动，请医生前来或送医院诊治。

（2）有心跳，但呼吸停止或极微弱。该类病人应该采用口对口人工呼吸法进行急救，它是触电急救行之有效的科学方法。人工呼吸法可按下述口诀进行，频率是每分钟约 12 次。清理口腔防堵塞，鼻孔朝天头后仰；贴嘴吹气胸扩张，放开口鼻换气畅。步骤如图 10.10 所示。

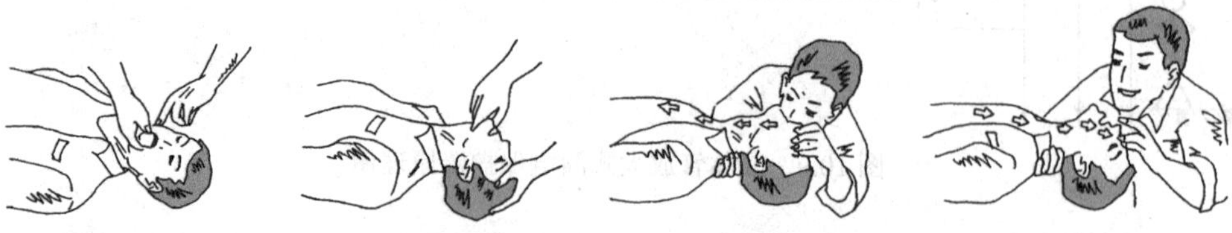

(a) 清理口腔防堵塞　(b) 鼻孔朝天后仰　(c) 贴嘴吹气胸扩张　(d) 放开口鼻换气畅

图 10.10　口对口人工呼吸法

（3）有呼吸，但心跳停止或极微弱。该类病人应该采用人工胸外心脏按压法来恢复病人的心跳。一般可以按下述口诀进行，频率是每分钟 60～80 次。当胸一手掌，中指对凹膛；掌根用力向下压，压下后突然收回。步骤如图 10.11 所示。

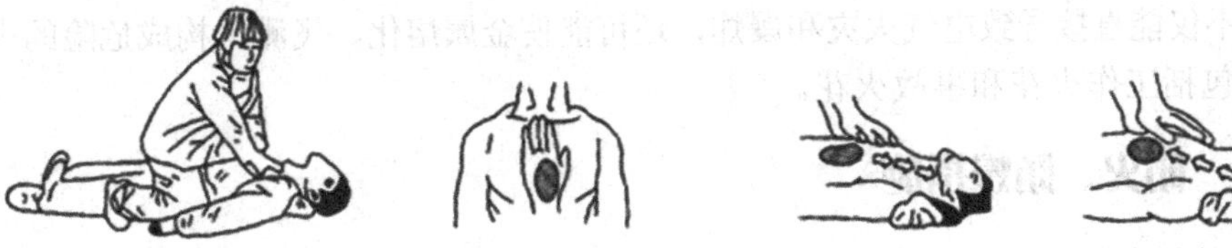

(a)　(b)　(c)　(d)

图 10.11　人工胸外心脏按压法

（4）心跳、呼吸均已停止者。该类病人的危险性最大，抢救的难度也最大，应同时采用口对口人工呼吸法和人工胸外心脏按压法。单人救护时，可先吹气 2～3 次，再挤压 10～15 次，交替进行。双人救护时，每 5 s 吹气一次，每秒钟挤压一次，两人同时进行操作。在送往医院的途中也不能停止急救。此外，不能给触电者打强心针、泼冷水或压木板等。

10.7　电气防火、防爆

电气火灾和爆炸事故在火灾和爆炸事故中占有很大的比例。如电气火灾在火灾中占第二位，仅次于明火引起的火灾。

电气火灾和爆炸可能造成大规模、长时间的停电，给人民生命和国家财产造成重大损失。

研究造成电气火灾和爆炸事故的原因，制定防火防爆措施和灭火措施，首先了解燃烧及燃烧具备的三个条件是必不可少的。

凡具备放热和发光的化学反应，都叫燃烧。燃烧应具备以下三个条件。

（1）有固体、液体或气体可燃物存在，如木材、汽油、氢气等。

（2）有助燃物质存在，如氧、氯酸钾等。

（3）有导致着火的火源存在，如明火、电火花、高温物体等。

10.7.1　发生电气火灾和爆炸的原因

可燃物质几乎是无处不在的，助燃物质更是弥漫在每一个角落，尤其是在一些易燃易爆的危险场所，引起电气火灾和爆炸的直接原因正是导致着火的火源。导致着火的火源主要有危险温度和电火花等。

1. 危险温度

电气设备不正常运行大致包括以下几种情况：

（1）短路；

（2）过载；

（3）接触不良；

（4）铁芯过热；

（5）散热不良。

2. 电火花和电弧

电火花的温度很高，尤其是大量电火花汇集成的电弧，温度可高达 6 000 ℃。因此，电火花和电弧不仅能直接导致电气火灾和爆炸，还可能使金属熔化、飞溅，构成危险的火源。

电火花包括工作火花和事故火花。

10.7.2 防火、防爆措施

为了防火、防爆，必须采取严密的综合措施，主要包括组织措施和技术措施，技术措施的思路主要有三个方面。

（1）尽量使场所的危险程度减小，如减少或消除场所的易燃易爆等危险物品、降低爆炸性混合物的浓度等。

（2）最大限度地减少或消除引起火灾的火源。

（3）合理选择电力网和电气设备的安装位置，保持安装位置与易燃易爆等危险物品的安全间距。

具体措施如下。

1. 采用耐火设施

（1）室内变、配电室及室外变、配电装置的邻近建筑物，酸性蓄电池室及电力电容器室均应采用耐火建筑。

（2）穿入、穿出建筑物的输油沟道和孔洞，室内外贮油量较大的变压器或其他电气设备，均应有用耐火材料建成的挡油设施和贮油设施，以防泄漏。

（3）大容量的电热器具和木质开关箱等，都应有耐火和隔热的垫座等。

2. 通风

在易燃易爆危险场所，采用良好的通风装置，可降低爆炸混合物的浓度，也利于电气设备的散热，使场所的危险程度降低。

通风的进气不应含有爆炸性混合物，排出的废气也不应进入易燃易爆危险场所。

3. 正确选用电气设备

（1）根据场所的特点，正确选用适当的电气设备至关重要，如防爆型、防潮型等。选用时应根据实际情况，综合考虑安全可靠和经济实用等因素。

（2）电气线路的选用。在火灾或爆炸危险场所，所用绝缘导线或电缆的额定电压不得低于电网的额定电压，且不得低于 500 V。

4. 保障电气设备正常运行

正确设计，严格安装、调试是保障电气设备正常运行的先决条件。

（1）保持温度不超过允许值。即保持电压、电流不超过额定值，应随时监视电源和负载的变化，防止超负荷长时间运行。例如，在粉尘和纤维爆炸性混合物场所，电气设备外壳的温度一般不应超过 125 ℃。

（2）保持电气设备绝缘良好，应经常对电气设备绝缘进行监测和检查。

（3）保持各导电部分连接可靠、接触良好。

（4）保持设备清洁，防止设备脏污或灰尘堆积而降低设备绝缘或引起火灾。

5. 合理应用保护装置和火灾自动报警系统

在不影响电气设备正常工作的前提下，短路、过载等过流保护装置的动作电流应尽量设定得小一些。可装设火灾报警系统，监测场所内爆炸性混合物浓度，以及火灾初期阶段产生的烟雾、温度和火花等现象，以便提前发出信号报警。

6. 接地

（1）除生产上有特殊要求外，在一般场所可不接地（或可不接零）的部分仍应接地（或接零）。

（2）将场所内所有设备不带电的金属部分（包括建筑物的金属构件等）全部连接成整体予以接地（或接零）。

（3）单相设备的工作零线应与保护零线分开，且在工作零线上装设短路保护装置。

7. 保持防火安全间距

（1）开关、熔断器、电热器具、电焊设备、电动机等的安装位置，应尽可能远离易燃易爆等危险物品。

（2）变、配电所不宜设在火灾和爆炸危险场所的正上方或正下方。变、配电所的门窗向外开启，通向无火灾和无爆炸危险的场所。

（3）室外变、配电所与易燃易爆危险场所的建筑物或贮油、贮气罐等之间应保持必要的防火间距。

除此之外，严格遵守各种安全操作规程，定期对电气设备进行防火、防爆的检查和各种维修，也是必不可少的防火、防爆措施。

本章小结

1. 接地与接地系统的概念

所谓“接地”，就是为了工作或保护的目的，将电气设备或通信设备中的接地端子，通过接地装置与大地进行良好的电气连接，并将该部位的电荷注入大地，达到降低危险电压和防止电磁干扰的目的。

所有接地体与接地引线组成的装置称为接地装置，把接地装置通过接地线与设备的接地端子连接起来就构成了接地系统。

按接地目的的不同，一般可分为工作接地和保护接地两种。

2. 触电事故

触电事故按伤害性质可分为电击和电伤两种。电击是指电流通过人体，使内部器官组织受到损伤；电伤是指在电弧作用下或熔断丝熔断时，对人体外部的伤害。

按照人体触及带电体的方式和电流通过人体的途径，触电可以分为两相触电、单相触电和跨步电压触电。

一旦发生触电事故时，应立即组织急救，要求动作迅速、方法正确。

3. 安全用电措施

安全用电措施是指在保证人身及设备安全的条件下，应采取的科学措施和手段，通常从两方面入手，建立健全各种操作规程和安全管理制度及采取技术防护措施。

通常采用的技术防护措施有电气设备的接地和接零、安装低压触电保护器两种方式。

4. 电气火灾和爆炸

引起电气火灾和爆炸的直接原因是导致着火的火源，主要有危险温度和电火花等。为了防火、防爆，必须采取严密的综合措施，主要包括组织措施和技术措施。技术措施的思路主要有三个方面：

（1）尽量使场所的危险程度减小；

（2）最大限度地减少或消除引起火灾的火源；

（3）合理选择电力网和电气设备的安装位置，保持安装位置与易燃易爆等危险物品的安全间距。

习题 10

10.1 什么是接地？接地的分类和作用是什么？

10.2 在同一供电系统中为什么不能同时采用保护接地和保护接零？

10.3 区别工作接地、保护接地和保护接零。为什么在中性点接地系统中，除采用保护接零外，还要采用重复接地？

10.4 触电事故有哪些种类？

10.5 触电事故的原因及规律有哪些？

10.6 有哪些预防触电的技术措施？

10.7 发生电气火灾和爆炸的原因有哪些？

参考文献

[1] S.A. Reza Zekavat. 电气工程基础与应用[M]. 熊兰，等译. 北京：机械工业出版社，2014.

[2] Charles K. Alexander 等. 电路基础（原书第 5 版）[M]. 段哲民，等译. 北京：机械工业出版社，2014.

[3] 秦曾煌. 电工学（第五版）[M]. 北京：高等教育出版社，2002.

[4] 余华. 电路基础[M]. 南京：东南大学出版社，2005.

[5] 黄锦安，钱建平，马鑫金. 电工技术基础[M]. 北京：电子工业出版社，2004.

[6] 付植桐. 电工技术[M]. 北京：清华大学出版社，2001.

[7] 程周. 电机与电气控制[M]. 北京：高等教育出版社，2009.

[8] 许翏. 电机与电气控制技术[M]. 北京：机械工业出版社，2015.

[9] 乔新国. 电气安全技术[M]. 北京：中国电力出版社，2009.

反侵权盗版声明

举报电话：（010）88254396；（010）88258888

传　　真：（010）88254397

E-mail：　dbqq@phei.com.cn

通信地址：北京市海淀区万寿路 173 信箱

电子工业出版社总编办公室

邮　　编：100036